KB145463

수퍼 엔지니어링 플라스틱 및 응용

수퍼 엔지니어링 플라스틱 및 응용

1판 1쇄 인쇄 2021년 10월 25일
1판 1쇄 발행 2021년 10월 29일

지은이 이 국 환
펴낸이 나 영 찬
펴낸곳 기전연구사
출판등록 1974. 5. 13. 제5-12호
주 소 서울시 동대문구 천호대로 4길 16(신설동 기전빌딩 2층)
전 화 02-2238-7744
팩 스 02-2252-4559
홈페이지 kijeonpb.co.kr

ISBN 978-89-336-1018-3

정가 27,000원

수퍼 엔지니어링 플라스틱 및 응용

수퍼 엔지니어링 플라스틱의 종류 및 재료 구성
물성 비교
기계적 성질
전기적 성질
열적 특성 및 기타 특성
응용

이국환 지음

플라스틱은 반세기 동안 우리들의 삶과 생활 스타일을 크게 변화시켰다. 우리들의 식생활은 플라스틱에 의해 크게 변화하였다. 편의점에서 다양한 도시락과 음료를 쉽게 구매하도록 된 것도 플라스틱제 용기가 있기 때문이다. 그 외에도 우리들 주위 환경의 많은 것들이 플라스틱으로 만들어져 있다. 플라스틱이 없었다면 이 정도까지 우리의 생활이 편리하게 되지는 않았을 것이다. 그리고 플라스틱의 용도는 실생활의 사소한 제품만이 아니라 그 용도는 산업계의 전반에 까지 아주 널리 사용되고 있다. 빠른 속도로 융·복합 연구개발이 진행되어져 가는 4차 산업혁명의 시대에 있어, 이 플라스틱은 첨단가전제품분야(TV, 세탁기, 냉장고, 청소기, 에어컨, 공기청정기, 식기세척기, 진공청소기 등), 전기전자분야(차량, 전장, LED, 조명, 광학기기, 전원을 이용한 기기 등), 정보통신분야(스마트폰, 디스플레이, 반도체, 반도체소자, 반도체장비 등), 기계시스템·정밀기기분야(센서, 나노, 초정밀기기 완제품, 모듈, 부품, 소재 등), 의료기기분야(진단·치료·검사기기, 내시경, 모니터링 시스템, 피부·미용기기, 인체 수술용품, 헬스케어 등), 환경·에너지, 해양·플랜트에 항공기, 드론, 로봇, 무인·자율자동차, IoT, 항공우주산업에 이르기까지 아주 광범위하게 사용되고 있다. 그 용도는 이루 말할 수가 없다.

본 저서는 이렇게 다양하게 사용되는 플라스틱을 다음과 같이 분류하고, 이의 개념, 원리, 물성, 특성, 제조방법, 제품 개발에의 활용, 사용의 예시, 실생활에 적용 등을 총 망라하여 최근의 플라스틱까지의 내용을 포함하는 전문 종합서로 저술하였다. 내용 전개의 분류는 다음과 같이 하였다.

1. 수퍼 엔지니어링 플라스틱의 종류 및 재료 구성
2. 물성 비교
3. 기계적 성질
4. 전기적 성질
5. 열적 특성 및 기타 특성
6. 응용

더불어 당연히 제품개발, 제조·공정 등 생산에 관련하여 연계 내용도 서술하였다.

지금까지 저자는 제품개발과 설계 관련 수 많은 저서를 이미 출간하였고, 3차례에 걸쳐 문화관광부에서 선정한 우수학술저서에 선정되었다. 이 저서들이 대기업, 중견·중소기업, 대학교 및 연구기관 등에서 실무 및 직무교육 교재로서 잘 활용하고 있다. 여기에 완제품, 반제품, 모듈, 부품의 소재로 아주 중요하고 폭넓게 활용되는 플라스틱에 대한 방대한 내용의 본 저서는 국가의 기술경쟁력을 높이고, 제품 및 시스템의 연구개발과 설계에 큰 도움을 주는 동시에 길잡이가 되리라 확신한다.

다른 면을 한번 생각해 보자.

우리는 플라스틱의 편리성이라는 이유로 플라스틱 제품을 많이 사용하고, 간단하게 버려왔다. 플라스틱은 우리 생활에 밀착하고, 크게 공헌하고 있으나 그 이상으로 환경문제, 자원문제, 쓰레기문제, 안전성 등의 문제점도 나타나고 있다. 플라스틱이 포함하고 있는 문제의 대다수는 매우 인간적이며, 사회적, 현대적인 것에 있다고 할 것이다.

플라스틱을 훌륭하게 사용할 수 있는 것은 플라스틱을 보다 잘 이해하고 그 장점과 단점을 냉정하게 확인하면서 개선할 필요가 있다. 플라스틱의 좋은 면으로

- **가볍다.**
- **취급하기 쉽다.**
- **화학적으로 안정하다.**
- **가격이 저렴하며, 대량생산이 좋다.**
- **다양한 편리성을 제공한다.**

등이 있다. 또 역으로 문제점으로는

- **환경호르몬에 의한 인체의 안전성**
- **환경문제**
- **자원문제**
- **쓰레기문제**

등이 있다. 플라스틱을 나쁜 것이라고만 여기는 것도 안된다.

플라스틱의 장점을 최대한으로 살리고 나쁜 면을 최소한으로 방지하려는 연구를 계속 해야만 한다. 만약 플라스틱의 편리성만을 추구하고 포함된 문제점을 경시한다면 인간과 자연에 미치는 문제가 점점 심각하게 되어 버린다.

플라스틱은 목적에 따라 여러 가지 성질의 물건을 만들어 인간에게 편의성을 주기에 문제점을 개선・개량시키면서 발전시켜 나가야 할 것이다. 플라스틱을 진정한 의미로 사용하기 위해서는 이와 같은 밸런스 감각을 지닌 플라스틱을 고려할 필요가 있다.

저자는 35년을 연구개발에 전념을 해오고 있다. 학자, 연구자로서의 신념은 "기술(Technology)이란 인간의 일상생활을 풍족하고 편리하게 해주는 도구"가 되어야 한다는 것이다.

4차 산업혁명의 핵심소재 플라스틱은 미래산업에 있어 핵심소재이다. 따라서 기술보국(技術報國)의 현장에서 최선을 다하는 독자들에게 큰 도움이 되리라 생각한다. 끝으로 이 책을 펴내는데 있어서 같이 작업을 하며, 출간에 수고해 주신 기전연구사 나영찬 사장님을 비롯한 직원 여러분께 진심으로 감사를 드린다.

2021년 10월

저자 이 국 환(李國煥)

수퍼 엔지니어링 플라스틱 및 응용
(Super Engineering Plastic)

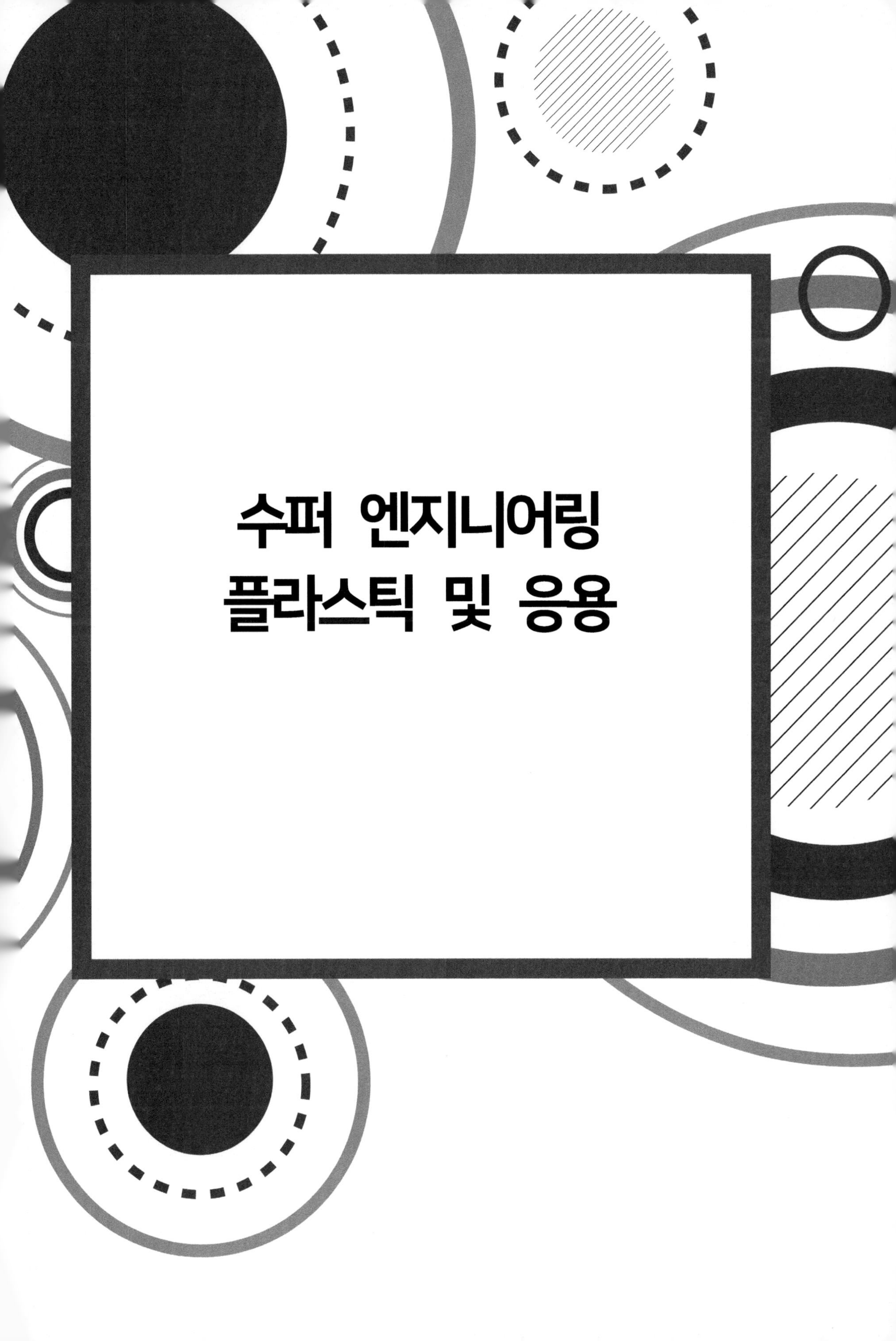

수퍼 엔지니어링 플라스틱 및 응용

수퍼 엔지니어링 플라스틱 및 응용

1 폴리설폰(PSF)

1) 분류 · 종류

폴리설폰(상품명 〈유델폴리설폰〉)은 미국의 유니온 카바이드사(UCC)에서 개발된 고성능의 열가소성 엔지니어링 플라스틱으로 다음과 같은 화학구조를 가지고 있다.

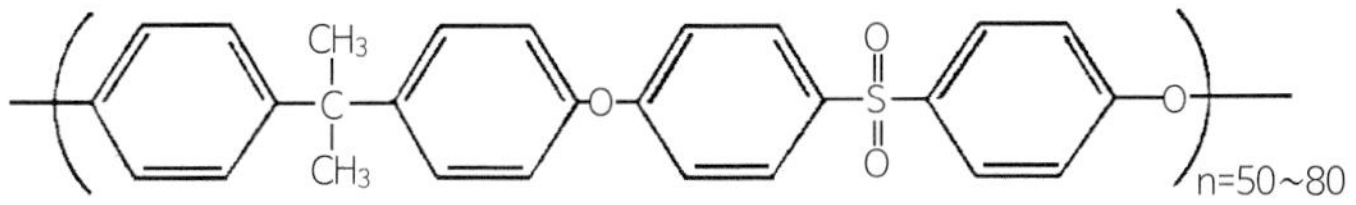

$n=50\sim80$

일본에서는 1978년부터 닛산(日産)화학공업(주)에 의해서 국산화를 목표로 한 수입판매, 시장개발이 진행되었다.

폴리설폰은 비결정성 수지이므로 성형시의 수축이나 휨이 극히 작은 것이 큰 장점이다. 성형수축률은 어느 그레이드도 0.002～0.007의 범위에 있고 더구나 유동(流動)방향과 직각방향과의 차가 매우 작은 것이 특징이다. 후술하는 우수한 물성과 합해서 생각했을 때 폴리설폰은 정밀성형용 엔지니어링 플라스틱으로서 극히 우수한 재료이다.

폴리설폰은 그 화학구조에서도 명백하듯이 벤젠환(環)이 설폰기, 프로필리덴기, 에테르기로 결합되어져 있다. 이들 기(基)는 서로 강한 전자공명 구조를 이루고 있어 폴리설폰에 높은 내열성이나 강인한 기계적 성질을 주고 있다.

1984년 동사(同社)가 개발한 〈민델폴리설폰〉, 〈라델폴리아릴설폰〉을 유니온 카바이드 일본(주)이 일본에서의 판매를 개시했다.

라델(RADEL) 폴리아릴설폰은 유델(UDEL) 폴리설폰의 내열성, 내약품성을 더욱 향상시킨 엔지니어링 플라스틱이다. 민델(MINDEL)은 최종용도의 특성에 맞추어서 UCC에서 컴파운드한 상품이다. A, B, M 시리즈의 3종류가 있다.

(1) 내추럴

폴리설폰은 호박색 투명한 비결정성 수지로 가수분해하지 않는 내열성(열변형온도, 175, UL-T.I. 150), 내충격성이 강인한 재료이고 치수정밀도나 치수안정성도 뛰어난 수지이다.

(2) 유리섬유 강화

고강도, 고강성, 고내열성, 고치수정밀도용 그레이드가 있다. 유리섬유 함유율 30%가 표준으로 되어 있다.

(3) 무기질충전 및 기타

폴리설폰은 본래 내추럴품(品)으로 투명, 내열성에서 치수정밀도도 좋기 때문에 보강제나 충전제에 의한 변질은 별로 필요성도 적고 특히 치수정밀도가 요구되는 용도에 유리강화 그레이드가 사용되고 있는 정도이고 오히려 내추럴품(品) 그대로 또는 플라스틱에 융합이 적은 의료공업 등의 분야에서 금속의 대체 등에 주력되어 왔다.

그러나 사용자 요구의 다양화에 수반해서 특히 일본의 사용자의 독특하고 세심한 기술적 요구에 대응하기 위해서도 유리강화 그레이드 이외에도 카본섬유나 불소수지를 블렌드한 그레이드가 개발되어 있다. 미국에서도 UCC가 민델시리즈로서 폴리설폰을 기초로 한 복합소재를 개발하고 있고 더욱이 그레이드의 다양화도 기대된다.

2) 제조법

폴리설폰은 디크졸로 디페닐설폰과 비스페놀 A와의 공축중합반응(共縮重合反應)에 의해 얻어지는 공축중합체(共縮重合體)이다. 여기에 대해서 폴리에테르설폰은 디클로로디페닐설폰의 축중합(縮重合) 반응에 의해서 얻어지는 호모폴리머이다. 따라서 폴리머의 성질은 상당히 유사한 부분과 양자의 구조차에 의한 서로 다른 부분이 있다. 양자 모두 비결정성의 폴리머이고 극히 내열성이 우수하고 온도상승에 의한 물성의 저하는 적다. 폴리설폰의 Tg가 190℃에 대해서 폴리에테르설폰은 225℃이고 전자의 내열성을 최고 수준까지 개량한 것이 후자라고 보는 것도 가능하다. 원료구성에서는 당연히 전자쪽이 가격이 싸다.

3) 물성일반

폴리설폰이 다른 엔지니어링 플라스틱에 비교해서 특히 우수한 물성은 내열수・내가수분해성이다. 이것은 상기의 공명구조 및 에스테르결합 등의 가수분해를 받기 쉬운 기(基)를 갖고 있지 않기 때문이다.

폴리설폰의 그레이드로서는 기본 그레이드의 P-1700, 고분자량 타입의 P-3500이 있다. 그리고 컴파운드로서 난연 그레이드, 유리섬유 강화 그레이드 또는 카본섬유 강화 그레이드, 불소수지 등의 블렌드 그레이드가 있고 슬라이딩 특성 내마모성 등을 개량해서 사용자에서의 다양한 요구에 대응하고 있다. 표 1은 유델설폰의 기본 물성을 나타낸다.

표 1 유델(UDEL)폴리설폰의 기본 물성

물성 \ 그레이드	ASTM	P-1700	P-1710	P-1720	유리섬유 30% 함유	P-6050 무기질 충전	P-3500
가공용도		사출성형 사출성형 코딩	사출성형 압출성형	사출성형 압출성형	사출성형	사출성형	압출성형
비중	D1505	1.24	1.25	1.25	1.45	1.40	1.24
색조	-	옅은 호박색	상아색	라이트 베이지색	회백색	오프 화이트	옅은 호박색
투명성	D1003	투명	불투명	반투명	불투명	불투명	투명
로크웰 경도	D785	M-69 R126	M-69 R-120	M-69 R-120	M-92 L-108	M-75	M-69 R-120
멜트 플로 인덱스	D1238*[1]	6.5	6.5	6.5	-	5*[2]	3.5
성형수축률 (cm/cm)	D955	0.007	0.007	0.007	0.002	0.005	0.007
유리전이온도 (℃)	-	190	190	190	190	190	190
포화온도 (℃)	D746	-100	-100	-100	-100	-100	-100
열변형온도 (℃)	D648 (18.6kg/cm)	175	175	175	185	180	175
연속사용온도 (℃)	UL규격 평형없음	150	150	150	150	(150)*[4]	150
선팽창계수 (cm/cm/℃)	D696	5.5×10^{-5}	5.5×10^{-5}	5.5×10^{-5}	2.5×10^{-5}	4.4×10^{-5}	5.5×10^{-5}
내연성 ATB(초)	D635	5	5	<5	-	10	5
내연성 AEB(mm)	D635	10	10	<5	-	<5	10
UL	94	V-2~V-0	V-2~V-0	V-0 올컬러	V-0*[3]	V-1	(V-2~V-0)*[4]

주) *1 : 343℃, 2.16kgf 하중에서 직경 2.08mm의 오리피스에서 10분간 흘러나오는 중량(gf)
*2 : 375℃
*3 : 예를 들면 FX 시리즈
*4 : 사내테스트 결과

(1) 기계적 성질

폴리설폰은 우수한 강도를 가지고 있다. 더구나 저온(-100℃)에서 고온(+150℃)까지의 넓은 온도 범위에 걸쳐서 장기간 안정한 기계적 강도를 나타낸다. 유리섬유나 카본섬유 등을 충전하는 것에 따라서 더욱 강인한 내열성 소재로 된다. 표 2에 유델폴리설폰 각 그레이드의 기계적 성질을 나타낸다. 그림 1은 비강화품의 온도에 의한 인장강도의 관계를 폴리카보네이트와 비교한 것이다. 그림 2는 굽힘탄성률에 대해서 나타내고, 그림 3은 유리섬유 함유량에 대한 굽힘탄성률, 인장강도의 관계를 나타낸 것이다. 그림 4에 내피로성을 나타낸다.

표 2 폴리설폰의 기계적 성질

항 목		단 위	ASTM	P-1700 P-3500	P-1720	유리섬유 30%	P-6050 무기질충전
인장	강도(항복점)	kgf/cm^2	D638	720	700	1,300	910
	탄성률	$10^3 kgf/cm^2$	D638	25	25	100	50.6
	신율(항복점)	%	D638	5~6	-	-	-
	신율(파단점)	%	D638	50~100	50~100	2~3	4
굽힘	강도	kgf/cm^2	D790	1,100	1,100	1,600	1,400
	탄성률	$10^3 kgf/cm^2$	D790	27.5	27.5	83	53
압축	강도(파단점)	kgf/cm^2	D695	2,800	2,800	-	-
	강도(항복점)	kgf/cm^2	D695	1,000	1,000	1,700	-
	탄성률	$10^3 kgf/cm^2$	D695	26	26	-	-
전단	강도(항복점)	kgf/cm^2	D732	420	420	-	-
	강도(최대)	kgf/cm^2	D732	630	630	670	-
아이조드 충격 강도	1/4" 노치있음	kgf-cm/cm	D256	6.5	6.5	9.8	-
	1/8" 노치있음	kgf-cm/cm	D256	7.1	7.1	-	8.2
	1/8" 노치없음	kgf-cm/cm	-	>327 (파단없음)	>327 (파단없음)	87*[1]	-
	1/8" 노치있음 (-40℃)	kgf-cm/cm	D256	6.5	6.5	8.7*[1]	6.0*[2]
인장충격강도		$kgf-cm/cm^2$	D1822	430	340	134	92
포아송 비(0.58% 변형)				0.37	-	-	-
정마찰계수 (건조시)	폴리설폰			0.67		-	-
	스틸			0.40		-	-
마모저항	테이버 CS-17 1,000 사이클 1,000g 하중			20mg		35mg	-

주) *1 : 1/4" Bar
*2 : -25℃

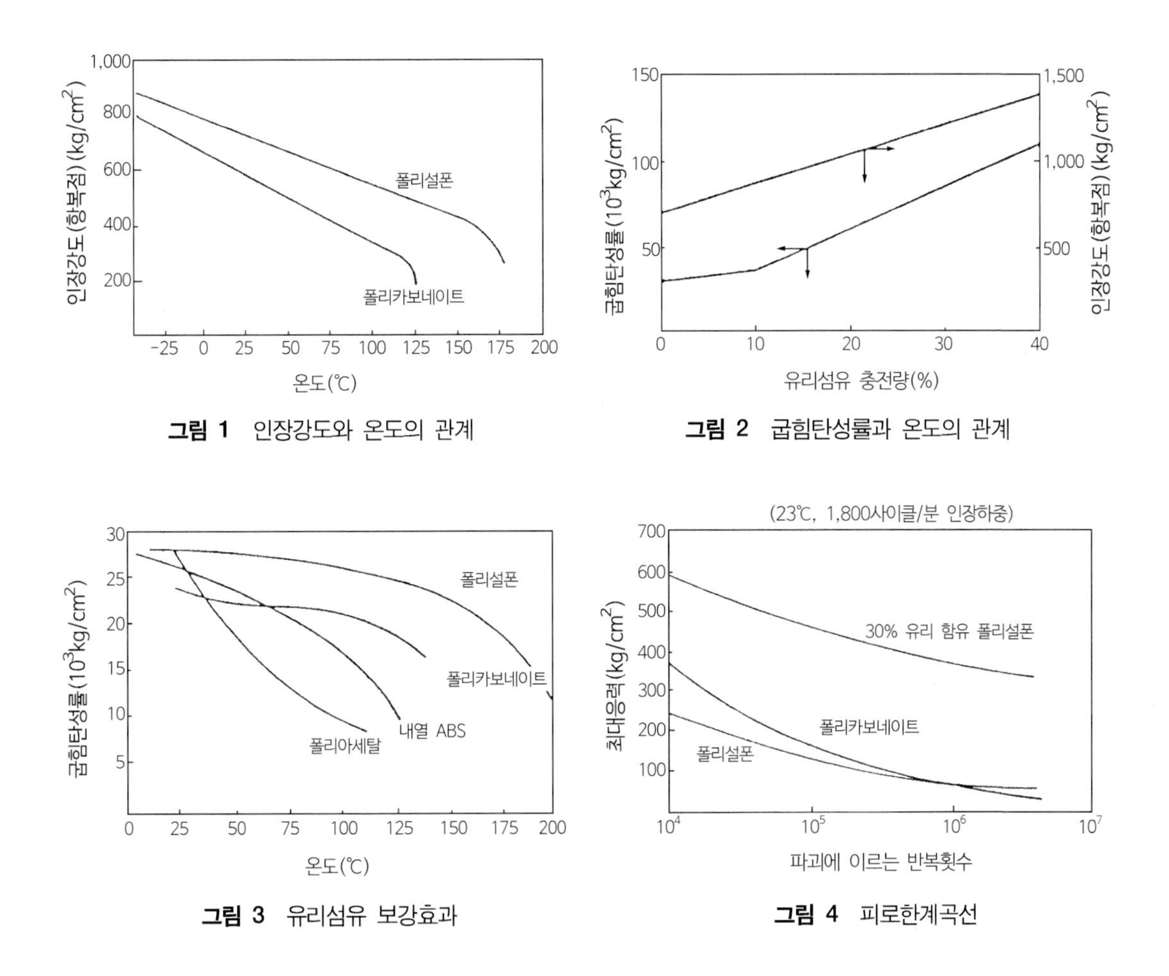

그림 1 인장강도와 온도의 관계

그림 2 굽힘탄성률과 온도의 관계

그림 3 유리섬유 보강효과

그림 4 피로한계곡선

(2) 난연성

폴리설폰은 우수한 난연성을 갖고 있고 자기소화성이므로 불연성이다.

(3) 내열성

내열성이 우수하고 유리섬유 등의 강화제 없이도 UL 연속사용인정 온도는 150℃에 랭크되어 있다.

표 3 하중하에서의 변형 (ASTMD 621)

온도 (℃)	응력 (kgf/cm²)	24hr 후의 변형 (%)
23	281	<0.2
70	281	0.2
100	211	0.3

고온, 하중하(荷重下)에 있어서 변형량이 작고 내크리프 특성이 우수하다(표 3, 그림 5 참조). 폴리설폰의 열적 성질을 표 4에 나타낸다.

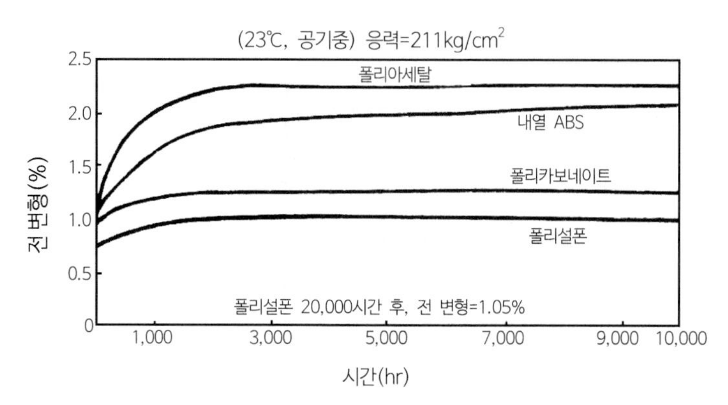

그림 5 인장크리프 특성의 비교

표 4 폴리설폰의 열적 성질

항 목	단 위	ASTM	P-1700 P-3500	P-1720	유리섬유 30%	P-6050
내열성	-	-	자기소화성	불연성	불연성	자기소화성
	산소지수	D2683T	30	32	-	-
	sec	D635	5	<5	UL94V-0	10
	mm	D635	10	<5	1.55mm 이상	<5
발화성	℃	D1929	550	590	-	-
열변형온도 18.56kg/cm^2 열변형온도 4.6kg/cm^2	℃	D648	175 181	175 181	185 190	180 188
비캣(vicat) 연화점 포화온도	℃	D1525 D746	188 -100	188 -100	- -	- -100
선팽창계수 열전도율	cm/cm/℃ Cal/sec/cm^2/℃ · cm	D696 C177	5.5×10^{-5} 3.1×10^{-4}	5.5×10^{-5} 3.1×10^{-4}	2.5×10^{-5} 3.8×10^{-4}	4.4×10^{-5} 3.2×10^{-4}
비열	Cal/℃ · g		0.27at23℃ 0.40at190℃	0.27at23℃ 0.40at190℃	- -	- -

(4) 치수안정성

비결정 수지이므로 성형수축률이 작고 또한 방향차이가 거의 없으며 내크리프성이 우수하고 사용환경 범위가 넓고 온도습도에 의한 치수변화도 극히 작다. 따라서 각종의 정밀제품의 금속에 대체품으로 사용된다. 표 5에 에이징(aging) 후의 중량변화 치수변화를 나타낸다.

표 5 치수안정성

조 건	중량변화 (%)	치수변화 (mm/mm)
22℃, 50%습도, 28일간	0.23	0.001 이하
22℃, 수중, 28일간	0.62	0.001 이하
100℃, 수중, 7일간	0.85	+0.0011
150℃, 공기중, 4시간		
60℃, 수중, 16시간		
10사이클 후		
150℃, 공기중, 2시간	-0.03	0.001 이하
150℃, 공기중, 28일간	-0.10	-0.001
150℃, 공기중, 500일간	-	-0.0016

(5) 내약품성

폴리설폰은 물에 의한 물성변화가 극히 적고, 뜨거운 물이나 가열스팀에 의해서 백화하거나 가수분해하지 않는다. 안전성도 높고 일본후생성(厚生省) 434호, 178호 외 미국의 FDA(식품의약국), NSF(국가과학재단), 3-ASSC 및 미국약국쪽의 규격에도 합격되었으며, 식품관계나 의료기기 관계에도 많이 이용된다. 산이나 알칼리 외에 많은 약품에도 견디므로 배터리 케이스나 필터 등에도 사용된다.

그림 6에 수분함유율과 치수변화의 관계를 나타내었으며, 그림 7에 폴리설폰의 내스팀 특성, 그림 8에 수중에서의 크리프 특성을 나타낸다. 표 6에 내약품성을 나타낸다.

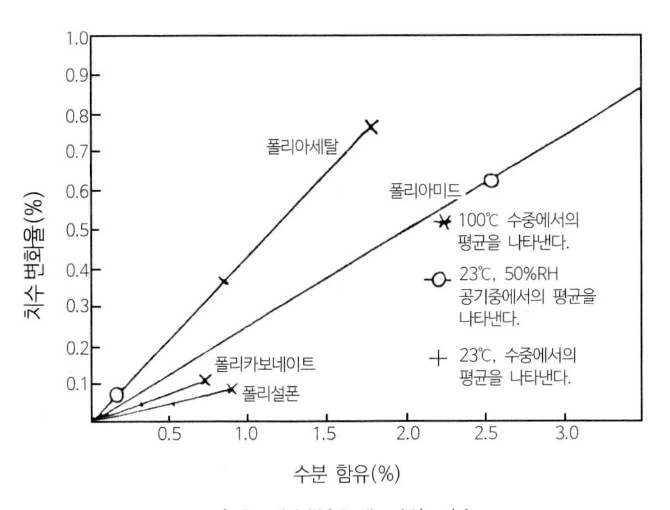

그림 6 수분함유에 의한 치수

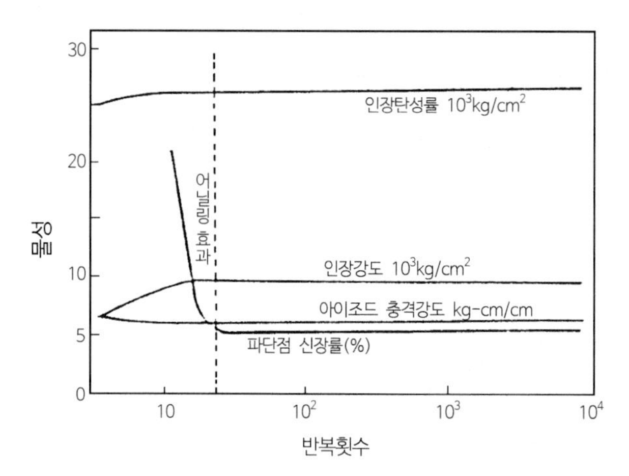

그림 7 폴리설폰의 내스팀 특성

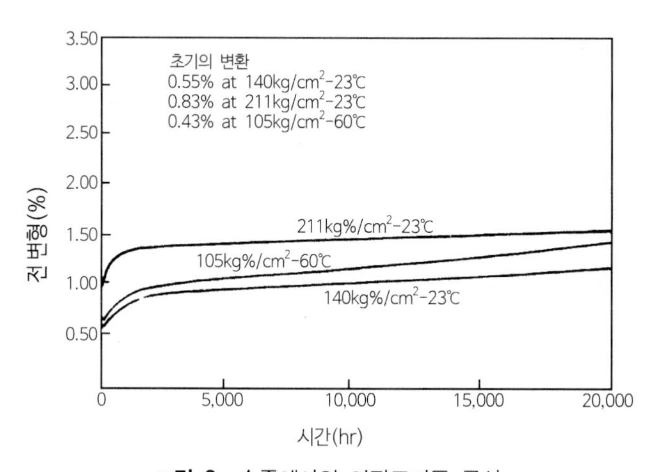

그림 8 수중에서의 인장크리프 곡선

표 6 폴리설폰의 내약품성

산 · 알칼리 · 염			유기용제		유류(油類) 외	
염산	20%	○	n-핵산	○	ASTM OIL #1	○
	농(濃)(37%)	○	시클로핵산	○	ASTM OIL #2	○
유산	65%	○	에틸알코올	○	ASTM OIL #3	○
	95%	×	에틸글리콜	○	노티오일 #10	○
초산	20%	○	모노에탄올아민	○	트랜스미션오일	○~△
	40%	○	인프로필알코올	△	부동액	○
	71%	×	글리세린	○	브레이크오일	○
인산(燐酸)		○	4염화탄수	△	그리스	△

산 · 알칼리 · 염		유기용제		유류(油類) 외	
불화수소산	△	메틸렌클로라이드	×	윤활유	△
초산	○	트리클로로에틸렌	×	가솔린	△
오레인산	○	에틸에테르	×	사진현상액	○
가성소다	○	초산에틸	×	사진정착액	○
암모니아	○	아세톤	×	가정용 표백제	○
과유산암모니아	○	벤젠	×	가정용 세제	△
염화칼슘	○	파리딘	×	Igepal(비이온계계면활성제)	×

주) ○ : 침투되지 않는다.
△ : 조건에 따라서는 침투된다.
× : 침투된다.

(6) 전기적 성질

폴리설폰은 넓은 주파수범위, 넓은 온도범위, 넓은 습도범위에 걸쳐 안정되고, 우수한 전기특성을 지니고 있어서 수많은 부품에 사용되고 있다. 특히 유전특성은 저주파에서 10GHz의 고주파까지 안정된 값을 가지고 전자레인지 등의 엄격한 조건하에서도 장기간에 걸쳐서 우수한 특성을 발휘한다. 민델(MINDEL) B-322는 미국에서 커넥터, 릴레이의 하우징 등에 쓰여지고 있다. 그림 9, 10에 유전특성의 주파수 의존성, 온도의존성을 나타낸다.

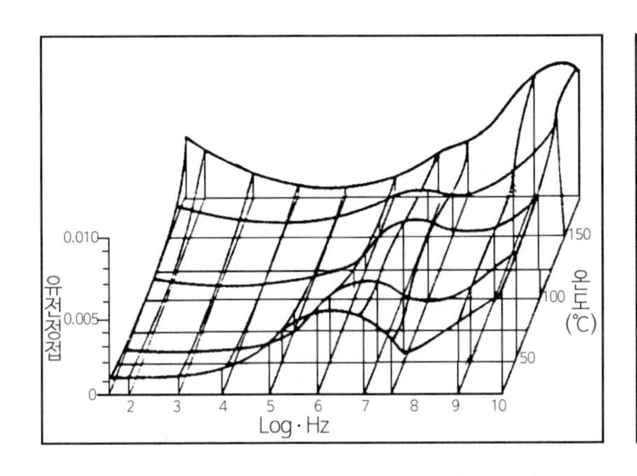

그림 9 유전정압과 주파수, 온도와의 관계

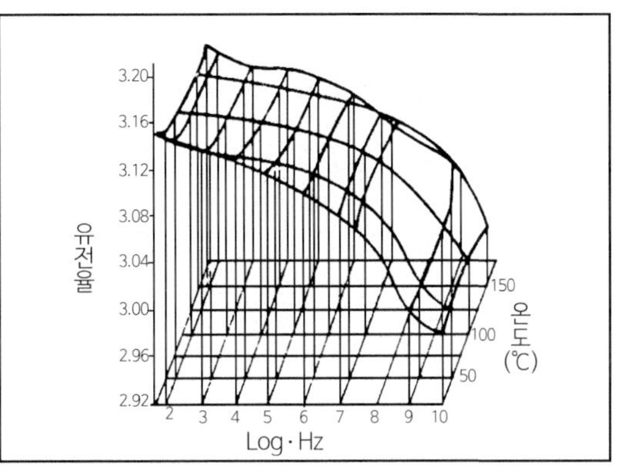

그림 10 유전율과 주파수, 온도와의 관계

그림 11에는 주파수와 유전정접의 관계를 다른 수지와 비교해서 나타낸 것이며, 표 7에 전기특성을 나열해 놓았다.

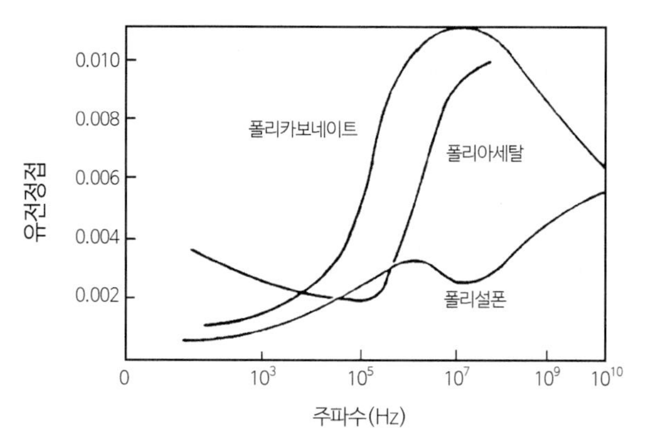

그림 11 유전정압과 주파수의 관계(23℃)

표 7 폴리설폰의 전기특성

그레이드			P-1700, P-1710, P-3500				P-1720	유리섬유 30%	P-6050
항 목		조건 / ASTM	23℃ 50%RH	50℃ 수중에 48hr 침지 후 23℃	177℃		23℃ 50%RH	23℃ 50%RH	23℃ 50%RH
유전율	60Hz	D150	3.15	3.31	3.11		-	3.55	3.43
	10^3Hz		3.14	3.29	3.09		3.19	3.55	3.34
	10^6Hz		3.10	3.23	3.07		3.21	3.49	3.34
	10^9Hz		3.00	-	3.00		-	-	-
유전정접	60Hz	D150	0.0011	0.0008	0.0039		-	0.0019	0.011
	10^3Hz		0.0013	0.0012	0.0014		0.0008	0.0014	0.005
	10^6Hz		0.0050	0.0073	0.0012		0.0050	0.0049	0.005
	10^9Hz		0.0040	-	0.008		-	-	-
		조건 / ASTM	23℃ 50%RH	35℃, 90%RH로 96hr 후			23℃ 50%RH	23℃ 50%RH	23℃ 50%RH
표면저항률 omhs		D257	3×10^{16}	2.7×10^{11}			-	10^{16}	-
체적고유저항률 Ω-cm			5×10^{16}	1.6×10^{12}			5×10^{16}	10^{17}	5×10^{15}
내아크성(텅스텐)		D495	60	-			60	115	126
(스테인리스스틸)			22	-			-	-	
		조건 / ASTM	23℃ 50%RH	50℃ 수중에 48hr 침지 후 23℃	100℃	160℃	23℃ 50%RH	23℃ 50%RH	23℃ 50%RH
절연파괴강도 KV/mm		D149							
두께	3.3		16.7	15	21	-	14.6	18.9	16.7
	0.254		87	-	106	122	-	-	-
	0.0254		300	-	340	244	-	-	-

4) 특징

① 내추럴은 얇은 호박색에 투명하고 아름다운 외관을 지니고 있다.
② 가공성이 좋고 착색이나 충전이 용이하며 금속도금도 가능하다.
③ 비결정성으로 극히 적은 성형수축, 낮은 휨성을 지니고, 치수정밀도가 높고 정밀성형용에 적합하다.
④ 강인하고 우수한 기계적 성질을 갖고 있다.
⑤ 넓은 범위에서 우수한 전기적 성질을 갖고 있다.
⑥ 뛰어난 치수안정성과 내크리프 특성을 갖고 있다.
⑦ 극히 높은 내열성(UL연속사용온도 150℃) 재료이다.
⑧ 가열스팀이나 비등수(沸騰水)에도 견디는 우수한 내열수성을 갖고 있다.
⑨ 우수한 난연성(UL94V-0~V-2)
⑩ 안전성, 일본후생성(厚生省) 434호, 178호 외 미국의 FDA, NSF, 3-ASSC, 미국약국법의 인가를 받았다.
⑪ 산이나 알칼리에 침식되지 않고 많은 약품에 견딘다.

5) 용도

표 8에 사용 예를 나타낸다.

표 8 폴리설폰의 사용 예

분 야	사용 예
전기 · 전자	IC소켓, 커넥터, 코일 보빈, 부싱, 프린트기판, 스위치
자 동 차	퓨즈, 트리거 오일 라이트부품, 특수 배터리 케이스
정밀기기	시계 케이스, 시계내부 부품, 복사기부품, 카메라 부품
식품기기	낙농기기, 필터 플레이트, 업무용 커피메이커, 자판기부품
의료기기	의치 , 내시경부품, 마취기부품, 조영제주입기
공업부품	한외(限外)여과장치, 여과막, 펌프, 파이프

6) 일본 제조사(메이커)

메이커	상품명
화학	유델폴리설폰
유니온 카바이드 일본	민델폴리설폰

7) 가격(일본 엔화 기준)

유델

내추럴(P1700)	1,850엔/kg
GF강화(30%)(GF-130)	1,700엔/kg
민델 내추럴(A-670)	1,300엔/kg
미네랄 강화(B-322)	120엔/kg

8) 일본 생산량, 출하량

수요량(톤/년)

1985년	800
1986년	1,000
1987년	1,100

9) 대표적인 판매제품의 물성데이터

〈유델(UDEL)폴리설폰〉에 대해서는 이미 기술했으므로 〈민델(MINDEL)폴리설폰〉, 〈라델(RADEL)폴리설폰〉에 대해서 표 9, 10에 나타낸다.

표 9 민델(MINDEL)의 물성

물 성		단 위	ASTM	B-322	B-340	B-390
멜트 플로		g/10min	D1238	4~9	10	8~9
밀도		g/cc	D1505	1.47	1.66	1.3
성형수축		%	D955	0.20	0.16	0.65
인장강도		kgf/cm^2	D638	1,055	1,266	738
인장신장률		%	D638	2.5	1.3	50~100
굽힘강도		kgf/cm^2	D790	1,617	1,737	1,160
굽힘탄성률		kgf/cm^2	D790	70,307	110,734	33,747
아이조드충격강도		cm · kgf/cm	D256	5.4	7.1	6.0
인장충격강도		$cm \cdot kgf/cm^2$	D1822	85.7	49.3	141.4
열변형온도		℃	D648	160	160	169
난연성		UL94	-	V-0 @0.031"	V-0 @0.031"	V-0 @0.1"
절연내력(耐力)		kV/mm @1/32	D149	30	24	18.1
체적저항률		Ω · cm	D257	10^{16}	10^{16}	10^{6}
유전율	60Hz		D150	3.7	3.9	3.3
	1MHz			3.7	3.9	3.3
	1GHz			3.7	3.9	3.4
유전정접	60Hz		D150	0.002	0.002	0.002
	1MHz			0.003	0.003	0.002
	1GHz			0.009	0.010	0.007

표 10 유델(UDEL) P-1700와 라델(RADEL) A-400의 비교

물 성	단 위	ASTM	P-1700	A-400
멜트 플로	g/10min	D1238	6.5	30.0
밀도	g/cc	D1505	1.24	1.37
성형수축	%	E955	0.7	0.6
인장강도	kgf/cm^2	D638	717	844
인장탄성률	kgf/cm^2	D638	25,311	27,068
굽힘강도	kgf/cm^2	D790	1,083	1,131
굽힘탄성률	kgf/cm^2	D790	27,420	28,052
아이조트충격강도	cm · kgf/cm	D256	7.1	8.7
인장충격강도	$cm \cdot kgf/cm^2$	D1822	428	342

물 성		단 위	ASTM	P-1700	A-400
열변형온도		℃	D648	174	204
난연성		UL94	-	V-2 @1.47mm	V-0 @0.023"
난연성		UL94	-	V-0 @6.10mm	V-0 @0.58mm
절연내력		kV/mm	D149	17	15.1
체적저항률		Ω · cm	D257	5×10^{16}	7.71×10^{16}
유전율	60Hz		D150	3.07	3.51
	1MHz			3.03	3.54
	1GHz				
유전정접	60Hz		D150	0.0008	0.00171
	1MHz			0.0034	0.00564
	1GHz				

2 폴리에테르설폰(PES)

1) 분류 · 종류

폴리에테르설폰 PES는 영국 ICI사(社)에서 개발된 고성능 엔지니어링 플라스틱(수퍼 엔플라)으로 다음과 같은 화학구조를 가지고 있다.

$$\left(\text{—}\langle\bigcirc\rangle\text{—}SO_2\text{—}\langle\bigcirc\rangle\text{—}O \text{—}\right)_n$$ Tg : 225℃ 비정성(非晶性)

영국에서는 1972년부터 판매가 시작되었다. 상품명은 〈Victrex〉이다. 일본에서는 1975년부터 ICI 재팬에 의해 수입판매가 개시되었고 특히 1978년부터 스미토모화학(住友化學), 미쓰이도아쓰(三井東壓)도 참여하고 있다. PES의 최대 특징은 '고온특성'이 종래의 엔지니어링 플라스틱보다 우수하다. 즉 PES는 200℃ 가까운 고온에서 치수변화나 물성열하(劣下)를 일으키지 않고 장기간의 연속사용에 견딘다.

(1) 내추럴

PES 자체는 비결정성 호박색 투명한 수지이다. 코팅 및 접착제 등 용도에 따라 파운더, 압출용, 사출성형 등의 펠릿이 있다.

(2) 유리섬유 강화 기타

유리섬유 함유율 20%, 30%, 사출성형용의 탄소섬유로 강화한 고온, 고강성 그레이드가 있다. 스미토모화학(住友化學)은 PES를 베이스 레진으로 한 각종 컴파운드를 〈스미플로이 S시리즈〉로서 판매하고 있다.

(3) 섭동용(摺動用)

섭동특성을 만족하도록 컴파운드화된 것으로 〈스미플로이 S시리즈〉 FS 그레이드 등이 여기에 해당된다.

2) 제조법

PES는 디클로로디페닐설폰의 중축합반응에 의해 얻어지는 열가소성의 폴리머이다. 폴리설폰, 폴리아릴설폰이 공중합체인데 비해서 PES는 호모폴리머인 점에서 다르다. PES의 Tg가 225℃, 폴리설폰의 Tg가 190℃이고 고온의 사용한계온도는 PES쪽이 높다. 폴리설폰과 유사한 성질도 많은 비결정성의 폴리머이지만, 흡수성은 PES쪽이 약간 높다.

3) 물성일반

(1) 내열성(단기적)

일반적으로 열가소성수지 특히 결정성 수지는 온도상승에 수반하여 강성이 급격히 저하한다. 그러나 PES는 높은 온도까지 높은 강성을 유지하고 온도상승에 의한 물성저하가 약간 있다. 굽힘탄성률, 인장강도에 대해서 그림 12, 13에 나타낸다.

예를 들면 30%GF(유리섬유) 강화 그레이드는 180℃에 있어서 인장강도 780 kgf/cm², 굽힘탄성률 8.0×10 kgf/cm²이고 열경화성 수지보다 우수하고 고온에서의 강도유지율이 크다.

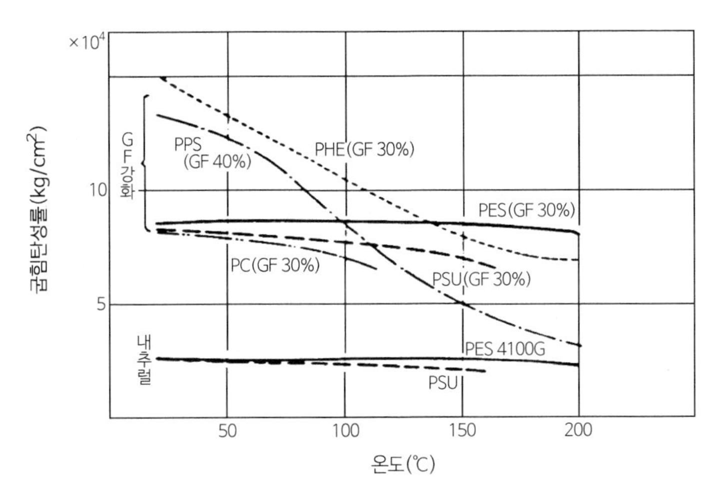

그림 12 굽힘탄성률의 온도의존성

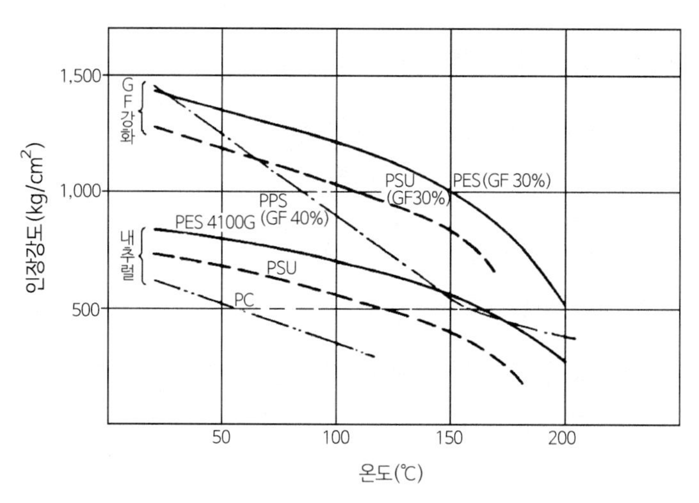

그림 13 인장강도의 온도의존성

(2) 내열성

인장강도의 반감시간에 의해 수지의 장기내열성을 평가하는 방법이 있다. PES의 인장강도 반감기는 그림 14에 나타낸 것같이 180℃에 있어서 20년간, 200℃에서는 5년간이다.

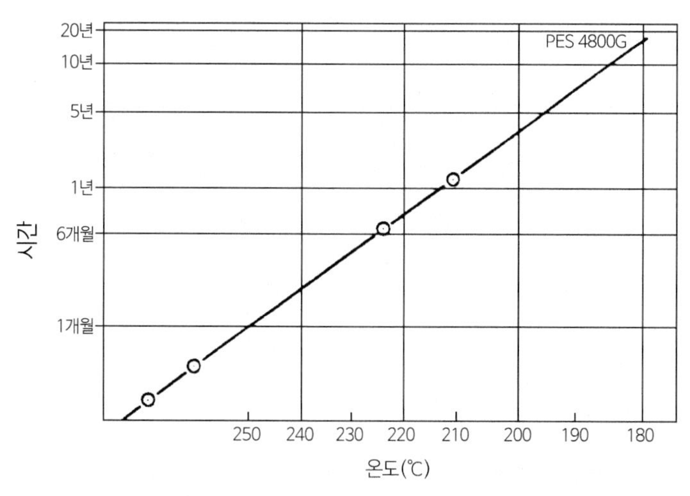

그림 14 인장강도 반감시간의 온도의존성

또 PES는 UL규격(UL746B)에 의해서 180℃의 연속사용온도가 인정되고 있다. 이 온도 인덱스(index)를 다른 수지와 비교해서 그림 15에 나타낸다. PES는 종래의 열가소성 수지보다는 물론 열경화성 수지보다도 높은 인덱스를 갖고 있다.

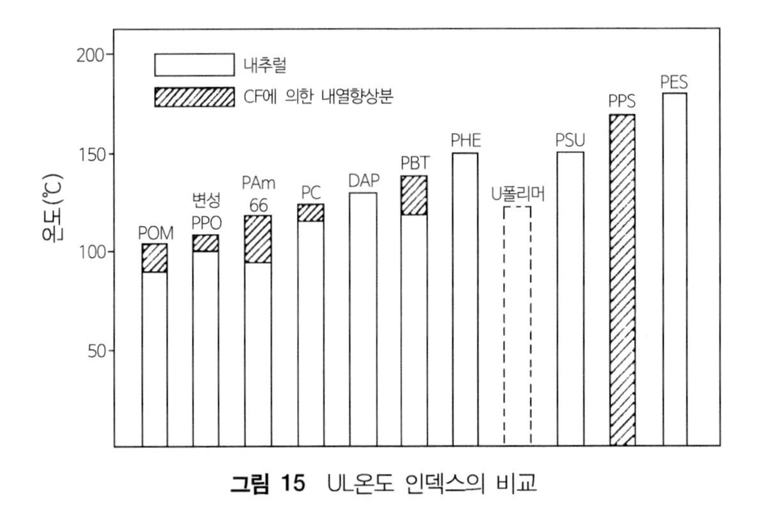

그림 15 UL온도 인덱스의 비교

(3) 기계적 성질

PES의 실온에 있어서 크리프(creep) 탄성률의 경시(經時, 시간의 경과)변화를 그림 16에 나타낸다. 다른 엔지니어링 플라스틱과 비교해서 PES는 크리프성이 우수하다. 고온에 있어서 내크리프성을 비교하기 위해 각 온도에 있어서 1,000시간의 크리프 탄성률을 그림 17에 나타낸다. PES는 고온에 있어서도 우수한 내크리프성을 가지고 있다.

그림 18에서는 PES의 고온에 있어서 크리프 특성의 구체적인 예를 나타낸다. 그림에 나타나듯이 PES는 150℃의 고온하에서 100 kgf/cm^{2}의 하중하(荷重下)에서도 1년 후의 신장은 1% 이하이다. 또 특히 내크리프성이 요구되는 용도에는 GF강화 그레이드가 적합하다.

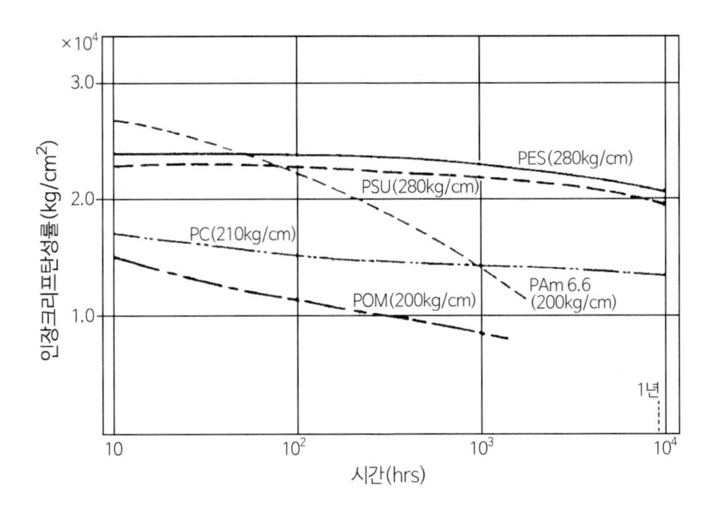

그림 16 인장크리프의 항시변화(20℃)

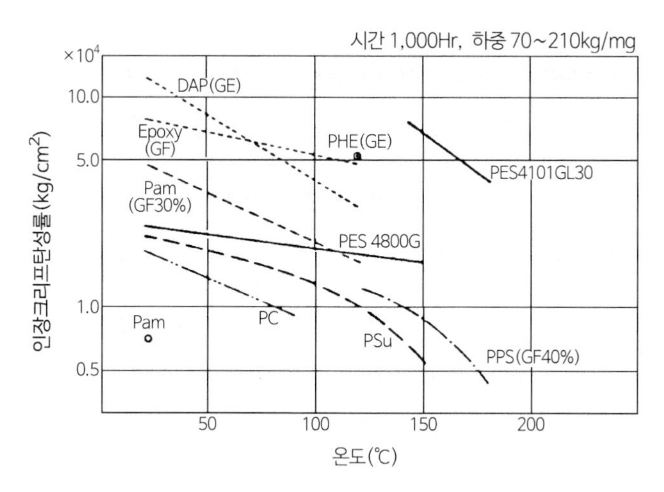

그림 17 크리프 탄성률의 온도의존성

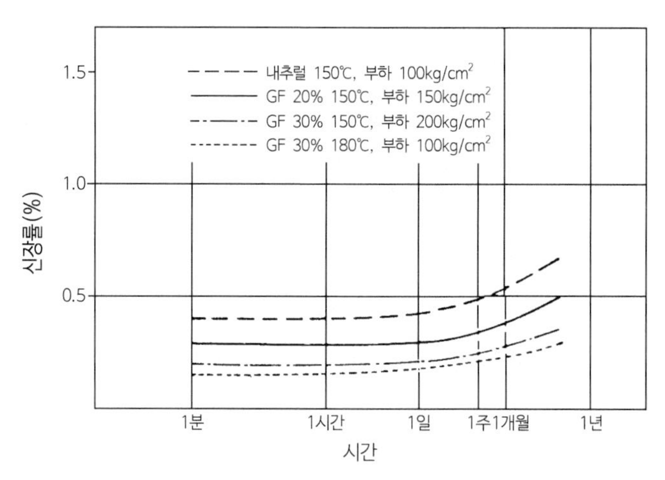

그림 18 PES의 인장크리프의 온도의존성

(4) 치수안정성

PES의 성형수축률은 내추럴에서 0.6%, GF강화 그레이드에서 0.2%로 작고(그림 19 참조), 또한 이방성이 없다. 한편 선팽창률이 내추럴에서 5.5×10^{-6}/℃, GF강화 그레이드에서 2.3×10^{-6}/℃로 낮고 또한 넓은 온도영역에서 일정하다(그림 20 참조). 또 후수축은 200℃ -7,000시간에서도 0.1% 이하이고 거의 후수축을 일으키지 않는다. 따라서 PES는 정밀한 성형을 할 수 있고 온도변화에 의한 치수변화가 작고 또 장시간의 고온하에서도 치수변화를 일으키지 않는다. 또 극히 짧은 시간의 고온에 대해서는 300℃ 가까이까지 견딜 수가 있고 납땜공정시의 고온(260~280℃×1%초)에는 충분히 견딘다. 또 PES는 약간의 흡수성이 있다. 흡습에 의한 치수변화는 포화상태(1.1%)에서도 0.15%에 지나지 않는다(그림 21 참조).

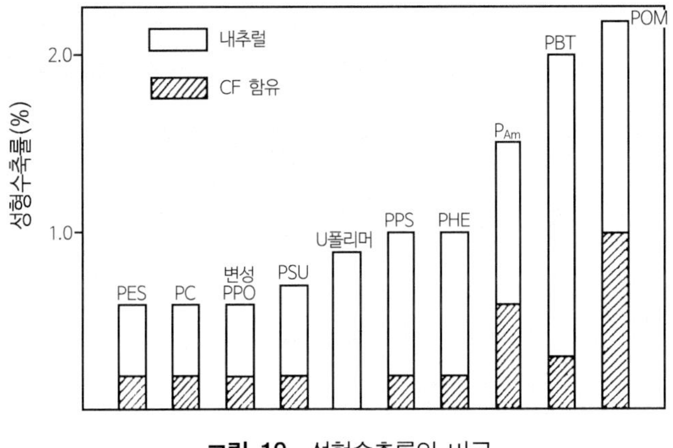

그림 19 성형수축률의 비교

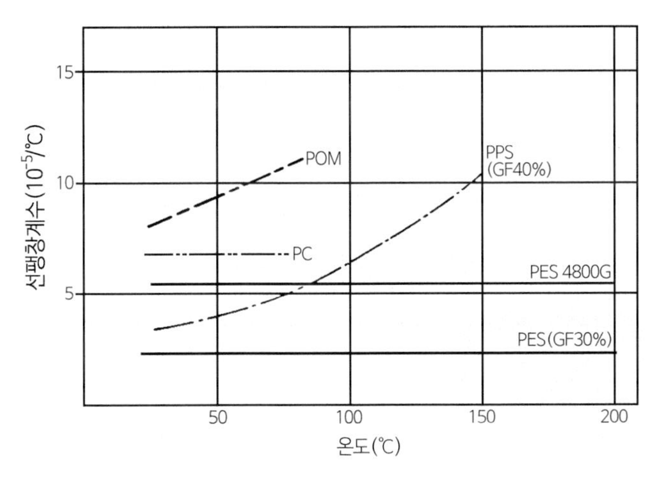

그림 20 선팽창계수의 온도의존성

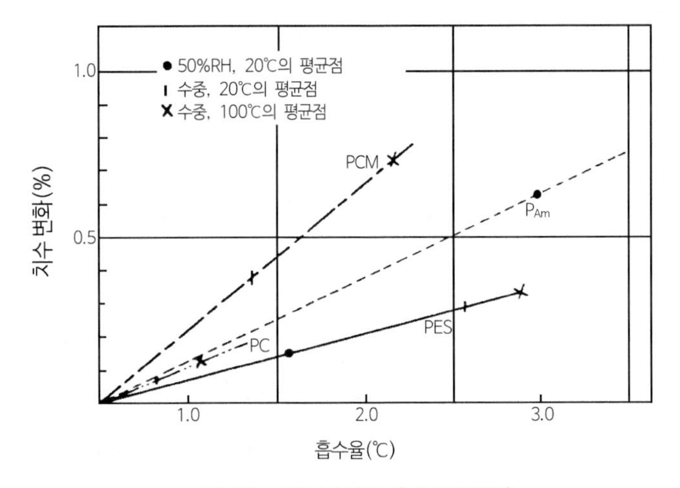

그림 21 치수변화의 흡수율의존성

(5) 내충격성

PES는 폴리카보네이트와 비슷한 강인한 수지이다. 이 강인성은 0.5m/m 정도의 살두께가 얇은 상태에서도 충분히 유지되므로, 두께가 얇은 설계가 가능하다. 또 0℃ 이하의 저온에 있어서도 연성파괴를 하여 저온충격성도 양호하다(그림 22). 단, PES의 내충격성은 노치[1]에 예민하고 날카로운 노치부가 있으면 내충격성이 낮아지는 경향이 있고 성형품의 설계시 날카로운 노치를 피하도록 배려하는 것이 필요하다(그림 23). 또 내충격성은 흡수율의 영향을 받아 절건시(絕乾時, 절대건조 상태시)에는 다소 충격성이 저하한다.

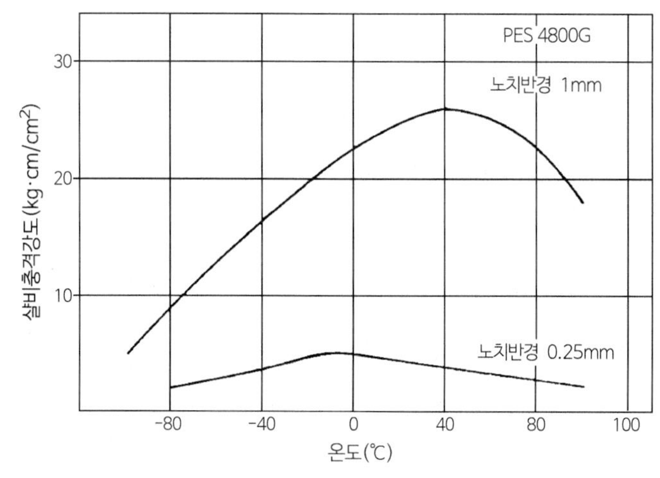

그림 22 충격강도의 온도의존성

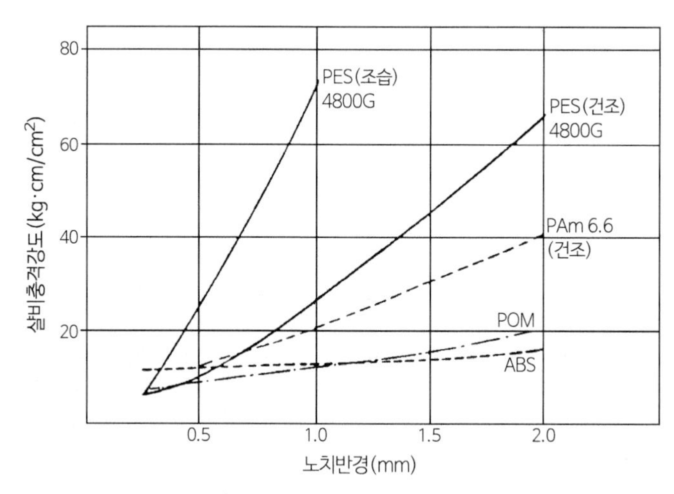

그림 23 충격강도의 노치의존성

1) 노치(notch) : 재료에 국부적으로 만든 요철부

(6) 내마찰 · 내마모성

내마모성의 데이터를 표 11에 나타낸다. PES에 고체윤활제를 배합하고 PES강도, 내열성, 내크리프성을 유지하고 섭동[2)]특성을 개량한 그레이드로서 〈스미플로이 FS2200〉이 있고 이미 사용되고 있다.

표 11 내마모성

수 지	마모량(g)	마찰계수(終)
PES4100G	0.0139	0.55
PES4101GL20	0.0015	0.35
PES4101GL30	0.0010	0.55
PAm66	0.0038	0.50
PAm66GF30%	0.0038	-

〈실험조건〉
캠 : 스테인리스 C_1 사상(仕上)
라인스피드 : 69m/min
하중 : 5.25kgf/cm^2
시간 : 6.0분

또 PEEK(Polyether ether ketone)에 대해서도 탄소섬유 등과 조합시켜서 보다 고성능한 그레이드를 개발하였다.

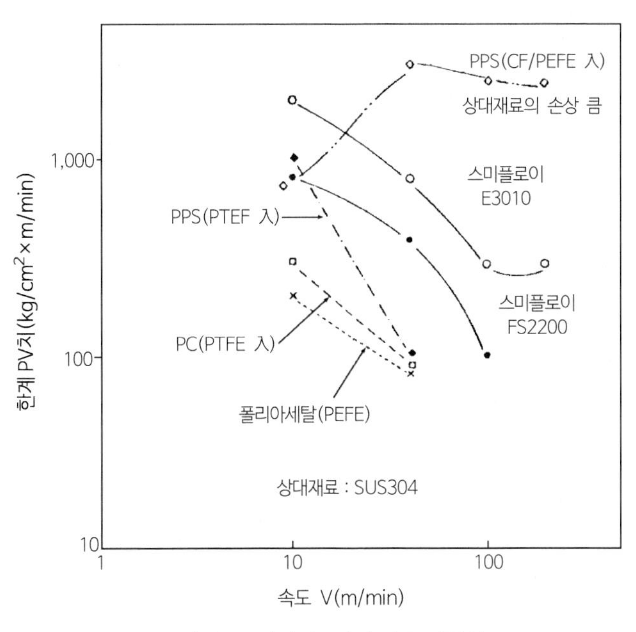

그림 24 한계 PV식의 속도의존성

2) 섭동(攝動) : 다른 힘에 의해 정상적인 타원을 벗어나는 현상

특히 샤프트(shaft, 축) 등의 과혹한 섭동조건에도 견디는 그레이드로서 사출성형이 가능한 수지 중에서는 최고의 섭동특성을 갖고 있는 E3010을 개발 판매하고 있다. 그 성능을 다른 사출성형용 섭동재료와 비교해서 그림 24, 표 12에 나타낸다.

한계 PV값(P : 하중, V : 마찰속도)이 크고 마찰계수, 마모계수가 작아서 상대재료를 상하게 하지 않는 것이 특징이다.

표 12 마찰 마모특성

측정조건			시험재료	마찰계수 μ	마모계수 K $(\frac{mm}{Ia}/\frac{kg}{cm^2})$	상대재료 마모량 (mg)
압력P (kgf/cm^2)	속도 V (m/min)	상대재료				
6	40	SUS304	스미플로이 E3010	0.14	0.73×10^{-5}	0.10
			스미플로이 FS2200	0.14~0.21	19.2×10^{-5}	0.16
			PPS(CF/PTFE 함유)	0.40	19.2×10^{-5}	13.0
			폴리카보네이트 (PTFE함유)	몇 분 안에 응용		
			폴리아세탈(PTFE 함유)			
1	100	SKH2	스미플로이 E3010	0.24	2.0×10^{-5}	0.32
			스미플로이 FS2200	0.29	29.5×10^{-5}	0.27
			PPS(CF/PTFE 함유)	0.81	31.3×10^{-5}	10.5
2	100	SKH2	스미플로이 E3010	0.22	0.93×10^{-5}	0.48
			PPS(CF/PTFE 함유)	0.53	29.2×10^{-5}	8.60

주) 습동시간 : 96시간

(7) 내수성(耐水性)

PES는 다소 흡수성이 있다. 즉 포화흡수율이 23℃에서 2.1%, 100℃에서 2.3%이다. 그러나 PES의 내수성은 양호하고 100℃의 물속에 있어서도 충분히 사용가능하다. 예로서 그림 25, 26에 있어서 성능 변화를 나타낸다.

100℃의 물속에서는 초기에 내충격성의 저하가 일어나지만, 그 후는 충분히 높은 내충격성을 유지하여 안정하다.

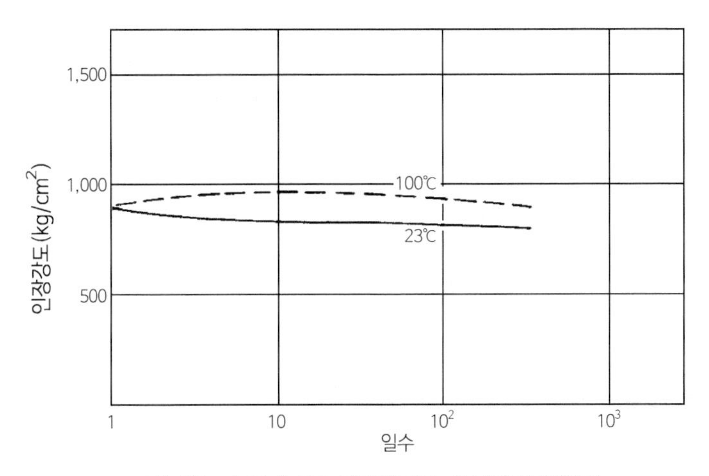

그림 25 수중에서의 인장강도의 항시변화(4800G)

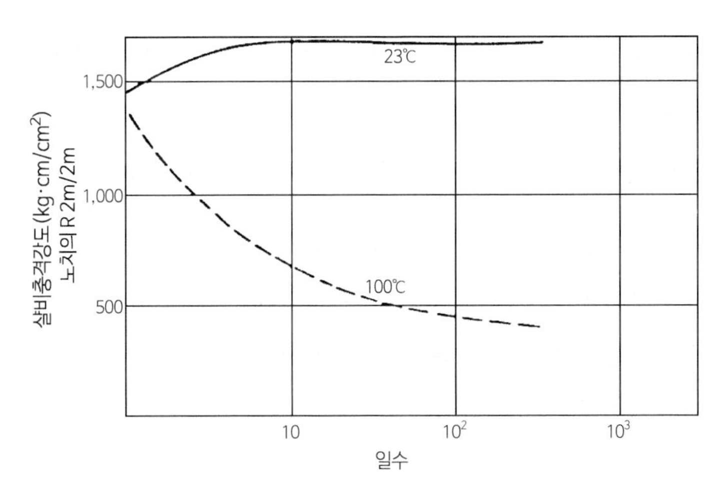

그림 26 수중에서의 내충격성의 경시(經時)변화(4800G)

(8) 내후성(耐候性)

PES의 내후성을 표 13에 나타낸다. 내추럴 PES의 내후성은 별로 좋지 않다.

표 13 PES의 내후성

시험재료 \ 물성 \ 폭로월수		초기치	3개월	6개월	12개월
4100G	인장강도 kgf/cm²	900	430	350	360
	신장률 %	13	B	B	B
200P+ 1%C.B.	인장강도 kgf/cm²	890	840	830	860
	신장률 %	16	12	10	11

카본블랙을 첨가하면 옥외에 1년 후에도 인장강도가 저하하지 않고 연성파괴(延性破壞)를 나타낸다. 따라서 PES는 카본블랙을 첨가하는 것에 의해 옥외에서 사용하는 것이 가능하게 된다.

(9) 내방사선

PES의 내방사선성은 양호하고 β선, γ선에 견딘다. 한 예로서 γ선을 조사한 경우의 인장강도와 신장률의 변화를 표 14에 나타낸다.

표 14 PES의 내방사선성(γ선)

사용량(mrads)	인장강도(kgf/cm^2)	신장률(%)
0	820	140
50	830	120
100	780	30
200	760	34
250	750	18

(10) 내약품성

PES는 뜨거운물, 스팀, 산, 알칼리 등의 수성약품, 특히 오일류, 그리스, 가솔린, 알코올류, 지방족 탄화수소 등에 우수한 내성(耐性)을 가지고 있다. 또 산화제에도 내성이 있고 100% 산소분위기 중에 150℃에서 1개월 방치해도 아무 변화가 없다. 그렇지만 대부분의 유기화합물이 그렇듯이 농유산, 농초산에는 침식된다.

한편 PES는 비결정성이므로 강한 극성용제에 침식되는 경우가 있다. 예를 들면 에스테르, 케톤, 트리클로로에틸렌 등이 여기에 해당된다. 또 내약품성은 PES의 그레이드에 따라서 약간 변한다. GF

표 15 PES의 내약품성

무기시약	영 향	유기시약	영 향
암모니아	A	벤젠	A
암모니아수	A	안급향산(安急香酸)	A
50% NaOH	A	아세톤	C
50% KOH	A	수산	A
10% 염산	A	시클로헥산	A
농염산	A	시클로헥사놀	A
10% 초산(硝酸)	A	시클로헥사논	C
농유산(濃硫酸)	C	메탄올	A
농초산(濃硝酸)	C	글리세린	A
초산(酢酸, 아세트산)	A	트리클로로에틸렌	C
붕산	A	트리클로로에탄	A
과산화수소(過酸化水素小)	A	크실렌(xylene)	B
유화수소(硫化水素, 황화수소)	A	석유에테르	A
첨화(添化)칼리 중의 첨소(添素)	B	에틸렌글리콜	A

주) A : 영향없고 20℃에서는 흡수하지 않음
B : 다소 영향있고, 소량의 흡수 및 팽윤(膨潤)이 일어난다. 용도에 따라서는 충분히 견딘다.
C : 영향이 크다. PES 사용불가

강화 그레이드는 내추럴 그레이드보다 꽤 우수하다. 또 200℃에서 어닐링(annealing)하는 것에 의해 내약품성을 개량할 수 있다(표 15 참조).

(11) 전기적 성질

PES는 유전율, 유전정접(誘電正接), 체적고유저항에 우수한 특성을 가지고 있다. 이 우수한 특성이 고온영역까지 유지되고 있다.

① 유전정접(誘電正接) : PES의 유전정접은 20~180℃의 온도범위에서 거의 0.001의 낮은 값으로 안정되어 있다(그림 27). 또 주파수 의존성도 적고 10^9Hz에 있어서도 0.003~0.004 정도이다(그림 28).

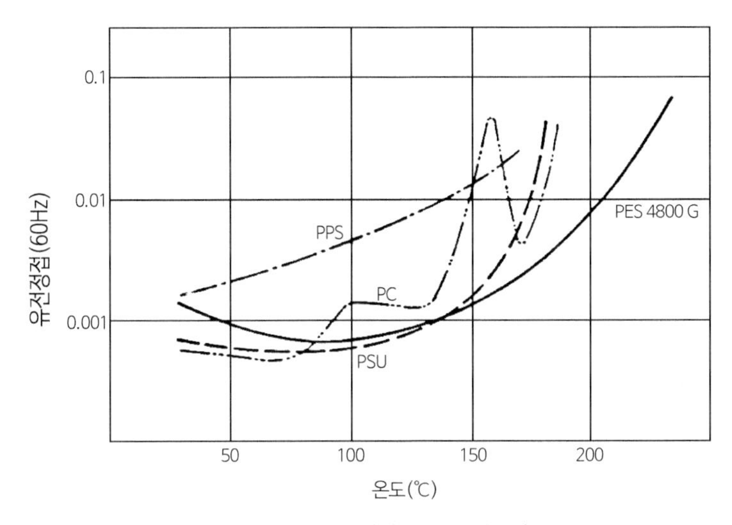

그림 27 유전정접의 온도의존성

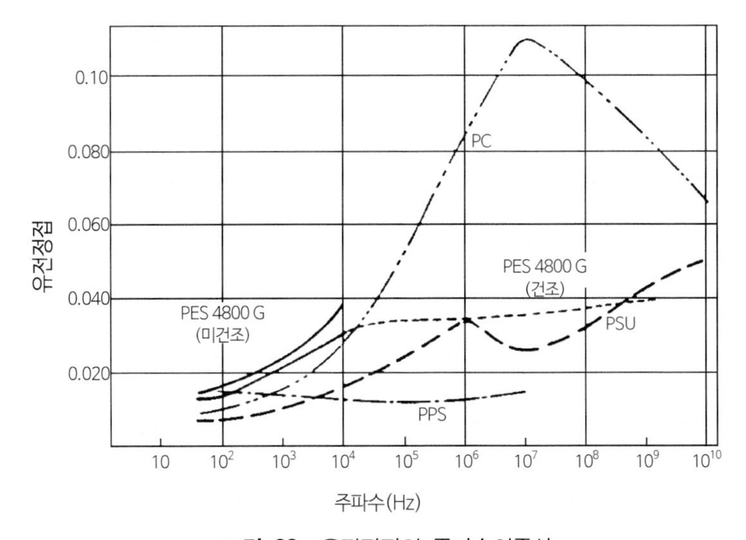

그림 28 유전정접의 주파수의존성

② 유전율 : PES의 유전율은 60～10^9 Hz에서 일정값 3.5이고 시료가 흡수하고 있는 경우에도 약간 높아지는 정도이다(그림 29).

③ 체적고유저항 : PES의 체적고유저항의 온도의존성을 그림 30에 나타낸다. PES는 200℃에 있어서도 100Ωcm라는 높은 저항값을 갖고 있다.

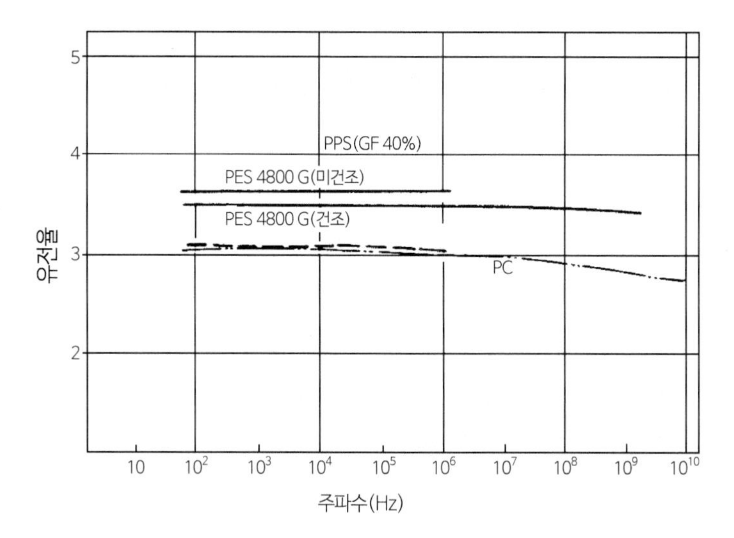

그림 29 유전율의 주파수의존성

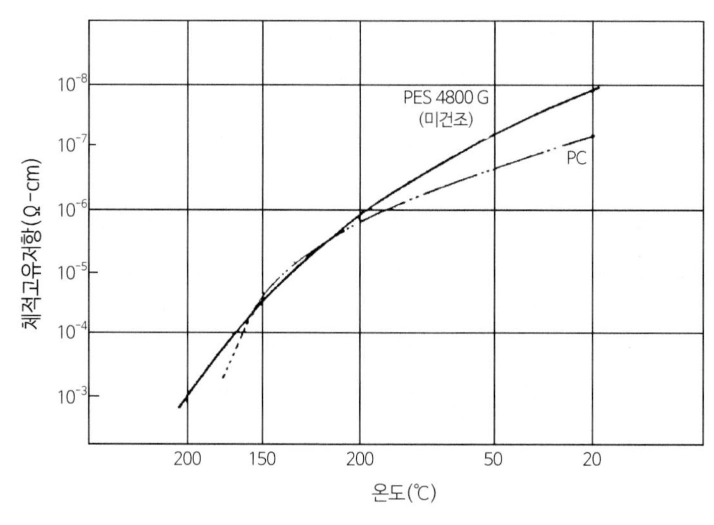

그림 30 체적고유저항의 온도의존성

PES는 이와 같이 고온영역에 있어서도 우수한 전기특성을 갖고 있고 또 내열성도 우수하므로 내열 용도에 가장 적합하다.

(12) 난연성

PES는 자기소화성이 있고 난연제 무첨가 자체에서 0.46m/m까지 UL규격의 94V-0으로 인정되고 있다. 0.46m/m까지 UL94V-0으로 인정되고 있는 수지는 그 종류가 적고 PES는 얇은 두께의 V-0 용도에 가장 적합하다.

난연성은 다른 수지와 비교하기 위해 그림 31에 한계산소지수를 나타낸다. 한계산소지수의 비교 그래프에서도 PES의 난연성이 우수한 것이 명백하다. 한편 PES는 발연량(發煙量)이 상당히 적은 것으로 알려져 있다. 미국국립표준사무국(American National Bureau of Standard)의 발연량시험 결과를 다른 수지와 비교해서 그림 32에 나타낸다.

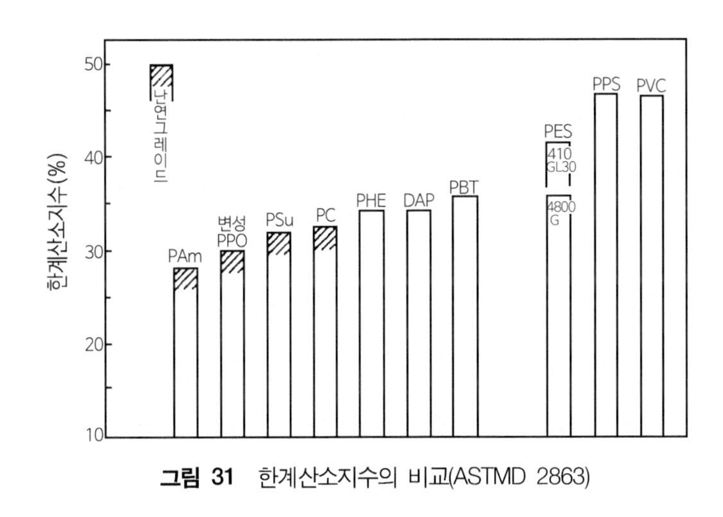

그림 31 한계산소지수의 비교(ASTMD 2863)

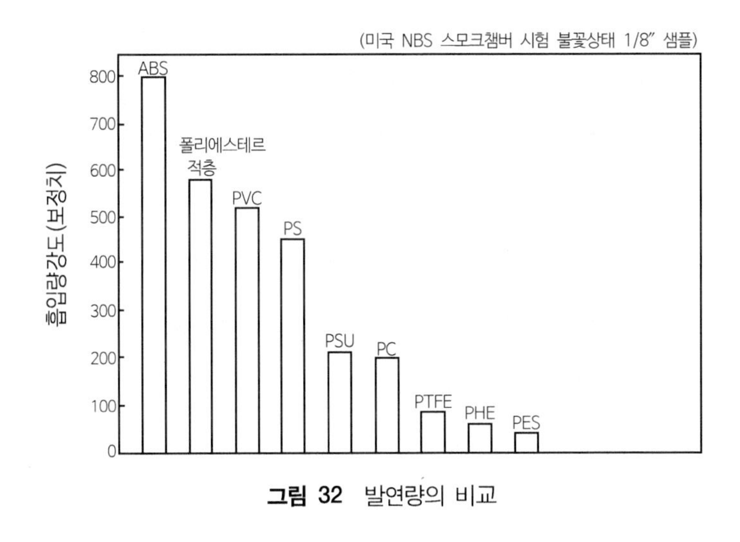

그림 32 발연량의 비교

4) 특징

급격한 온도변화에 대한 신뢰성, 고온에서 장기간 사용에 대한 신뢰성이 있다.

(1) 내열성

① 단기내열성 : H.D.T가 200~210℃이고 강성이 200℃ 부근까지 거의 저하하지 않는다. 또 내납땜성을 가지고 있다.

② 장기내열성(열노화성) : UL온도 인덱스(index)가 180℃이고 180℃에 있어서 인장강도의 반감기가 20년이다.

③ 치수안정성 : 200℃에 있어서도 거의 치수변화가 없다.

④ 내크리프성 : 180℃에 있어서도 충분한 내크리프성을 갖고 있다.

⑤ 전기특성 : 우수한 전기특성이 있고, 그 특성이 고온영역까지 유지되어 있다.

⑥ 내염성(耐炎性) : 0.5mm의 두께에서도 UL94V-0이다. 또 연소시에도 연기의 발생이 적다.

⑦ 성형성 : 우수한 내열성에도 변하지 않고 보통의 성형기로 충분히 성형할 수 있다. 이하의 사항에 대해서는 주의가 필요하다.

⑧ 내후성 : 내추럴 PES의 내후성은 별로 좋지 않으므로 옥외에서 사용하는 용도에는 카본블랙을 첨가할 필요가 있다.

⑨ 내약품성 : 일부의 극성용제에 침식된다.

⑩ 흡수성 : 내수성은 양호하지만 약간의 흡수성이 있으므로 성형 전에 건조가 필요하다.

⑪ 충격강도의 노치의존성 : 충격강도의 노치의존성이 크기 때문에 예민한 노치를 피한 설계가 필요하다.

5) 용도

(1) 전기 · 전자분야

H종의 절연체로서 넓게 이용되고 있다. 특히 납땜 공정(260℃×10초~20초)에 견디는 것에서 베이클라이트(bakelite)나 에폭시(epoxy)를 대체한 예도 많이 있다. 또 에폭시의 트랜스퍼(transfer) 온도 및 수지압에도 견디기 때문에 에폭시 트랜스퍼용의 인서트(insert) 부품으로 사용하는 것도 가능하다.

예 코일보빈, 타이밍스위치, 커넥터, 램프케이스, 헤어드라이어그릴, 프린트기판, 퓨즈박스 커버, 모터캡, 공업용 드라이어 창, 램프반사판, 위치검출기 케이스

(2) 자동차분야

히트 사이클(-40℃~180℃)에서의 안정성, 내가솔린, 오일성 및 크리프에 의한 토크저하가 없는 등의 특징을 갖고 있어서 금후 이 분야에의 응용이 많이 기대된다.

예 엔진과 카뷰레터의 인슐레이터, 포그 램프(fog lamp) 리플렉터(reflector, 반사경), 베어링 리테이너(retainer), 자동변속기어

(3) 기계부품분야

고온의 오일영역은 열수 침지상태에서 안정성을 갖고 있기 때문에 다음의 용도에 쓰여진다.

예 베어링 리테이너, 온수펌프 하우징, 온수기부품, 열수파이프

(4) 의료기구 · 식품가공기계분야

투명성과 전체의 소독법(약품, 열수, 온풍, γ선)이 가능한 수지로서 다음의 용도에 쓰여진다.

예 혈액분석기, 혈압검사관, X선 윈도우, 식품공업용 밸브 및 파이프

(5) 항공기분야

안정성을 가장 요구하는 분야이고 난연성이고, 또한 발연성(發煙性)이 작은 특징을 갖고 있어서 다음의 용도에 쓰여지고 있다.

예 창틀, 핫에어 덕트(hot-air duct) 등의 내장재

(6) 기타분야

① 코팅제 : PES의 코팅제로서의 특징은 내열성뿐만 아니라 금속표면과의 결합력이 강하고 열수(熱水) 파이프 등에 코팅이 기대된다.

② 캐스트 막(膜) : 역침투압법(逆浸透壓法)용의 분리막으로 PES를 적용하는 것에 따라 막의 강도 및 사용온도범위를 넓히는 것이 가능하다.

6) 일본 제조사(메이커)

메이커	상품명
ICI 일본	Victrex PES
스미토모화학(住友化學)	Victrex PES 스미플로이 S
미쓰이도아쓰(三井東壓)	Victrex PES

7) 가격(일본 엔화 기준)

내추럴 4,000엔/kg

유리섬유강화 3,800엔/g

8) 생산량, 출하량

1985년 250톤(수요)

1986년 300톤(수요)

1987년 350톤(수요)

9) 대표적인 판매제품의 물성데이터

표 16에 나타낸다. 참고로 다른 엔플라(ENPLA)의 데이터도 같이 기록하였다.

표 16 PES의 일반물성

항 목			시험법	단 위	4100G/4800G	4101GL20	4101GL30
물리적성질	투광률		ASTMD-1003	%	8.8		
	굴절률		-	-	1.65		
	비중		ASTMD-792	-	1.37	1.51	1.60
	흡수율	(24시간)	ASTMD-670	%	0.43	-	0.30
	성형수축률		ASTMD-955	·	0.6	0.2	0.2
	가스투과율	H_2O	-	cc/mm/mm/24hr	4.4		
		O_2			19.6~32.9		
		N_2			12.4~19.6		
		CO_2			43.7~48.5		
기계적성질	인장강도	20℃			860	1,270	1,430
		150℃	ASTMD-638	kgf/cm^2	580	800	1,020
		180℃	(DIN53455)	kgf/cm^2	420	610	780
	인장탄성률		ASTMD-638	kgf/cm^2	24,600	-	124,000
	굽힘탄성		ASTMD-790	kgf/cm^2	1,320	1,750	1,940
	굽힘탄성률	20℃			26,500	60,200	85,700
		150℃	ASTMD-790	kgf/cm^2	25,500	59,200	83,600
		180℃			23,500	57,100	81,600
	파단신도		ASTMD-638	%	40~80	3	3
	아이조드충격		ASTMD-256	kgf · cm/cm	파단하지 않음	45	56
	로크웰경도		ASTMD-648	-	R120(M88)	R134(M98)	R134(M98)
열적성질	열변형온도	(18.6kg)	ASTMD-648	℃	203	210	216
	유리전이온도		-	℃	225	-	-
	선팽창률		ASTMD-696	℃-1	5.5×10^{-5}	2.6×10^{-5}	2.3×10^{-5}
	체적팽창률		ASTMD-696	℃-1	16.5×10^{-5}	-	-
	UL온도인덱스		UL-746	℃	180	-	-
	열전도율		ASTMC-177		0.00043	0.00045	0.00057
전기적성질	체적고유저항		ASTMD-257	Ω · cm	10^{17}~10^{18}	10^{16}	10^{16}
	유전율	60Hz			3.5	-	-
		10^6Hz	ASTMD-150	-	3.5	-	-
		2.5×10^9Hz			3.4	-	-
	유전정접	60Hz			0.001	-	-
		10^6Hz	ASTMD-150	-	0.0035	-	-
		2.5×10^9Hz			0.004	-	-
	절연내력		ASTMD-149	KV/mm	16	16	16
	내아크성		ASTMD-495	sec	20~60	100	100
	내트래킹		DIN53480	Volts	150	150	140
연소특성	난연성	1.6mm			V-0	V-0	V-0
		0.46mm	UL-94	-	V-0	-	-
		0.3mm			V-1	-	-
	한계산소지수	0.5mm	ASTMD-286	-	34		
		1.6mm			38	40	41

3601GL20	폴리카보네이트		폴리설폰		U폴리머	PPS
	일반	유리섬유	일반	유리섬유	일반	(라이톤R-4)
1.51	1.2	1.4	1.24	1.45	1.23	1.64
	0.19	0.13	0.26	0.2	0.25	0.03
0.3	0.6	0.2	0.7	0.2	0.9	0.2
1,270	610	1,360	720	1,280	770	1,450
780	-	-	400	840	-	550
620	-	-	-	-	-	430
-	24,000	100,000	25,000	100,000	20,000	79,000
1,740	950	1,800	1,120	1,640	1,090	2,170
60,200	24,000	82,000	27,000	84,000	19,000	135,000
59,200	-	-	22,000	70,000	-	50,000
57,100	-	-	-	-	-	35,000
3	105		90	2.5	56	1.3
-	파단하지 않음	-	파단하지 않음	-	-	44
134(M98)	R116(M73)	R118(M93)	R122(M69)	- (M92)	R123(-)	R121(M98)
209	135	146	173	178	175	260
-	150	-	-	-	-	-
2.6×10^{-5}	6.8×10^{-5}	2.7×10^{-5}	5.5×10^{-5}	2.5×10^{-5}	5.0×10^{-5}	3.6×10^{-5}
-	-	-	-	-	-	-
-	115	120	150	150	-	220
-	0.00046	0.00052	0.00028	0.00051	-	0.00069
10^{16}	10^{16}	10^{16}	10^{16}	10^{16}	10^{16}	10^{16}
-	3.1	3.4	3.1	3.6	-	-
-	3.0	3.4	3.0	3.5	3.0	3.6
-	-	-	-	-	-	-
-	0.0009	0.0013	0.0008	0.0019	-	-
-	0.01	0.0067	0.0035	0.0049	0.015	0.0014
-	-	-	-	-	-	-
16	16	18	17	19	32	19
	120	120	122	122	120	35
150	-	-	-	-	-	-
V-0	V-2～V-0	V-2～V-0	V-2～V-0	V-0	V-0	V-0
-	-	-	-	-	-	-
-	-	-	-	-	-	-
40						

3 폴리아릴레이트(Polyarylate)

1) 분류 · 종류

폴리아릴레이트는 2가(價) 페놀과 2염기로 이루어지는 폴리에스테르로 정의되며, 2염기산이 방향족 다이카복실산(디카르본산)을 가리키는 경우가 통례이다. 유니티카가 제조판매하고 있는 〈U폴리머〉는 테레프탈산과 이소프탈산의 혼합산으로 비스페놀 A에서 만들어지는 중축합계(重縮合系) 폴리머로 다음의 화학구조식에서 나타내는 폴리아릴레이트이다.

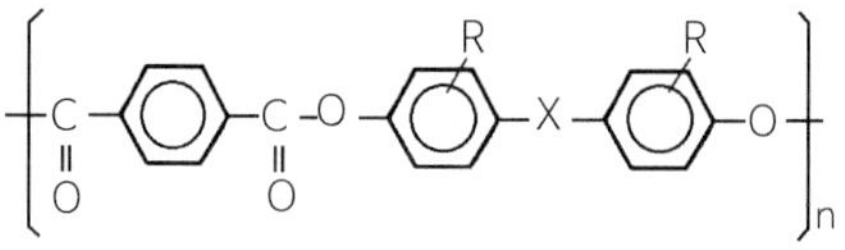

U폴리머는 유니티카에서 처음으로 공업적으로 개발, 생산된 새로운 내열 · 열가소성의 엔지니어링 플라스틱이다. U폴리머는 크게 분류해서 구분되는 U시리즈, P시리즈, AX시리즈, 특수 그레이드의 4개 종류가 있다. 그 안에 U시리즈와 P시리즈는 투명하고 AX시리즈는 불투명하다.

(1) 내추럴

비강화품으로 상기의 특수 그레이드를 제외한 것이 이에 속한다.

(2) 유리섬유 강화

기본 그레이드에 각각 유리섬유로 강화한 고탄성 · 치수안정성이 뛰어난 강화 그레이드가 있다.

(3) 섭동용(摺動用) 외

높은 내열성과 낮은 마찰계수를 조합한 섭동용 재료이다. 그 밖에 높은 열변형온도, 반사율과 내약품성을 겸한 LED 등 디스플레이용 케이스, 조명기기, 램프 하우징 등의 반사판 재료용, 블로우 성형용의 그레이드도 있다.

1984년 말에 가네가후치화학(鐘淵化學)은 종래의 폴리아릴레이트보다도 내열성이 우수한 NAP수지(New Polyarylate)를 개발, 판매를 시작했다. 내열성 이외에 기계적 성질, 전기특성, 내비수성(耐沸水性)이 우수하고 본질적으로 난연성이므로 사출성형 혹은 필름성형에 의해 전기, 전자, 기계분야에 이용이 증가하고 있다. 그 화학구조를 다음에 나타낸다.

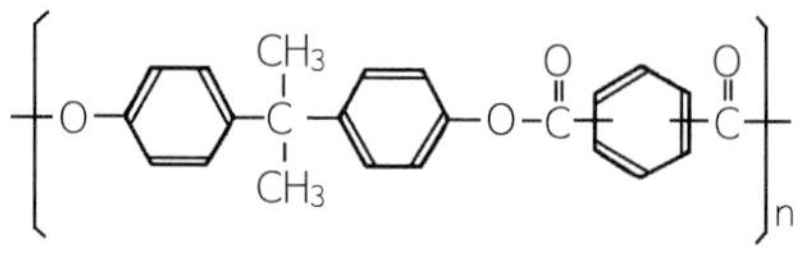

2) 제조법

(1) 용융중축합법(溶融重縮合法)

다이카복실산(디카르본산)과 비스페놀을 고온 용융상태에서 반응시키는 것이며 일반적으로는 비스페놀과 카르본산 혹은 비스페놀과 다이카복실산(디카르본산)의 페닐 에스테르를 반응시키는 방법이 이용되고 있다. 이 방법은 폴리아릴레이트의 용융점도를 매우 높게 하기 위해 어느 정도 이상의 중합도에 달하면 교반(攪拌)이 곤란하게 되어 이탈하게 되는 초산 혹은 페놀의 제거방법에 제조기술상의 문제점이 있다.

(2) 용액중축합법

다이카복실산(디카르본산) 디클로라이드와 비스페놀을 탈산제인아민 존재하에 유기용매 중에서 반응시키는 방법이다. 이 반응은 비가역적이며, 고중합도의 폴리머가 얻어지는 용제를 사용하므로 이것을 효율 좋게 회수하는 것이 중요한 문제이다.

(3) 계면중축합법(界面重縮合法)

다이카복실산(디카르본산) 디클로라이드와 비스페놀을 서로 상용하지 않은 2종의 용제에 가각 용해시킨 후, 알칼리 존재하에 2액을 혼합 교반(攪拌)해서, 그 계면에서 축합반응시키는 방법이다. 계면중합은 실온에 가까운 온도에서 반응이 가능하며 일반적으로 고중합도의 폴리머를 얻기가 쉽다. 그러나 중합도의 조정과 부산물인 금속염화물의 분리기술상의 문제이다.

3) 물성 일반

테레프탈산과 비스페놀 A 또는 이소프탈산과 비스페놀 A에서 얻어진 폴리아릴레이트는 융점, 유리전위점이 극히 높고 결정성의 폴리머이지만 물성면에서는 깨지기 쉬운 결점이 있다.

테레프탈산과 이소프탈산의 혼합프탈산과 비스페놀 A에서 얻어지는 폴리아릴레이트는 표 17에 나타낸 것과 같이 강인한 엔지니어링 플라스틱으로서 우수한 특성을 가지고 있는 것으로 알려져 있다. U폴리머는 이 화학구조를 기본으로 한 것이다.

방향족 다이아민과 방향족 다이카복실산(디카르본산)에서 얻어지는 전방향족 폴리아미드와 비교하면 이 폴리아릴레이트는 주쇄(主鎖)로 고밀도에서 벤젠고리를 갖고 있고 그 때문에 내열성이 높다고 하는 공통점이 있는 한편, 전방향족 폴리아미드는 융점 또는 연화온도가 열분해 개시온도에 근접해 있으며, 일반적으로 열용융 성형법을 써서 성형하는 것이 곤란한 것에 대해서 폴리아릴레이트는 그 온도차가 비교적 크고 사출 성형, 압출 성형, 혹은 블로우 성형 등의 열용융 성형법이 간단히 적용되는 장점을 가지고 있다. U폴리머의 그레이드와 그 물성을 표 17에 나타낸다.

표 17 비스페놀 A 이소테레프탈 공중합 폴리아릴레이트의 물성

이소테레-프탈	IV치[a]	결정성[b]	연화온도(℃)	유리전이 온도[c](℃)	용해성[d]	필름강도
100/0	0.52	3	235	-	1	약함
90/10	0.67	2.7	255	181	1, 2	강인함
80/20	1.08	1.5	250	188	1, 2, 3	매우 강인함
70/30	1.33	0.3	255	188	1, 2, 3, 4	매우 강인함
60/40	1.53	0.3	255	188	1, 2, 3, 4	매우 강인함
50/50	1.38	0.3	260	194	1, 2, 3, 4(고온)	매우 강인함
40/60	0.94	1.3	250	191	1, 2, 3(고온)	강인함
30/70	0.79	1.8	260	192	1, 2, 3(비등)	강인함
20/80	0.74	2.0	245	203	1, 2	약함
10/90	0.68	2.1	290	-	1, 2	매우 약함
0/100	0.51	2.4	315	-	1	매우 약함

주 a) 0.5% sym-테트라클로로에탄/페놀(tetrachloroethane/phenol), 40/60용액, 30℃에서 측정
b) 0=0%, 6=100%를 한 경우의 상대비교
c) 음파탄성률의 온도의존성에서 측정
d) 1 : m-크레졸(cresol), 2 : 클로로포름(chloroform), 3 : 시클로헥사논(cyclohexanone),
4 : 디메틸포름아미드(dimethylformamide)에 대한 용해성

(1) P시리즈에 대해서

내열성을 크게 내리지 않고 성형성을 개량한 것에 P시리즈이다. 그 중요한 개량점은 다음과 같다.

① 성형성의 개량 : 대형 성형품, 살두께가 얇은 성형품 및 멀티캐비티(multi-cavity)의 대응이 용이하게 된다.

② 투명성의 개량 : 광선투과율이 증가하고 옐로우-인덱스가 저감된다.

③ 충격강도의 증대 : 아이조드(izod) 충격강도가 50% 이상 향상된다.

(2) AX시리즈에 대해서

AX시리즈는 폴리머 알로이(polymer alloy)의 기술에 의해 폴리아릴레이트의 높은 내열성을 계속 이용하고 그 약품성을 크게 높인 유니크한 그레이드이다. 즉, 폴리머 알로이화에 의해 응결정성(凝結晶性)을 주어 그에 의해 내약품성을 크게 개량하고 각종의 유기용제, 오일 · 그리스에 대하여 충분한 저항성을 부여한 것으로, 그밖에 유리섬유를 강화시키지 않고 대하중(大荷重) 열변형온도는 150℃에 비강화결정성 플라스틱인 PBT의 60℃, 나일론 6의 71℃, 폴리아세탈의 110℃에 비교해서 현저하게 높다(표 18).

따라서 유리섬유 강화의 필요도 없고, 유리섬유 첨가에 따라 성형품의 휨, 성형기나 금형의 마모 등 트러블도 적다. 그밖에 폴리아릴레이트와 비교하여 성형성은 대폭적으로 개량되어졌고 나일론 6이나 폴리아세탈과 똑같은 우수한 섭동특성도 가지고 있다. 또한 AX시리즈에는 난연성을 강화시킨

그레이드도 개발되어 있다.

표 18 비강화 엔플라의 성능비교

항 목	단위	AX-1500	POM	N6	PBT
비중	-	1.17	1.42	1.13	1.38
인장강도	kgf/cm^2	740	62.0	800	730
굽힘탄성률	kgf/cm^2	22,000	26,000	28,000	28,000
아이조드강도 (노치있음)	kgf · cm/cm	7	5	6	4
열변형온도	℃	150	110	71	60
성형수축률	%	1.0	2.0	1.8	1.8

(3) 내열섭동 그레이드와 그 특성

U폴리머와 불소폴리머의 폴리머 알로이(alloy)에 의해 개발된 것이 UF시리즈 및 AXF시리즈이다. 예를 들면 UF-100은 U폴리머 자체가 지닌 내열성 · 내크리프 특성 및 치수안정성에 동마찰계수(動摩擦係數, 운동마찰계수)가 0.2 이하로 작고, 한계 PV값도 954 kgf/cm^2 · cm/sec와 폴리아세탈의 270 ~510, 폴리카보네이트의 460과 비교해서 현저히 높은 값이다.

마찰성은 연속윤활마모(그림 33), 상대단속(相對斷續) 윤활마모(그림 34) 어느 것이라도 UF-100의 효과는 매우 높고 MoS_2의 효과는 작다. 그러면서 마모성(그림 35)에 있어서는 UF-100은 부(負)의 효과(마이너스 효과)를 주는 것에 유의해야 한다. 한계 PV값(그림 36)에 있어서 UF-100의 효과는

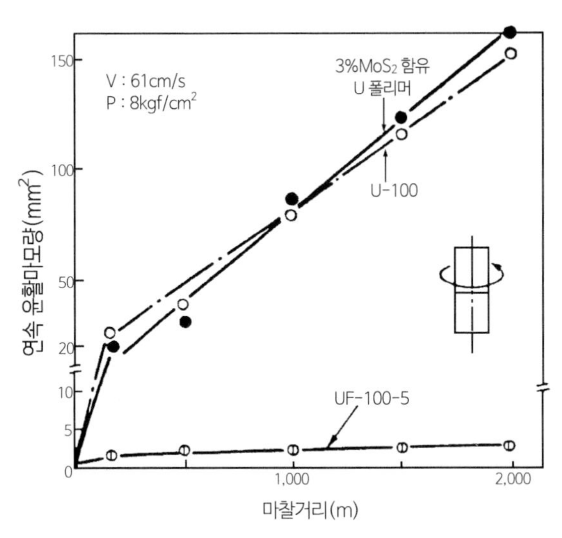

그림 33 폴리머의 연속 윤활마모량과 마찰거리의 관계

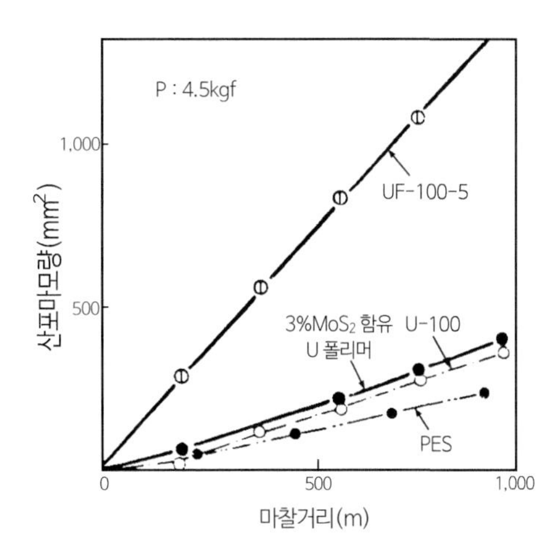

그림 34 PES 및 U폴리머의 상대계속 윤활마모량과 마찰거리와의 관계

크고 열가소성 수지로서는 최고 수준에 속한다. 이상의 결과를 다른 수지와 비교하여 표 19, 20에 나타낸다.

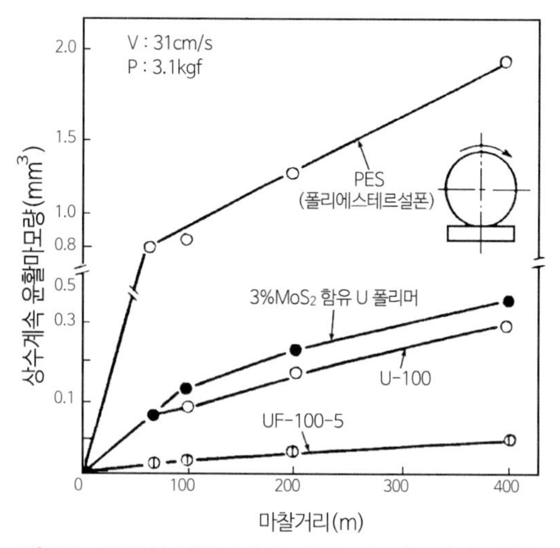

그림 35 PES와 U폴리머의 산포(散布)마모량과 마찰거리

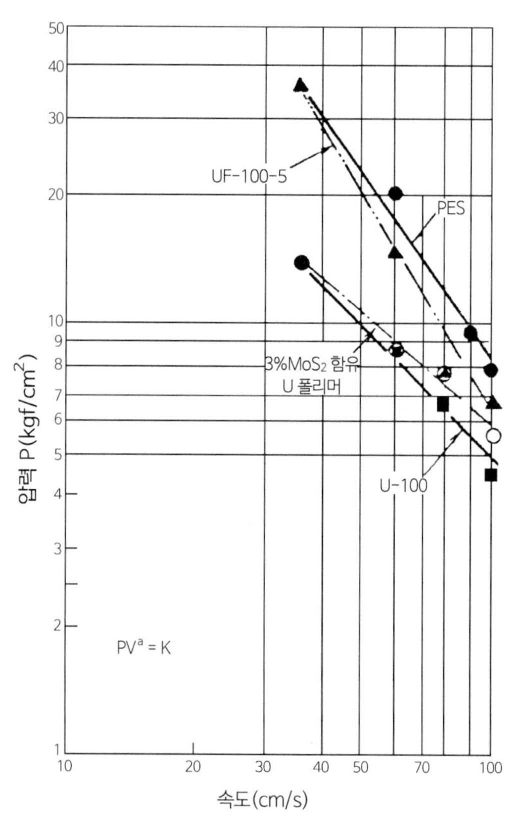

그림 36 PES 및 U폴리머의 한계선도

표 19 각종 플라스틱의 평균한계 PV치와 마찰계수

재 료		평균한계 PV치 (kgf/cm^2 · cm/sec)	운동마찰계수 μL
U폴리머	U-100	510	0.33~0.8
	3% MoS_2 함유	538	0.25~0.9
	UF-100-5	954	0.14~0.62
폴리에테르설폰(PES)		990	0.14~0.53
폴리아세탈(POM)		270~510	0.154
폴리카보네이트(PC)		460	
ABS 수지		500	0.371
폴리페닐렌 설파이드(PPS)			0.216
아크릴 수지(PMMA)			0.476
폴리스티롤			0.442
폴리프로필렌(PP)			0.308
폴리에틸렌(PE)		200	0.124
나일론 6(PA 6)		590	0.148
PTFE(TEFLON)		80~100	0.108
아스베스트 PTFE 함유		843	
아스베스트 그라파이트 함유 PPS		1037	
그라파이트 함유 폴리아미드		5,740 이상	
PTFF 함유 폴리아미드		2,390 이상	0.05~0.260
포입(布入) 페놀수지		750	0.37~0.468

표 20 각종 플라스틱의 비 마모량

재 료		비 마모량(mm^2/km · kgf)		
		상대계수윤활마모 (大越式)	연속윤활마모 (鈴木式)	산포(散布)마모 (JIS K7204)
U폴리머	U-100	1.10	9.57	86.5
	3% MoS_2 함유	1.21	10.35	94.5
	UF-100-5	0.24	0.2	334.1
폴리에테르설폰		4.45		58.8
폴리아세탈		0.14	0.78	
폴리카보네이트		4.84		89.0
ABS수지		0.44		
폴리염화비닐		1.90		
폴리에틸렌		0.24		96.3
나일론 6			0.45(0.93)	
PTFE		8.20	2.61	
그라파이트 함유 폴리아미드		0.19	0.37	2199

재 료	비 마모량(mm²/km · kgf)		
	상대계수윤활마모 (大越式)	연속윤활마모 (鈴木式)	산포(散布)마모 (JIS K7204)
PTFE 함유 폴리아미드	0.10	0.30	776
불포화 폴리에스테르	10.24		361
포입(布入) 페놀수지	0.24		344
에폭시수지	5.18		
DAP수지*	14.21		

* 디아릴프탈레이트(Diallyl-Phthalate) 수지

(4) 유리섬유 강화 그레이드와 특성

U시리즈가 그 내열 순위에 U-100[대하중(大荷重) 열변형온도 175℃]에서 U-8000[대하중(大荷重) 열변형온도 110℃]까지 폭넓게 위치하고 있는 것에 대하여 UG-100-30[대하중(大荷重) 열변형온도 180℃]에서 UG-8000-30[대하중(大荷重) 열변형온도 121℃]까지로 각각의 내열 순위를 가지고 있고 용도에 적합한 그레이드 선택이 가능하다. 특히 UG-100-30은 같은 비결정성의 폴리카보네이트, 변성 PPO의 강화 그레이드에 비해 30~40℃ 이상 높은 열변형 온도로 우수한 강도특성, 굽힘탄성률 및 우수한 치수안정성(그림 37)을 갖고 있다.

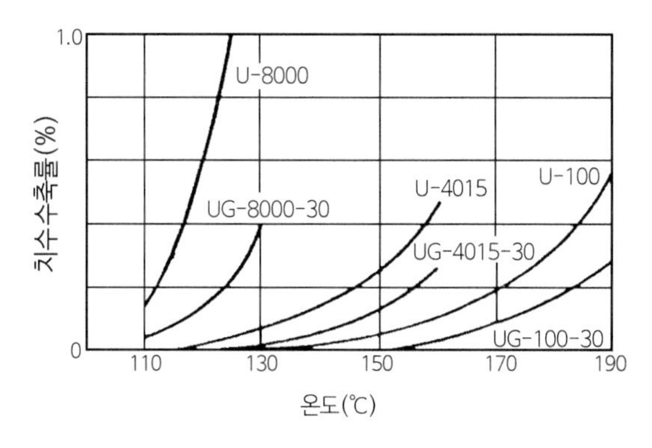

그림 37 U시리즈 및 UG시리즈의 열수축률(두께 : 1/8인치, 열처리시간 : 1hr)

일반적으로 U폴리머를 비롯하여 폴리카보네이트, 변성 PPO 등의 비결정성 플라스틱은 내스트레스 크랙성이 뒤떨어지는 결점을 가지고 있지만, UG그레이드는 내스트레스 크랙성이 크게 개선되었다. 또 인서트(insert) 성형시에 금속과 플라스틱의 선팽창률의 차이나 성형잔류응력에 의해 크랙이 발생하므로 이 경우에도 UG그레이드를 사용함으로써 이것을 방지할 수 있다.

AX시리즈 및 그 강화그레이드는 나일론, 폴리아세탈, PBT수지 등의 강화그레이드의 대체재료로서 응용분야를 넓히고 있다. 이것은 내약품성에 한계가 있는 U시리즈에 대하여 AX시리즈 및 그 강화그레이드는 우수한 내약품성을 갖고 있기 때문이다(표 21).

표 21 AXG-1500-20의 내약품성

약품 \ 온도	20℃	60℃	약품 \ 온도	20℃	60℃
물	○	○	크실렌	○	○
5% 식염수	○	○	BTX 이소펜트나프타	○	○
10% 식염수	○	○	n⁻ 펜탄	○	비등
5% 염화칼슘	○	○	n⁻ 헵탄	○	비등
10% 염화칼슘	○	○	케로신	○	○
5% 초산(酢酸)	○	×	에틸세로링	○	○
3% 유산(硫酸)	○	×	부틸세로링	○	○
10% 암모니아	×	×	등유	○	○
10% 수산화나트륨	×	×	윤활유	○	○
50% 에틸알콜	○	○	광유	○	○
95% 에틸알콜	○	○	레귤러 가솔린	○	비등
90% 이소프로필	○	○	하이오크 가솔린	○	비등
이소프로필 알콜	○	○	디젤유	○	○
에틸렌글리콜	○	△	엔진유	○	○
글리세린	○	○	샐러드유	○	-
아세톤	○	비등	비누액(화이트 No.20)	○	-
벤젠	○	○	광유(마마레몬 표준, 희석)	○	-
톨루엔	○	○			

주) 16개월 침지 후의 인장충격강도 유지율에서 측정한다.
○ : 80% 이상, △ : 80~50%, × : 50% 이하

(5) 내열성 고반사차광(高反射遮光) 그레이드와 특성

LED용 반사판 재료로서의 요구성능은 반사율이 높은 것, 내열성이 높은 것, 차광성이 충분한 것, 정밀성형이 가능한 것 등이다. 이와 같이 요구성능이 높은 중에서 종래의 ACS나 ABS와 함께 변성 PPO나 PBT를 사용한 반사판 재료가 개발되어 있다.

U폴리머의 변성에 의해 얻어지는 LED용 반사판 재료 AX-1500W는 이들 각종 재료 중에서 가장 내열성이 높고 반사율, 차광성, 내약품성에도 우수한 균형을 가진 재료이다(표 22). 지금까지 오디오, VTR 레벨미터, LED 표시장치용 반사경, 자동차 디스플레이 반사경, 계측기기의 램프 조명반사·차광부품 등에 사용되고 있다.

표 22 각종 반사차광성 수지의 비교

	ASTM	단 위	U폴리머 백수지		변성PPO 백수지	PBT 백수지
			AX-1500W	AXN-1500W		
비중	D792	-	1.37	1.51	1.25	1.60
인장강도	D638	kgf/cm^2	810	750	-	620
파단신도	D638	%	14	11	-	12
굽힘강도	D790	kgf/cm^2	800	880	710	730
굽힘탄성률	D790	kgf/cm^2	28,000	30,000	25,000	30,000
인장충격강도	D1822	$kgf \cdot cm/cm^2$	50	30	100	20
열변형온도	D648	℃	150	130	110	64
난연성(1/16")	UL94	-	HB	V-0	-	HB
반사율	자체측정	%	90	88-89	85	92
차광성	자체측정	-	○	○	○	×
내전압	D149	kV/mm	25	25	-	-
체적저항률	D257	$\Omega \cdot cm$	10^{14}	10^{14}	-	-
내아크	D495	sec	80	80	-	-

(6) 필름시트

U폴리머는 비결정성 플라스틱이므로 PET와 같이 연신 열처리에 의한 내열성의 향상은 기대할 수 없다. 따라서 다른 비결정성 플라스틱, 예를 들면 폴리설폰이나 폴리에테르설폰과 같이 미연신(未延伸)필름이 주체가 된다. 미연신필름의 내열성은 주로 유리전이점(轉移點)에 의해서 결정된다. U폴리머의 유리전이점이 193℃로 높은 것은 기본적으로 유리한 조건이다.

표 23에 U폴리머의 대표적인 U-100의 필름(UI필름)과 PET 및 폴리이미드 필름(Kapton, 캡톤)과의 특성비교를 든다. UI필름은 미연신(未延伸)필름의 강도나 탄성률에 대해서는 경합하는 연신(延伸)필름에 비해 뒤떨어지지만 내열성을 비교하면 고온에서의 열수축률은 PET에 비해 매우 우수하다. 또 열에이징(heat-aging) 수명온도에서 PET보다 20℃, DTA에 의한 중량감온도(重量減溫度)에서 똑같이 약 70℃ 높고, 그밖에 전기적 성질도 유리전이점이 높기 때문에 고온까지 비교적 안정적이다.

2차가공도 양호하고 메탈라이징(metalizing), 인쇄, 도장, 하이코팅(coating) 처리, 진공·압공성형성(眞空·壓空成形性)도 용이하다. U폴리머의 필름이나 시트는 모두 음향기기 진동판, 내열투명창, 공기필터, 접착필름으로 실용화되고 있지만, 본격적인 용도도 확장될 것이다.

표 23 U폴리머 필름의 물성일람

항 목			단 위	U폴리머	PET	Kapton*	측정법
두 께			mm	0.100	0.125	0.125	마이크로미터
밀 도			g/cm^3	1.21	1.40	1.42	JIS-K67600
인장강도 (파단)		MD	kgf/mm^2	8.5	18.0	21.6	JIS-C2318
		TD		8.4	19.9	19.7	
인장신도 (파단)		MD	%	100	117	82	
		TD		110	128	91	
인장탄성계수			kgf/mm^2	188	415	317	-
열수축	150℃ (2시간)	MD	%	0.02	0.91	0.03	JIS-C2318
		TD		0.04	0.56	0.05	
	170℃ (2시간)	MD		0.05	1.30	0.06	
		TD		0.07	0.77	0.06	
	200℃ (2시간)	MD		1.76	4.10	-	
		TD		-0.08	2.11	-	
절연파괴전압			kV/mm	160	160	147	JIS-C2110
유전율 (60Hz)			-	3.2	-	-	ASTM-D150
유전정접 (60Hz)			-	0.015	-	-	
체적저항			Ω-cm	1.4×10^{16}	-	-	JIS-C2318

* 미국 듀폰(DuPont)사(社) 사업부의 DuPont™ Kapton® 브랜드 폴리이미드 필름

(7) NAP 수지의 특성

높은 열변형온도, 난연성, 우수한 내가수분해성, 양호한 전기특성을 갖고 있다. 물성치를 표 24, 그림 38, 39에 나타낸다.

표 24 NAP 수지의 물성

	항 목	물성치
일반물성	비중	1.20
	흡수율(24hr 수중)	0.24%
	성형수축	0.005~0.008mm/mm
	인장강도	750kgf/cm^2
	파단신장	15~25%
	굽힙강도	830~850kgf/cm^2
	굽힘탄성률	21,000kgf/cm^2
	아이조드충격(1/8in 노치있음)	15~25kgf · cm/cm^2
	로크웰경도	R121

	항 목	물성치
열적 성질	열변형온도(18.6kg/cm^2)	185℃
	열팽창계수	5.8×10^{-5} deg^{-1}
	연소성(UL 94 : 1/22in)	V-0
전기적 성질	체적고유저항	6×10^{16} Ω · cm
	절연파괴전압(1/16in)	23kV/mm
	유전율(1MHz)	3.0
	유전정압(1MHz)	0.011
	내아크성	60sec

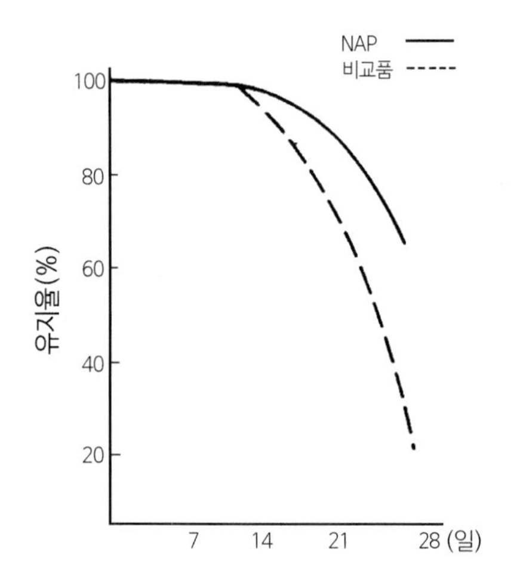

그림 38 인장강도 유지율(90℃, 100%RH)

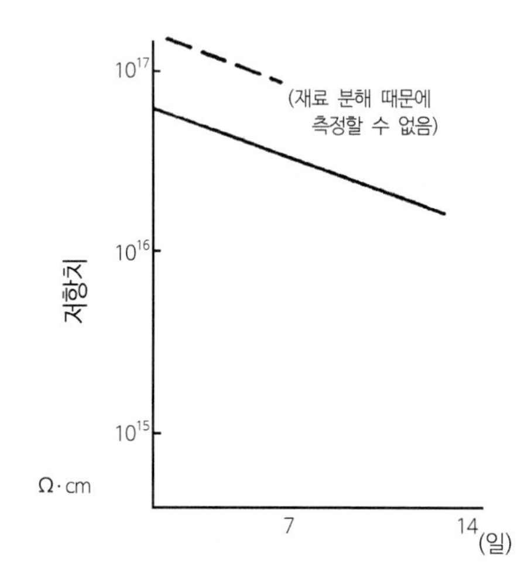

그림 39 체적고유저항(90℃, 100%RH)

4) 특징

(1) U시리즈, P시리즈

① 비강화로 높은 열변형온도를 갖고 있다.

② 투명하고 내후성이 우수하다.

③ 충격강도가 크고 한편 두께의존성이 작다.

④ 치수안정성이 우수하다.

⑤ 자외선 배리어(barrier)성이 있고, 수증기나 가스 배리어성이 우수하다.

(2) AX시리즈

① 비강화로 높은 열변형온도를 가지고 있다.

② 내약품성이 우수하다.

③ 환경스트레스에 대하여 큰 저항성을 나타낸다.
④ 성형성이 우수하다.

(3) 특수 그레이드
① 내마모 그레이드
높은 내열성과 낮은 마찰계수를 조합한 특수한 섭동용 재료
② 내열 · 반사차광성 그레이드
높은 열변형온도를 가지며, 반사율과 내약품성을 겸비한 LED 등 디스플레이용 케이스, 조명기기, 램프하우징 등의 반사판 재료로 사용된다.
③ 유리섬유 강화 그레이드
기본 그레이드에는 각각 유리섬유 강화를 한 고탄성의 치수안정성이 우수한 재료

5) 용도

U폴리머의 전형적인 용도 예를 표 25에 나타낸다.

표 25 U폴리머의 전형적인 용도 예

분 야	용도 예	주요 특성
전기 · 전자분야	스위치 관계(푸시 스위치 케이스, 테이프 스위치 레버)	비강화 내열성, 섭동성, 난연성
	하드 관계[드라이버 콜렛트(collet), 3인치 디스크 허브]	치수정밀도, 저크리프, 섭동성
	릴레이 관계(실드타입 릴레이 케이스, 릴레이 베이스)	수분 배리어(barrier)성, 투명성, 내약품성
	디스플레이 관계(LED 리플렉터 케이스)	내열성 고반사율 차광성
	저항기 관계(볼륨축, 베어링)	내그리스, 치수안정성, 섭동성, 난연성, 고회복탄성
	멤브레인 스위치 관계(스크래치 시트, 프레임)	표면경도, 치수안정성, 인쇄성
자동차 · 운수분야	자동차용 렌즈(포그라이트 렌즈, 실내 렌즈)	내열성, 내후성, 투명성, 표면경도
	디스플레이 반사틀(미터 리플렉터, 램프하우징)	내열성, 고반사율, 차광성
	퓨즈 관계[퓨지블링크(fusible link) 커버, 퓨즈 유닛 케이스]	투명성, 내열성
	섭동 용도(도어체크슈*, 파워윈도 부품)	섭동성, 내약품성
기계분야	시계 관계(시계 케이스, 웨치링)	고강성, 내약품성, 내크리프, 외관
	기어 관계(라디오 카세트 기어, 복사기, 렌즈링, 카세트릴 허브)	고회복탄성, 섭동성, 치수정밀도
	펌프 관계(케이싱, 엔플라, 밸브)	치수정밀도, 내압강도, 내마모방청성
	베어링 리테이너	치수정밀도, 섭동성, 내열성

분 야	용도 예	주요 특성
의료·잡화분야	점안용기	수분 배리어성, 자외선 배리어성
	빗	내알코올성, 고회복탄성
	칫솔손잡이	투명성, 고회복탄성
	의료용 검사약용기	투명성, 수분 배리어성, 자외선 배리어성
필름·시트분야	식품포장용기	가스 배리어성, 투명성, 내열성, 투명성
	스피커 진동판	음향특성, 진공·압공성형성
	절연 스페이서	양전기특성 타급(打扱)가공성

* 선홈통 구부린 부분, 접촉판(예 : 도어슈, 브레이크슈)

(1) P시리즈의 최근 응용 예

작업등 렌즈, 룸라이트 렌즈, 조명기 커버, 퓨즈창, 조광(照光)링, 키톱 렌즈, 가스곤로명판, 안테나 커버, 테이프레코더 기구부품, 부싱 등이 있다. 어느 것이나 내열성, 투명성, 내후성, 치수안정성 등을 응용한 것이다.

(2) AX시리즈의 용도 예

커넥터, 근접스위치 케이스, 딥스위치레버, 릴레이베이스, 라디오카세트 기어, 베어링 등이 있고 어느 것이나 내열성, 내약품성, 섭동성 등을 응용한 것이다.

(3) 내열섭동 그레이드의 최근 응용 예

UF-100의 최근 용도 예로는 마이크로 플로피 디스크 허브, 플로피 디스크 드라이버 콜렛트(collet)와 같이 내크리프, 스프링회복 특성 등 U폴리머 본래의 특성과 섭동특성을 결합시킨 용도가 있고, OA관련기기의 구동기어 등 종래에 수지화가 곤란하다고 여겨진 분야로의 검토도 증가하고 있다. 한편 AXF시리즈에서는 내약품성이 우수하고 낮은 섭동음도 특징이다. 라디오카세트 등의 기어베어링에 응용되고 있다. 또 내열성을 활용해서 자동차부품의 섭동(sliding)분야에서 페놀에 대체시킨 예도 증가하고 있다.

(4) 포장재(U-8000시리즈)

유리모양의 투명·미려한 외관, 가스 배리어성, 보향성(保香性) 각종 가공법에서의 성형이 용이하며, 포장·충전의 대상물에 따라서는 내열성, 내용물보호를 위해 자외선 배리어성도 필요하게 된다.

(5) 내열성 고반사차광재(AX-1500W)

LED용 반사판재료

6) 제조사(메이커)

유니티카 〈U폴리머〉, 듀폰 〈아리론〉, 가네가후치화학(鐘淵化學)이 〈NAP 수지〉의 판매를 개시했다. 카보네이트와의 공축합체인 폴리에스테르 카보네이트는 미쓰비시화성(三菱化成)에서 판매되고 있다.

7) 가격(일본 엔화 기준)

내추럴 1,300~1,900엔/kg

유리섬유 함유 1,450~2,050

내마찰그레이드 200~

8) 생산량, 출하량

1985년 900톤(수요)

1986년 1,000톤(수요)

1987년 1,200톤(수요)

9) 대표적인 판매제품의 물성데이터

U폴리머의 그레이드와 물성을 표 26에 나타낸다.

표 26 U폴리머의 물성 일람

항 목	ASTM	단 위	U시리즈 · P시리즈					
			U-100	P-1001	P-3001	P-5001	U-6000	U-8000
비중	D792	-	1.21	1.21	1.21	1.21	1.25	1.26
흡수율(1.8", 24hr)	D570	%	0.26	0.26	0.25	0.25	0.15	0.15
인장강도	D638	kgf/cm^2	715	700	690	680	755	785
파단신도	D638	%	60	60	60	80	100	110
굽힘강도	D790	kgf/cm^2	800	830	850	900	900	900
굽힘탄성률	D790	kgf/cm^2	18,800	20,000	20,000	21,000	20,000	19,600
압축강도	D695	kgf/cm^2	960	940	900	850	960	980
압축탄성률	D695	kgf/cm^2	21,000	21,000	21,000	21,000	22,000	22,000
아이조드 충격강도 (1/8"노치있음)	D256	kgf · cm/cm	20	30	30	45	20	12
인장충격강도	D1822	kgf · cm/cm^2	320	300	300	400	400	410
로크웰경도	D785	R, M scale	R125,M95	R123,M93	R122,M90	R120,M87	R125,M93	R125,M93
열변형온도 (18.6kg/cm^2)	D648	℃	175	175	160	150	120	110
선팽창계수	D696	$\times 10^5$ cm/cm/℃	6.1	6.2	6.2	6.3	6.3	6.2
내전압	D119	kV/mm	39	31	30	30	35	44
체적저항률	D257	$\times 10^{16}$ Ωcm	2.0	2.0	2.0	2.0	2.0	2.0
유전율 (10^6 Hz)	D150		3.0	3.0	3.0	3.0	3.0	3.0
유전정압 (10^6 Hz)	D150		0.015	0.01	0.01	0.01	0.015	0.015
내아크성	D495	sec	130	127	125	125	120	120
내트래킹	IEC	v	220	-	-	-	-	232
난연성	UL		V-0	V-2	V-2	V-2	V-2	V-2
투명성	-	-	투명	투명	투명	투명	투명	투명
주요 특징			투명하고 자외선 배리어성이 우수하다. 충격강도, 내열성이 우수하다. 치수안정성이 우수하다.				수증기, 가스 배리어성이 우수하다. 투명, 자외성 배리어성이 우수하다.	
주요 용도			퓨즈커버 포터, 절연부품 자동차용 렌즈, 리플렉터, 부싱, 소켓				약용기, 릴레이 케이스, 디스플레이 관련, 시계부품, 렌즈류, 스피커부품	

AX시리즈			내마찰 그레이드		내열반사차광성 품목(白樹脂)	유리 강화 품목(상품명)			
AX-1500	AXN-1502	AXN-1500	UF-100	UF-8000	AX-1500W	UG-100-30	UG-8000-30	AXG-1500-20	AXNG-1500-20
1.17	1.20	1.31	1.23	1.28	1.37	1.44	1.46	1.31	1.51
0.75	0.75	0.72	0.26	0.15	0.60	0.24	0.13	0.65	0.60
740 (580)	810 (610)	830 (620)	720	785	810	1,350	1,440	1,300 (1,000)	1,250 (1,000)
25 (40)	15 (40)	3 (20)	40	90	14	2.5	2.3	9 (11)	7 (9)
920 (700)	940 (720)	970 (750)	820	920	800	1,360	1,560	1,500 (1,100)	1,100 (1,000)
22,000 (15,000)	23,000 (16,000)	24,000 (18,000)	19,500	20,000	28,000	58,000	75,000	58,000 (10,000)	73,000 (19,000)
-	-	-	-	-	-	-	-	-	-
-	-	-	-	-	-	-	-	-	-
7 (22)	4 (22)	3 (12)	20	8	6	10	13	6 (7)	5 (7)
180 (240)	150 (220)	70 (80)	320	400	50	-	-	-	-
R105,M80	R106,M81	R110,M85	R125,M95	R125,M93	R120	R122	R121,M102	R120	R115
150	147	140	175	110	150	180	121	175	165
7.7	7.4	7.2	6.1	6.2	7.3	3.5	3.5	5.0	5.0
(25)	(25)	(25)	39	40	(25)	35	40	(30)	(25)
(0.01)	(0.01)	(0.01)	2.0	2.0	(0.01)	4.6	2.8	(0.01)	(0.01)
(3.6)	(3.5)	(3.5)	3.0	3.0	(3.4)	3.0	3.0	(3.6)	(3.6)
(0.04)	(0.04)	(0.04)	0.015	0.015	(0.02)	0.015	0.015	(0.04)	(0.04)
(84)	(77)	(72)	130	120	(80)	120	120	(70)	(30)
(600+)	(600+)	(530)	-	-	(600+1)	-	-	-	-
HB	V-2	V-0	-	V-2	HB	V-0	V-2	HB	V-0
불투명	불투명	불투명	불투명	불투명	불투명	불투명	불투명	불투명	불투명
비강화이고 높은 열변형온도를 갖고 있다. 내약품성이 우수하고, 스트레스 크랙이 생기기 어렵다. 성형이 좋다.			높은 열변형온도와 우수한 섭동특성 치수에도 우수하다.		높은 열변형온도, 내약품성, 고반사용 우수한 차광성	고탄성 내열재료, 치수안정성이 우수하다.		고탄성 내열재료, 내약품성	
스위치케이스류, 볼륨류, 코일압전류, 릴레이케이스, 커넥터, 기어류, 도어쇼우, 리플렉터, 필터, 가스기구부품, 솔레노이드 부품			기어, 베어링, 각종 밸브의 섭동부품		LED용 반사율 리플렉터 디스플레이 관련	부시, 카메라부품, 커넥터, 소켓류		시계 케이스, 볼륨 손잡이, 소켓, 릴레이 케이스, 커넥터, 펌프하우징	

( )은 20℃ RH65%에서의 평균치

4 폴리페닐렌 설파이드(PPS)

1) 분류 · 종류

폴리페닐렌 설파이드(PPS)는 미국 필립스 석유화학사에 의해 개발된 고성능의 열가소성 엔지니어링 플라스틱이다. 라이톤(ryton) PPS는 다음의 화학식으로 나타내는 갈색의 결정성 폴리머로 매우 높은 내열성, 내약품성, 전기특성을 갖고 있으며 또 무기질과의 친화성이 극히 좋은 독특한 특성을 갖고 있다. 이 특성을 살려서 유리섬유나 무기필러 등과 복합화한 사출성형용의 펠릿이 만들어져 고수준의 엔지니어링 플라스틱으로 쓰이고 또 내열성, 내약품성이 높은 도료가 만들어진다.

$$\left[-C_6H_4-S- \right]_n$$

(1) 내추럴

성상(性狀)은 분말로 도료용 혹은 컴파운드 제조용 원체이다. 현재 일본 내의 여러 회사가 필립스 석유화학 사에서 원체(原體)의 공급을 받아서 독자적인 컴파운드 기술에 의해 펠릿화하고 각 용도용으로 판매하고 있다.

PPS는 필립스 석유화학사가 세계시장을 독점하고 있지만 최근에 쿠레하화학(吳羽化學)이 새로운 타입의 PPS를 개발하여 기업화하게 되었다. 또 도레이(東レ)가 필립스사와 합작으로 신회사를 설립하여 PPS의 국산화를 목표로 하고 있다.

(2) 유리섬유 강화

PPS는 보강제, 충전제와 친화성이 좋고 충전량을 높일 수 있는 이점이 있다. 고성능하와 동시에 낮은 코스트화가 달성될 수 있다. 성형재료로서는 유리섬유를 함유한 것이 기준이고 특히 사용조건에 의해 다른 기능성 충전제를 혼입한다.

(3) 섭동용(摺動用)

PPS의 고내열성과 경도를 살려서 베어링 등 섭동특성이 요구되는 용도가 있다. 유리섬유, 불소수지 분말 등이 혼합된다. 라이톤 PPS의 그레이드, 성상, 조성(組成)을 표 27에 나타낸다.

표 27 라이톤(ryton) PPS의 그레이드 생태 조성

그레이드명	생 태	조성 · 용도
V-1	분말	디스페이존 도료제조용 원체
PR-01	분말	분체 정전도장용
P-4	분말	컴파운드 제조용 원체

그레이드명	생 태	조성 · 용도
P-6	분말	컴파운드 제조용 원체, 하이플로
P-4	펠릿	40% 유리섬유배합, 기구 · 자동차부품
P-7, R-8	펠릿	유리섬유 무기필터배합 어플라이언스
R-10(5002C · 5004A)	펠릿	유리섬유 무기필터배합 전기 · 전자부품
R-10(7007A)	펠릿	유리섬유 무기필터배합 전기 · 전자부품

2) 제조법

P-디클로로벤젠과 이류화 소다 극성용제 속에서 반응시켜 얻는다.

$$Cl-C_6H_4-Cl + Na_2S \xrightarrow[\text{용제}]{\text{가열}} \left[C_6H_4-S \right]_n + 2NaCl$$

이 수지의 특징은 우수한 내약품성, 기계 특성과 양호한 유지성 및 고온에서의 경도(硬度)에 있다. PPS의 특이한 성질은 산소존재하에서 가열하는 것에 따라 가교반응[3]이 진행되고 특성이 변한다.

3) 물성일반

(1) 열적 성질

PPS 수지는 결정성 폴리머로 시차 열분석(示差熱分析, DTA)에 의하면 유리전이온도 88℃ 결정화에 의한 발열온도 최고값 127℃와 융점 277℃를 가지고 있다. 어닐링처리를 하면 결정화가 진행되고 유리전이온도가 93℃에 융점이 282℃로 올라가 특성도 다소 변화한다(그림 40 참조).

또 TGA에 의한 온도에 대한 중량 감소를 그림 41에 나타냈다. PPS 분해는 공기중에서 500℃를

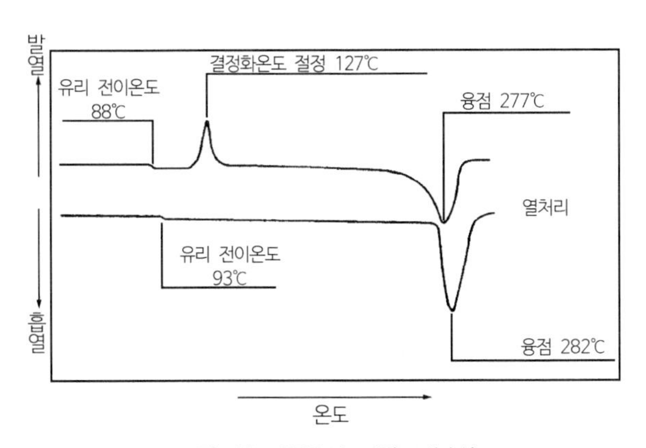

그림 40 PPS의 시차 열분석

3) 가교반응(架橋反應) : 수지의 분자가 서로 다리를 놓는 것처럼 결합하는 것으로, 우레탄이나 소부 도료(塗料)가 경화될 때 일어나는 반응

초과하면 급속히 진행하고 760℃에서 완전히 분해한다. 고도로 가교한 PPS는 288℃(융점)을 넘어도 용융되지 않고 430℃ 이상에서 분해가 시작된다.

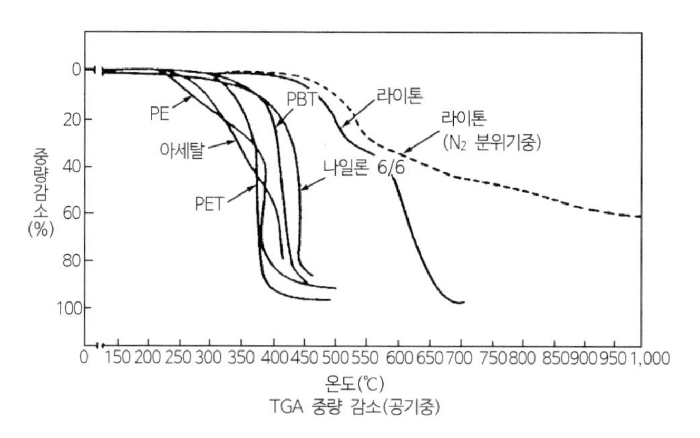

그림 41 PPS의 TGA

PPS의 내납땜성을 엔플라와 비교하여 표 28(내납땜성)에 나타낸다.

그림 42는 UL 온도지수(인덱스, index)를 보여준다.

표 28 내납땜성

	납땜 내열온도(℃)	
	2sec	5sec
라이톤 R-4	400	300
라이톤 R-10	400	300
PBT(GF30%)	300	-
나일론 66(GF30%)	350	250
폴리카보네이트(GF30%)	250	-

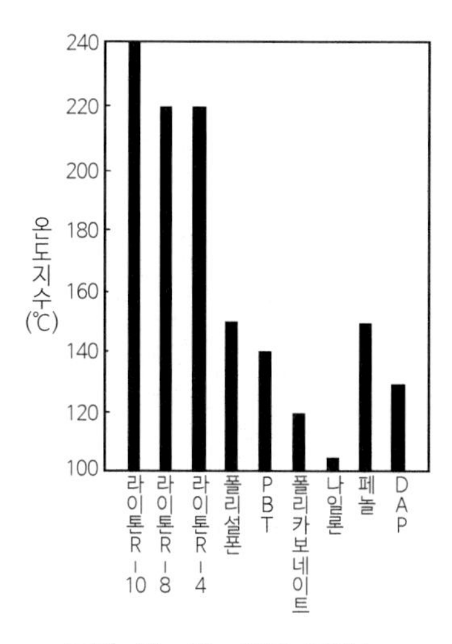

그림 42 UL 온도 인덱스

(2) 기계적 성질

강도의 온도의존성을 어닐링처리, 미처리 시료에 대해서 나타낸 것이 그림 43, 44이다.

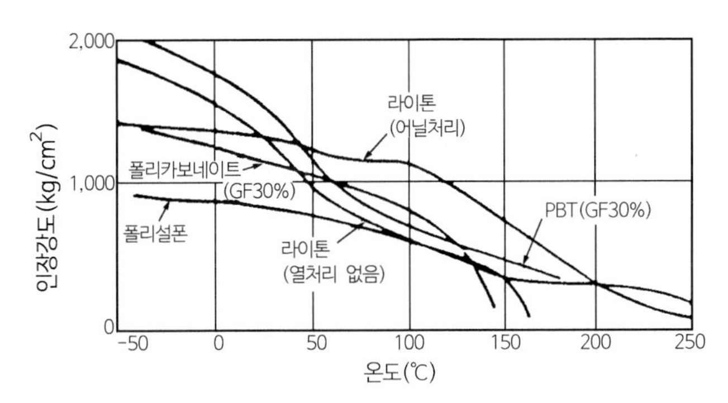

그림 43 라이톤 R-4의 인장강도 온도의 조절

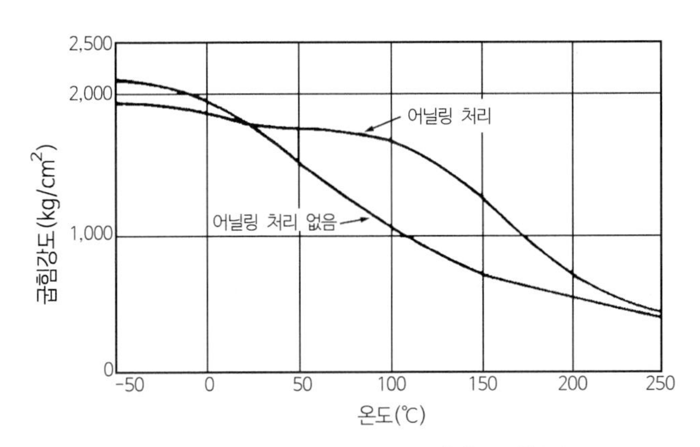

그림 44 라이톤 R-4의 굽힘강도 의존성

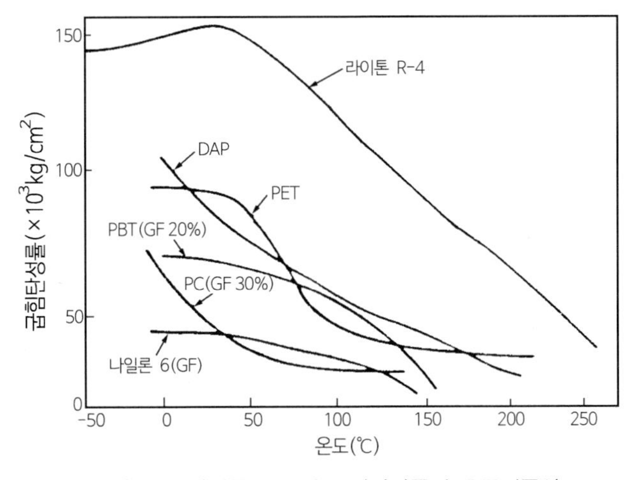

그림 45 라이톤 R-4의 굽힘탄성률의 온도의존성

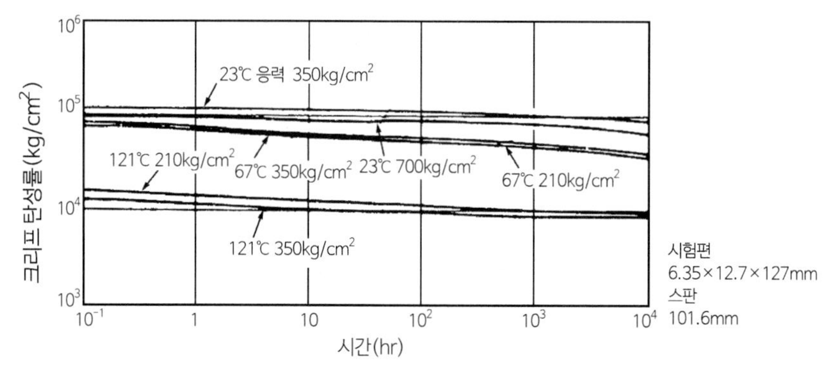

그림 46 라이톤 R-4의 굽힘크리프 특성(1)

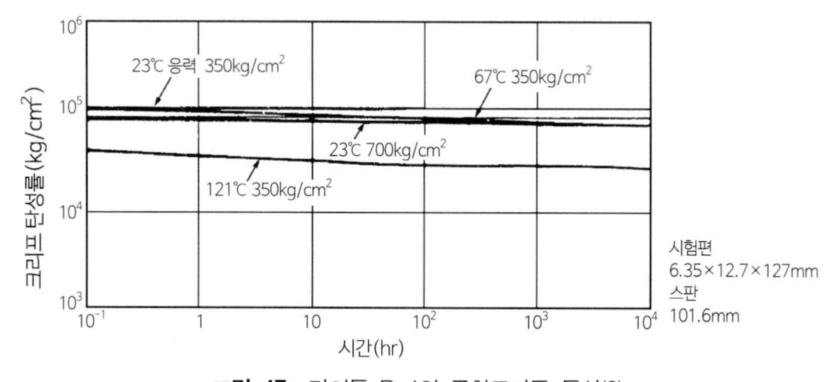

그림 47 라이톤 R-4의 굽힘크리프 특성(2)

어닐링처리 PPS는 고온영역에서 높은 유지율을 갖고 있다. 그림 45에 굽힘탄성률의 온도의존성을 나타낸다. 라이톤 R-4의 굽힘크리프 특성을 그림 46, 47에 나타낸다. 전자는 어닐링처리 전이고 후자는 어닐링처리 후이다.

내크리프성은 장기간에 걸쳐 변형을 나타낸 것으로 내크리프성이 우수한 수지는 예를 들면 나사조임 부위의 헐거움, 스프링 탄성의 저하, 패킹 및 실부(室部)의 유지저하 등에 대하여 매우 높은 신뢰성을 나타낸다. 그림 48에 충격강도의 온도의존성을 나타낸다.

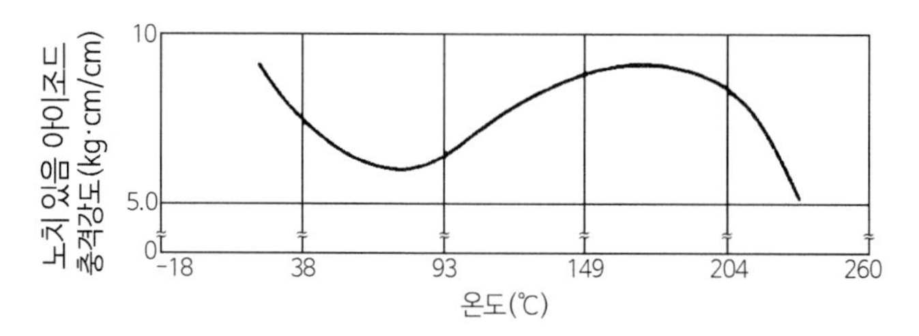

그림 48 라이톤 R-4의 충격강도의 온도의존성

(3) 내열수성(耐熱水性)

라이톤 R-4를 120℃(1.75kg/cm^2)의 열수 중에 침적시켜, 경시적(經時的)으로 강도측정을 한 것이 그림 49이다. 초기의 저하 후에는 거의 변화가 없다. 흡수율도 매우 작다(23℃ 24hrs, 0.02% 이하).

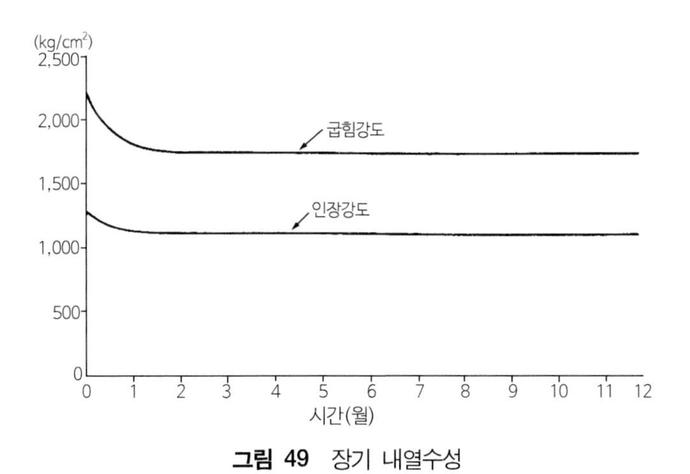

그림 49 장기 내열수성

(4) 난연성

라이톤은 UL94의 난연시험에서 V-0/5V라는 최고의 평가를 받고 있다. 특히 NASA(미항공우주국)의 연구조사에 의해 아래에 나타낸 11종의 열가소성수지 중에서 최고의 연소안정성의 평가를 받고 있다. 표 29에 나타낸 바와 같이 한계산소(限界酸素) 인덱스에서도 분명하다.

<u>연소안전성의 순위</u>

(↑ 연소안전성이 보다 우수한 방향)

폴리페닐렌 설파이드
폴리카보네이트 폴리디메틸실록산
9.9비스(4-히드로페놀) 플로린
폴리에테르설폰
폴리비닐 클로라이드
폴리비닐리덴 클로라이드
폴리아릴설폰
비스페놀 폴리카보네이트
염소화 폴리비닐 클로라이드
아크릴로니트릴 부타디엔 스티렌
폴리페닐렌옥사이드

표 29 각종 수지의 산소 인덱스

수 지		한계산소 인덱스(%)
폴리염화비닐		47
라이톤	PPS R-4 R-8	47 53
폴리설폰		30
폴리아미드	66	28.7
폴리페닐렌옥사이드		28
폴리카보네이트		25
폴리스티렌		18.3
폴리올레핀		17.4
폴리아세탈		16.2

(5) 내약품성

PPS는 특이한 불용해성(不溶解性)을 가지고 있으며 200℃ 이하에서는 용해시키는 유기용제는 없다. 이 특성 때문에 PPS의 성형품은 각종의 화학약품에 대하여 안정하다(표 30). 많은 화학약품에 대하여 4불화수지 다음으로 강한 내약품성을 가지고 있다. 그러나 고온시에는 어떤 종류의 유기용제, 강산 및 활성기(活性基)의 산을 포함한 산화물에는 침식된다.

표 30 PPS의 내약품성

약 품	인장강도 유지율(%)		약 품	인장강도 유지율(%)	
	24시간 후	3개월 후		24시간 후	3개월 후
37% 염산	72	34	클로로포름	81	77
10% 초산	(99※)	(65※)	초산에틸	100	88
30% 초산	94	89	부틸에스테르	100	99
85% 인산	100	99	P-디옥산	100	96
30% 수산화나트륨	100	89	가솔린	100	99
5% 차아염소산	94	97	톨루엔	100	70
부틸알코올	100	100	벤조니트릴	100	79
시클로헥산올	100	100	니트로벤젠	100	63
부틸아민	96	46	페놀	100	92
어닐링	100	86	크레딜리페닐포스페트	100	100
메틸에틸케톤	100	100	N-메틸필로리덴	100	92
벤즈알데히드	97	47	물	99	99
사염화에탄	100	48	공기중	-	96

※ 이 수치만 60℃에서의 데이터

(6) 전기적 성질

라이톤 PPS는 넓은 온도, 주파수 영역에 걸쳐서 안정 또는 양호한 전기특성을 갖고 있다. R-8과 R-10은 내아크성과 내트래킹성에 있어서 열경화수지가 아니면 얻을 수 없는 우수한 값을 열가소성으로 실현한 독특한 그레이드이다. R-4, R-7은 습열저항(濕熱抵抗)값의 저하도 거의 없는 우수한 재료이다. 그림 50~53에 전기특성을 나타낸다.

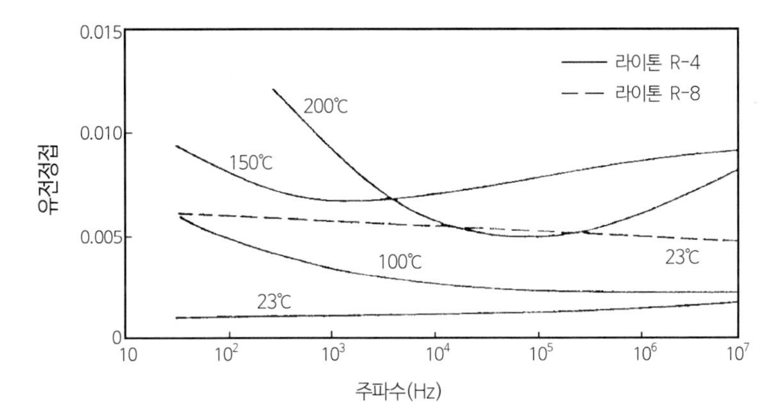

그림 50 유전정접의 주파수의존성

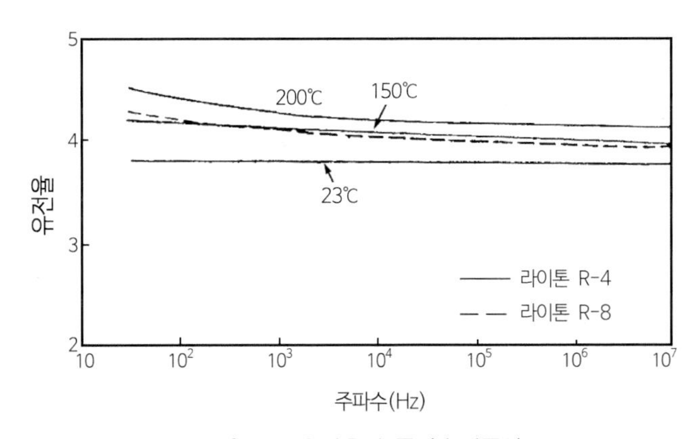

그림 51 유전율의 주파수의존성

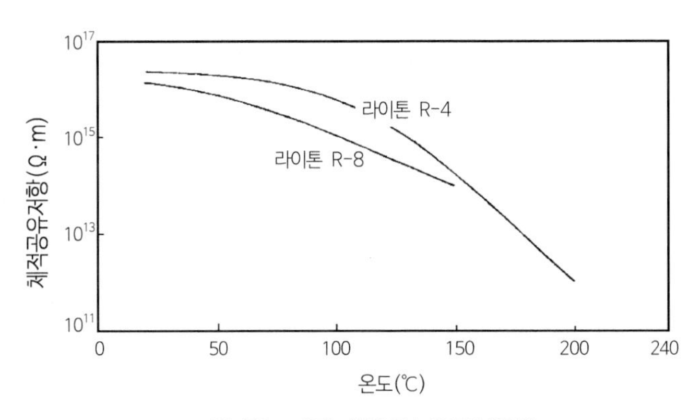

그림 52 체적저항률의 온도의존성

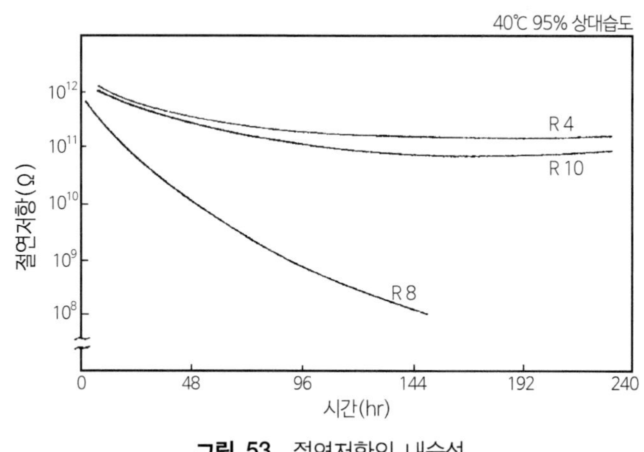

그림 53 절연저항의 내습성

(7) 성형, 금형온도

PPS는 결정성 고분자이며, 결정화도를 충분히 높일 필요가 있다. 이 때문에 금형은 히터 내장타입으로 해서 150℃까지 온도가 상승하게 한다. 120℃ 미만의 금형으로 성형한 경우에는 표면불균일, 표면광택이 떨어지는 등 정해진 규격의 내열성을 얻을 수 없다. 표 31에 표준성형조건을 나타낸다.

표 31 표준성형조건

항 목	단 위	조 건
금형온도	℃	80～180 (120℃ 이상이 바람직하다.)
실린더온도	℃	300～360
사출압력	kgf/cm^2	500～1,300
유지압력	kgf/cm^2	200～1,000
성형사이클	초	20～80

주) • 성형품의 형상, 크기에 의해 약간 변동하는 경우가 있다.
• 금속부품의 인사이드(inside)의 경우는 미리 금속부품을 예비가열한다.

4) 특징

① 고온 및 저온에서의 안정성

PPS의 성형품은 260℃에서 장기 사용에 견딘다(연속사용온도 170℃에서 240℃). 또 -50℃의 저온에서도 실온(室溫)의 물성을 유지한다. 도장, 열처리한 PPS 도장막은 300℃ 이상의 고온에도 견딘다.

② 불소수지에 가까운 내약품성

PPS는 고온에서의 일부 강산화성(强酸化性)의 산에 침식되는 것 이외는 다른 약품에는 침식되지 않는다. 200℃ 이하에서 PPS를 녹이는 용제는 아직은 없다.

③ 불연성(不燃性)

PPS는 UL규격에서 V-0에 랭크되어 있고 “불연, 무적”의 수지이다.

④ 기계적 특성

다른 엔지니어링 플라스틱과 비교하여 극히 높은 강성을 나타내고 고온에서도 뛰어난 기계적 특성을 갖고 있다.

⑤ 전기적 특성

PPS는 절연성이 우수하며, 특히 넓은 주파수영역으로 극히 낮은 유전정접을 나타낸다. 고주파 특성이 우수하다.

⑥ 각종 필러(filler, 충전제)와의 친화성(親和性)

PPS는 유리섬유, 카본섬유, 아스베스트(asbest), 흑연 등의 각종 필러와 친화성이 좋아 70% 이상의 필러를 혼합해도 가능하다.

⑦ 안정성

PPS는 성형가공시에 부식성의 유해한 가스를 배출하지 않는다. 또 FDA 및 NSF의 승인을 얻었고 식품이나 음료수에 접촉하는 분야에도 이용할 수 있다.

5) 용도

① 전기 · 전자제품

커넥터, 코일보빈, 스위치, 소켓, TV 튜너샤프트, 솔리트 스테이트 릴레이, 모터드럼, 커패시터 하우징, 브러시 홀더, 마그네틱센서 헤드, 트리머 콘덴서, 퓨즈 홀더, 콘틱트브레이커, 프린트 기판, 티프캐리어, 전자레인지 부품, VTR부품, 고데기 부품, 조리기 부품, 전자부품세정치구, 써머스터, I.C부품

② 자동차부품

배기가스 처리장치부품, 브러시 홀더, 이그니션부품, 가솔린펌프, 시트리드밸브, 커넥터, 기화기, 디스트리뷰터부품, 라디에이터부품, 다이로트엔드스타빌라이저, 리플렉터, 브레이크부품, 클러치부품, 온도센서, 트랜스미션부품, 오일펌프

③ 기계부품

펌프하우징 임펠러, 밸브, 유량계, 컴프레서부품, 기어, 단열판, 레벨게이지, 풀리, 훅, 플랜지, 스프레이노즐, 파이프라켓, 팬(fan)

④ 정밀부품

카메라, 타코미터, 기어, 시계, 복사기부품, 측정기기, 컴퓨터부품

6) 일본 제조사(메이커)

메이커	상품명
아사히글라스(旭硝子)	아사히(Asahi) PPS
신에츠화학(信越化學)	신에츠(Sinetsu) PPS
다이니혼(大日本)잉크	DIC-PPS
필립스 페트로리움	라이톤(Ryton) PPS
호도가야화학(保土谷化學)	라이톤(Ryton) PPS 서스테일(Susteil)
도레이(東レ)	도레이(Toray) PPS

7) 가격(일본 엔화 기준)

베이스 폴리머	2,200~3,000엔/kg
〈라이톤 PPS〉 R-4	2,900엔/kg
〈라이톤 PPS〉 R-10	1,900

8) 생산량, 출하량

1985년	3,900톤(수요)
1986년	4,500톤(수요)
1987년	5,000톤(수요)

9) 대표적인 판매제품의 물성 데이터

표 32에 〈라이톤(Ryton) PPS〉의 그레이드 및 물성 데이터를 나타낸다. 표 33~37에 각각 〈아사히(Asahi PPS)〉, 〈신에츠(Sinetsu) PPS〉, 〈DIC-PPS〉, 〈서스테일(Susteil)〉, 〈도레이(Toray) PPS〉의 그레이드를 나타낸다.

표 32 라이톤(Ryton) PPS의 물성 일람

항 목	단 위	라이톤 R-4	라이톤 R-7	라이톤 R-8	라이톤 R-10 (5002C)	라이톤 R-10 (5004A)	라이톤 R-10 (7007A)
비중		1.6	2.0	1.8	1.96	1.96	1.97
인장강도	kgf/cm^2	1,370	1,000	940	805	689	689
신장률	%	1.3	0.7	0.7	0.6	0.5	0.5
굽힘탄성률	kgf/cm^2	119,500	168,000	133,000	126,000	124,000	124,000
굽힘강도	kgf/cm^2	2,040	1,700	1,435	1,295	1,137	1,210
아이조드충격	kgf/cm						
노치있음 25℃		7.6	5.0	2.7	4.3	3.2	3.7
노치없음 25℃		43.5	15.0	12	11.8	9.1	9.1
열변형온도	℃	>260	>260	>260	>260	>260	>260
UL온도 인덱스	℃	220	220	200	240	240	240
선팽창계수	$\times 10^{-5}$cm/cm/℃	1.9	2.1	1.8	1.8		
절연내력	Volts/mil	450		340	320	324	400
유전율 25℃ 1kHz		3.90	5.10	4.60	5.5	5.5	5.5
25℃ 1MHz		3.80	4.60	4.30	5.6	5.6	5.6
유전정접 25℃ 1kHz		0.0010	0.06	0.017	0.0043	0.0043	0.0043
25℃ 1MHz		0.0013	0.01	0.016	0.012	0.012	0.012
체적고유저항	ohm · cm	4.5×10^{16}	10^{16}	2.0×10^{16}	10^{15}	2×10^{15}	10^{15}
내아크성	sec	35	190	182	116	182	182
트래킹성 IEC CTI	Volts	180	225	235	160	240	240
절연저항	ohms						
드라이		1.0×10^{12}	1.0×10^{16}	1.0×10^{12}	1.0×10^{12}	1.0×10^{12}	1.0×10^{12}
60℃ 90%RH 14일 후		2.0×10^{11}	1.0×10^{14}	5.5×10^{3}	1.0×10^{11}	1.0×10^{11}	1.0×10^{11}
외관		흑갈색불투명	갈색불투명	갈색불투명	흑색불투명	흑색불투명	갈색불투명

주 1) R-4, R-4 black은 주로 기계강도 요구분야 및 약전(弱電)분야를 대상으로 하는 그레이드
2) R-9는 유동, 흡습성 등이 개선된 콘덴서 등의 봉합분야를 대상으로 하는 그레이드
3) R-10, 7006A, 5002C는 어느 정도의 기계강도를 요구하는 분야를 대상으로 하는 그레이드
4) R-10, 7007A, 5004A는 특히 내아크성을 요구하는 분야를 대상으로 하는 그레이드
5) 특히 BR-31이라는 그레이드가 있는데 이 그레이드는 R-4와 같은 정도의 기계강도를 유지하고 수 cm 정도까지 두께가 두꺼운 성형이 가능하고 박육성형(薄肉成形)[4]으로 비틀림을 가진 웰드 강도가 강화된 그레이드
6) 그 외의 R-3, R-5, R-7, R-11 등의 그레이드가 있다.

4) 박육성형(薄肉成形) : 두께를 아주 얇게 하는 성형

표 33 아사히(Asahi) PPS의 그레이드

그레이드	조성물	특 징
RG-40JA	유리섬유 40%	일반사출성형품
RG-60JA	유리섬유 60%	고기계적 강도, 저수축률
RE-101JA	유리섬유 + 미네랄 필러	저수축률, 좋은 유동성
RC-30JA	카본섬유 30%	섭동용
RFG-1530JA	유리섬유 30% + 불소수지분말 15%	
RFC-JA	카본섬유 + 불소수지분말	

표 34 신에츠(Sinetsu) PPS의 그레이드

종 류	신에츠(信越) PPS			
	1001	1002	2001	3001
주충전제	실리카 필러	유리섬유 + 실리카 필러	유리섬유 + 실리카 필러	불소수지 분말
특징	고주파 특성	전기절연성 내크리프성	내아크성 내크리프성	윤활성 내마모성
주용도	오실로스코프, 전자레인지 관련의 고주파 부품에서 사용	고전압 발생부의 절연 치수정밀도의 정밀부품	아크발생부의 부품 치수정밀도의 정밀부품	섭동 · 회전부의 윤활부품

표 35 DIC-PPS의 그레이드

FZ타입(유리섬유 강화)	
FZ-1140	유리섬유 40% 강화품(갈색 펠릿)이고, 각종의 용도에 있는 표준품
FZ-3360	유리섬유와 무기질 필러 겸용 강화 타입으로 이방성이 적으면서 고강성, 내크리프성이 뛰어나다.
FZL-4033	유리섬유/불소수지 강화품으로 고하중에서의 섭동부품에 사용가능하다.
CZ타입(카본섬유 강화)	
CZ-1130	카본 파이버 30% 강화품, 고강성, 섭동성, 도전성을 특징으로 한다.
FCZ-1230	굽힘탄성률 27×10^4 kgf/cm^2 와 초고강성 타입
CZL-4033	카본 파이버 불소수지 강화품, 가장 섭동성이 우수한 타입

표 36 서스테일(Susteil)의 그레이드

	조 성	특 징
MC	이류화몰리브덴 카본	고하중 · 고속용
FC	PTFE 카본섬유	저하중 · 고속용 · 내약품성
FC-2	PTFE 무기필러 카본섬유	고하중 · 고속용 · 복잡형상부품용
FGr	PTFE 무기필러	저하중 · 고속용 · 마찰용
FGr-2	PTFE 무기필러	고하중 · 고속용 · 경제성
F	PTFE	저하중 · 고속용 · 전기특성
F-2	PTFE 무기필러	저하중 · 고속용 · 전기특성

표 37 도레이(Toray) PPS의 그레이드

A504	유리섬유 40% 강화타입
A504×02	유리섬유 40% 강화의 좋은 유동타입
A310M	기계용도 유리섬유와 무기질필러 65% 강화타입
A310E	전기용도 유리섬유 무기질필러 65% 강화타입

5 폴리에테르에테르케톤(PEEK)

1) 분류 · 종류

폴리에테르에테르케톤(PEEK)은 영국 ICI사(社)에서 개발한 고성능 엔지니어링 플라스틱(수퍼 엔플라)으로, 다음의 구조식을 갖고 있다.

$$-\!\!\left(\!\!-\!\langle\bigcirc\rangle\!-\!\overset{O}{\overset{\|}{C}}\!-\!\langle\bigcirc\rangle\!-\!O\!-\!\langle\bigcirc\rangle\!-\!O\!-\!\!\right)_n$$

Tg : 143℃ Tm : 334℃
결정성

1980년 판매가 시작되어 일본에서도 1982년 ICI 일본, 스미토모화학(住友化學)에 의해 수입판매가 시작되어 최근에는 미쓰이도아쓰(三井東壓)가 참여했다.

(1) 내추럴

PEEK의 최대 장점은 내열성, 강인성(强靭性), 내염성(耐炎性), 내약품성이 기존의 엔지니어링 플라스틱보다 우수하다. 즉, PEEK는 가혹한 사용조건에서도 충분히 견딜 수 있다.

(2) 유리섬유 강화

고강도, 고강성(高剛性), 고치수정밀용으로 유리섬유 함유율 10, 20, 30%의 그레이드가 있다.

(3) 카본섬유 강화

특히 고탄성률화한 것으로 가장 내열성, 내충격성이 우수하다. 그 밖에 섭동특성을 개량한 불소수지함유, 흑연을 함유시킨 것 등이 있다.

2) 제조법

PEEK는 할로겐화 벤조페논과 하이드로퀴논(hydroquinone)의 용액중축합 반응에 의해 제조된다.

$$X-C_6H_4-CO-C_6H_4-X + HO-C_6H_4-OH \xrightarrow{\text{알칼리}} \left[C_6H_4-CO-C_6H_4-O-C_6H_4-O \right]_n + HX$$

(X : 할로겐)

탈(脫) 할로겐화 수소반응을 촉진하기 위해 알칼리 금속화합물을 조제로 사용하여 용매로는 디페닐설폰과 같은 극성기를 가진 동시에 비점(沸點)이 높은 것을 사용한다.

3) 물성일반

(1) 내열성(단기적)

PEEK의 굽힘탄성률, 인장강도의 온도의존성을 그림 54, 55에 나타낸다.

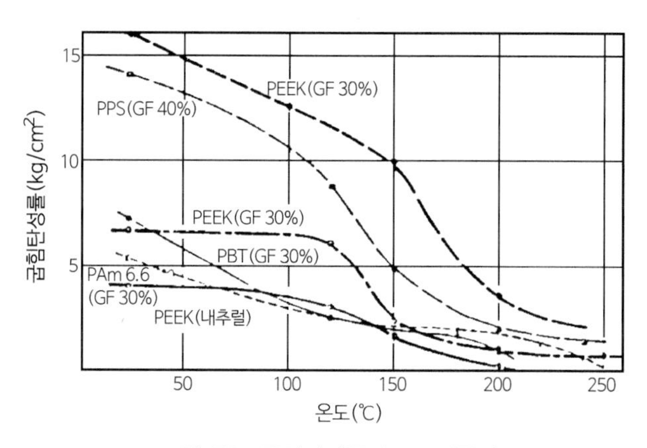

그림 54 굽힘탄성률의 온도의존성

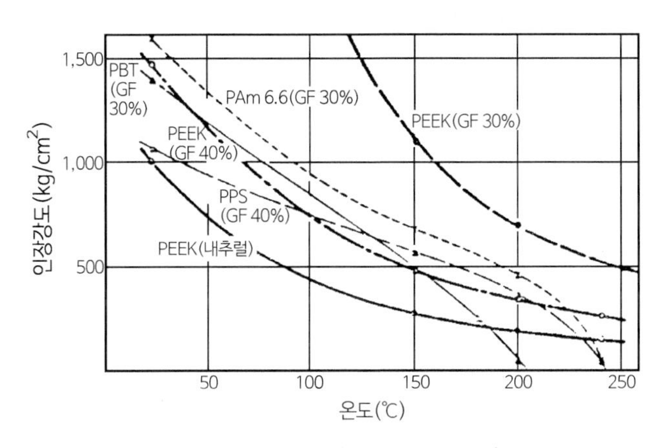

그림 55 인장강도의 온도의존성

(2) 내열성(장기적)

PEEK는 원래 고성능전선 절연용으로 개발된 결정성 내열수지이다.

표 38에 PEEK 피복전선의 내열테스트 결과를 나타낸다. 이보다 50,000hrs에 대응하는 사용온도는 200℃ 이상으로 추정된다. 250℃ 에이징(aging)에 의한 굽힘강도의 변화를 다른 수지와 비교하여 그림 56에 나타낸다. PEEK는 종래의 열가소성 수지는 물론, 장기간 내열성이 좋은 PPS보다도 매우 안정되어 있다. 또, PEEK는 UL온도 인덱스에서 240℃에 랭크되어 있다.

표 38 PEEK 피복전선의 내열성

온도 (℃)	경시일수(日)							
	1	7	14	28	63	126	253	420
320	○	○	크랙	-	-	-	-	-
280	○	○	○	○	크랙	-	-	-
240	○	○	○	○	○	○	크랙	-
220	○	○	○	○	○	○	○	-
200	○	○	○	○	○	○	○	○

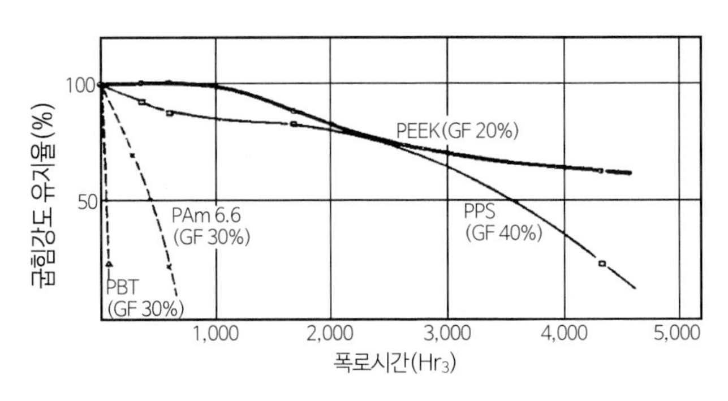

그림 56 250℃ 엔지니어링에 의한 굽힘강도의 변화(측정 23℃)

(3) 기계적 성질

① 크리프 특성

PEEK의 실온에서 크리프 파괴강도를 그림 57, 58에 나타낸다. PEEK에는 노치를 붙여도 연성(延性) 영역이 급속히 생성되어 노치효과를 없애는 특성이 있다. 따라서 노치의 유무에 관계없이 PEEK는 다른 엔지니어링 플라스틱보다 내크리프성이 우수하다.

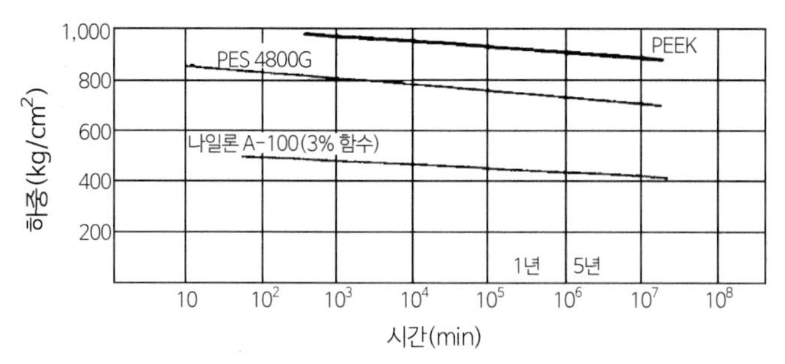

그림 57 크리프 파괴강도(23℃ 노치 없음)

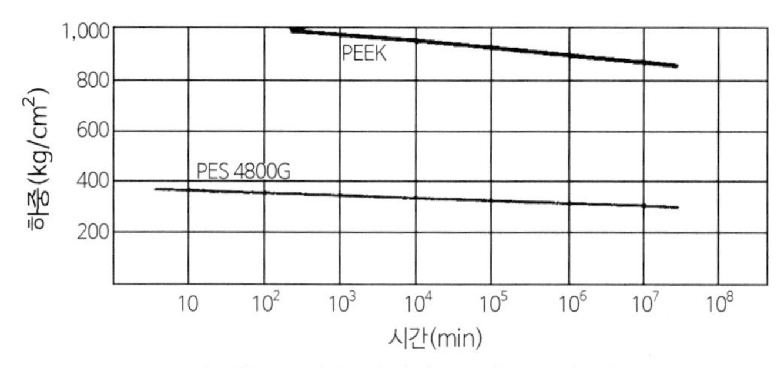

그림 58 크리프 파괴강도(23℃ 노치 있음)

② 내충격성

PEEK는 종래의 내열수지에는 없는 우수한 강인성(强靭性, toughness)을 갖고 있다(그림 59 참조).

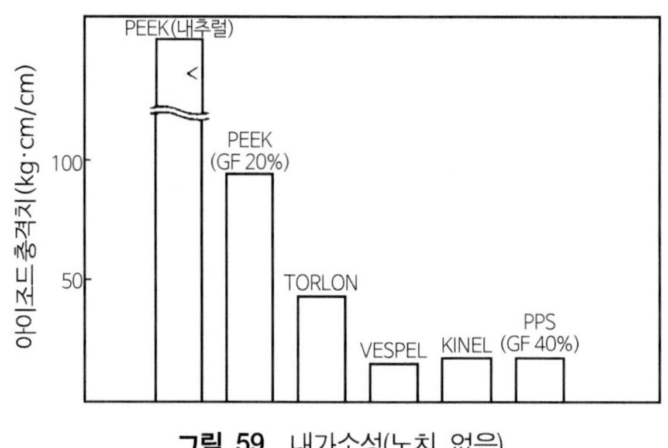

그림 59 내가소성(노치 없음)

③ 내피로성

PEEK는 극한 내피로성을 갖고 있다. 예로서 그림 60, 61에 반복인장응력시험의 결과를 다른 수지와 비교하여 나타낸다.

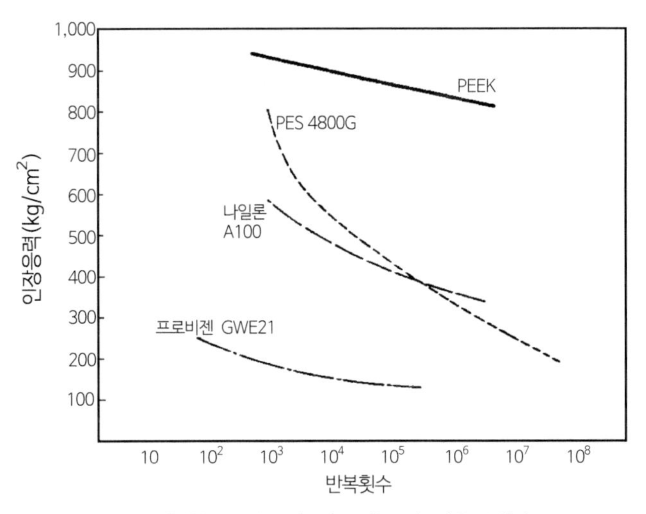

그림 60 PEEK의 피로성(노치 없음 23℃)

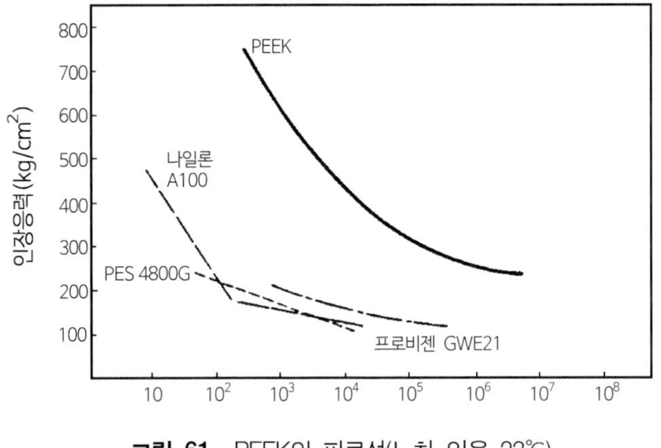

그림 61 PEEK의 피로성(노치 있음 23℃)

(4) 내열수성

PEEK의 흡수성은 작고, 23℃에서 포화흡수율은 0.5%이다. 또, PEEK의 내수성은 양호하고 열수중에도 충분히 사용가능하다. 예로 열수침지 테스트에서의 굽힘강도 유지율을 다른 수지와 비교하여 그림 62에 샘플형상마다 대표적인 기계물성의 변화를 표 39에 각각 나타낸다.

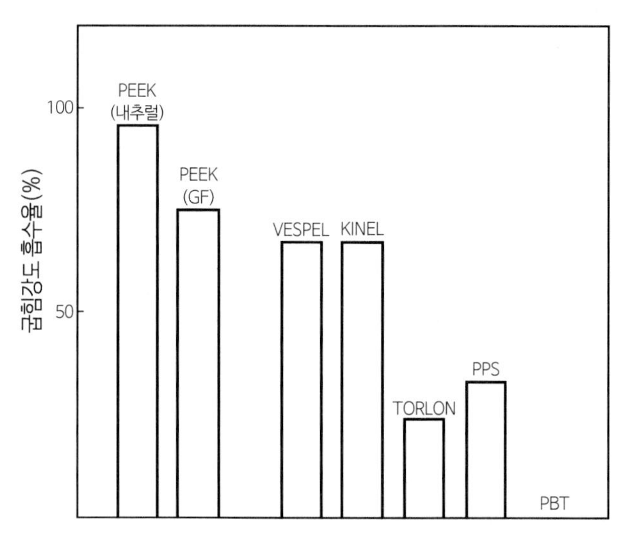

그림 62 열수중에서의 굽힘강도 흡수율

표 39 PEEK의 내열수성

샘플형상	조 건	변 화
1) 연신(延伸)·결정화된 단섬유(지름 0.4mm)	181℃×3hrs	신장 12% 증가
2) 피복전선 AWG20(피복두께 0.25mm)	100℃×322일	인장강도 5% 감소 신장 8% 증가
3) 피복전선 AWG20(피복두께 0.25mm)	175℃×7일	신장 28% 감소 절연파괴전압의 변화 없음
4) 2)의 전선 사전에 200~500Mrad의 γ선 조사(照射)	155℃×5일 → 100℃×30일	인장강도 11% 증가 신율 80~90% 감소
5) 피복전선	260℃×75일	자기 지름 중심에 감긴 후 크랙 없음
6) 사출성형품 무충전	80℃×33일	인장강도 5% 증가 신장 22% 증가 아이조드(노치있음) 5% 감소
GF 20% 강화	80℃×33일	인장강도 7% 감소 신장 변화없음 아이조드(노치있음) 14% 감소
7) 사출성형품 무충전	288℃×30min	치수변화 및 열화의 징후 없음

(5) 내후성(耐候性)

PEEK는 TPEU 장치로 UV에서 2,200시간(실외 폭로 약 1년에 해당) 폭로(暴露)하면 누렇게 변하지만 인장강도나 신장률의 현저한 변화는 없다.

(6) 내방사선성

PEEK는 γ선 조명에 의한 열화(劣化)에 대하여 매우 내성(耐性)이 있고, 범용성형수지 중에서 가장 내방사선성이 좋은 폴리스티렌을 훨씬 능가하고 있다. 즉, γ선 조사량(照射量) 1,100Mrad까지는 절연성이 양호한 고성능의 절연회복도 가능하다(표 40 참조).

표 40 PEEK의 내방사선성

샘 플	방사선원	시험방법	절연파괴에 이르는 방사선량
1.5mm의 PEEK 피복전선	^{80}CO(γ선)	250Mrad마다에 지름감기시험, 절연파괴시험(1.5k×1분, 수중)을 2,000Mrad까지 반복한다.	1,100Mrad <

(7) 섭동특성(摺動特性)

PEEK는 폴리이미드와 같은 내마모성을 가지고 있으며 사출성형이 가능한 내열섭동재료로서의 용도 개발이 기대된다(표 41 참조).

표 41 PEEK의 내마모성(Taber 마찰)

샘 플	상대재(相對材)	사이클	마모량(g)
PEEK 내추럴	H10Wheel	1,000	2.7×10^{-4}
	S17Wheel	1,000	9.7×10^{-4}

(8) 내약품성

PEEK는 농유산(濃硫酸) 이외에는 용해하지 않는 우수한 내약품성을 가지고 있다. 특히, 폴리이미드의 결점인 고온시의 내수성, 내산성 및 알칼리성에 매우 우수하다.

	약품명	영향
유기용제	아세톤	B
	MEK	A
	시클로헥산	A
	톨루엔	A
	트리클로로에틸렌	A
	1.1.1 트리클로로에탄	A
	클로로포름	A
	1.1 시클로에탄	A
	에탄올	A
	IPA	A
	초산 에틸	A
	가솔린	A
산	농유산(濃硫酸)	C
	88% 인산(180℃)	A
알칼리	50% KOH(120℃)	A

(A : 영향없음, B : 약간의 그레이드, C : 사용불가)

그림 63 PEEK의 내약품성(200~500kgf/cm^2 응력하에서)

(9) 전기적 특성

PEEK는 우수한 전기적 성질을 갖고 있으며 엄격한 조건에서 사용되는 부품에 특히 유효하다(그림 64, 65, 66 참조).

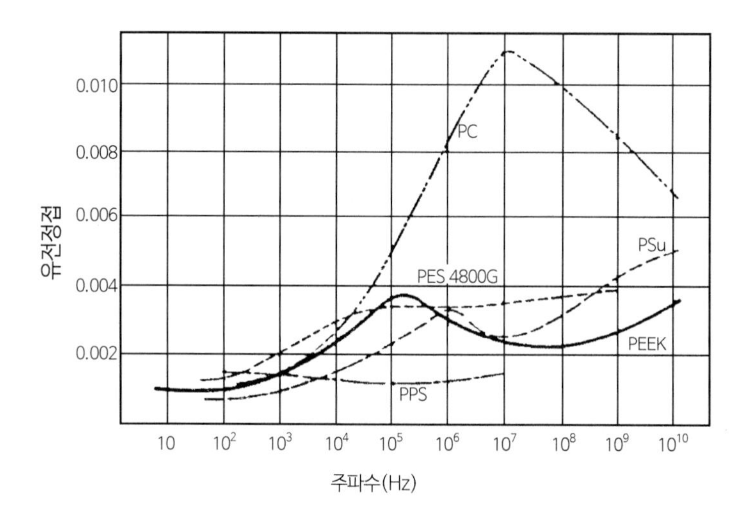

그림 64 유전정접의 주파수의존성

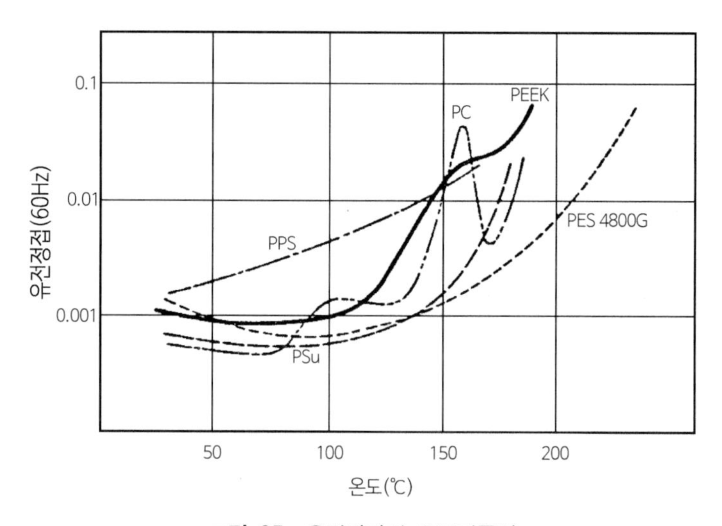

그림 65 유전정접의 온도의존성

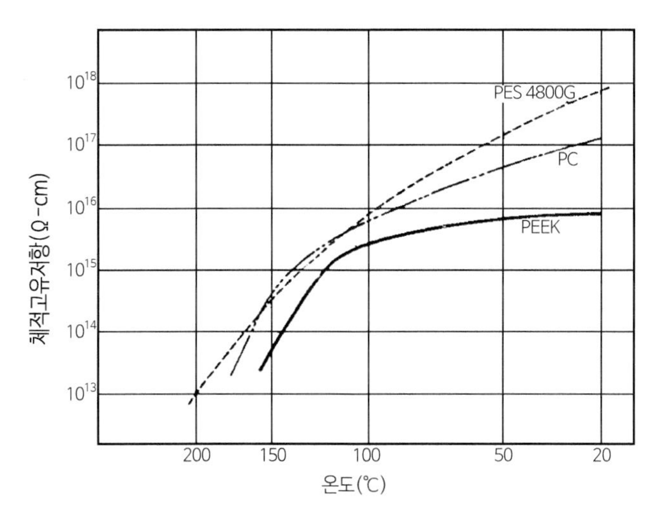

그림 66 체적 고유저항의 의존성

(10) 난연성

PEEK는 자기소화성이 있고 난연제 무첨가 그대로 1.6mm까지 UL규격의 94V-0에 해당된다. 난연성을 다른 수지와 비교하기 위해 그림 67에 한계산소지수를 나타낸다. 특히 PEEK는 발연

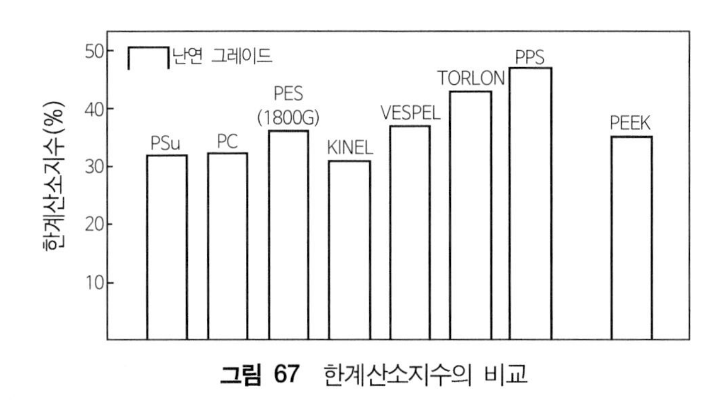

그림 67 한계산소지수의 비교

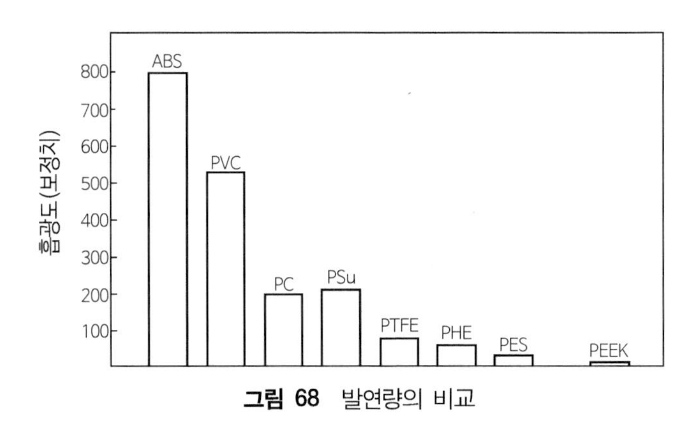

그림 68 발연량의 비교

량(發煙量)이 매우 적은 것으로도 알려져 있다. 미국국립표준사무국(American National Bureau of Standard)의 발연시험결과를 다른 수지와 비교하여 그림 68에 나타낸다.

(11) 가공성

PEEK는 고온(350~360℃)에서 양호한 유동성과 높은 열분해온도(560℃)를 갖고 있기 때문에 다음과 같이 모든 용융성형이 가능하다(그림 69).

- 사출성형 : 성형품
- 압출성형 : 필름, 시트 블로우
- 용융방사(紡糸) : 파이버, 필라멘트
- 전선피복 : 전선, 마그넷 와이어(magnet wire)
- 코팅 : 내열, 내식(耐蝕)
- 회전성형 : 대형 성형품

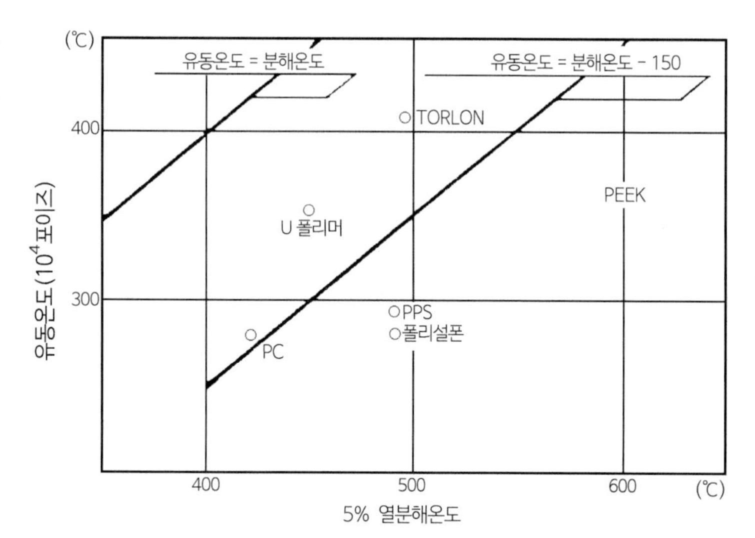

그림 69 유동온도와 분해온도

4) 특징

PEEK의 특징은 다음과 같다.

(1) 내열성

단기내열성 : GF20% 강화품의 열변형온도(HDT)는 약 300℃이다.

장기내열성 : UL온도 인덱스에서 240℃이다.

- 강인성 : 매우 강인한 수지이다.
- 내염성(耐炎性) : UL94V-0(1.6m/m)에 해당된다. 또 연소시에도 연기 발생이 미약하다.
- 내약품성 : 농유산(濃硫酸)에만 용해되며 고온시의 내산성 및 내알칼리성에도 우수하다.
- 성형성 : 우수한 내열성에도 불구하고 보통 사출성형기 또는 압출성형기로 충분히 성형할 수 있다.

5) 용도

(1) 케이블 · 와이어 피복 분야

다음의 특징을 살려서 개발이 되고 있다.

피복가공성[용융압출법, 무용매가공(無溶媒加工)], 내약품성, 내방사선성, 자유로운 착색가공, 연소시의 저발연성과 부식성 가스발생이 없음

용도 컴퓨터용, 항공기용, 지하철용, 원자력용, 유정용(油井用), 마그넷 와이어(magnet wire)용, 특히 에나멜 와이어의 응용은 솔벤트 프리(free)의 점에서 주목되고 있다.

(2) 성형품 분야

열가소성 수지 최고의 내열성과 강인성 및 컴파운딩에 의해 변성으로 폭넓은 특성을 부여하고 금속대체 용도로의 개발이 진행되고 있다.

용도 커넥터, 자동차부품(엔진, 클러치, 베어링) 등, 항공기부품, 열수부품, 터빈 블레이드, 각종 내열섭동재

(3) 필름 분야

폴리이미드-캡톤(Kapton)에 필적하는 성능을 가지고 있으며, 다음과 같은 분야로 응용의 가능성이 있다.

용도 전기절연용 F, H 및 C종 플렉시블 프린트 회로기판용

(4) 파이버 · 필라멘트 분야

우수한 내열성, 탁월한 내약품성과 더불어 폴리에스테르에 필적하는 강도로부터 다음에 기록한 용도로의 개발이 진행되고 있다.

용도 내열 · 내식 필터, 콤포지트/유리섬유, 카본섬유와의 혼연혼방(混撚混紡) 후 가열가공

(5) 기타

① 코팅분야 : 내열 내식(耐蝕), 코팅(금속과의 밀착성)

② 회전 성형분야 : 대형 성형품

③ 블로우 성형분야 : 핵연료폐기물 용기

6) 제조사(메이커)

메이커	상품명
ICI 일본	Victrex PEEK
스미토모화학(住友化學)	Victrex PEEK, 스미플로이 K
미쓰이도아쓰(三井東壓)	Victrex PEEK

7) 가격(일본 엔화 기준)

내추럴 17,000円/kg

8) 생산량, 출하량

1985년 20톤(수요)

1986년 30톤(수요)

1987년 35톤(수요)

9) 대표적인 판매제품의 물성데이터

표 42에 나타낸다. 참고로 다른 엔플라 물성데이터도 같이 기록되어 있다.

표 42 PEEK의 일반물성(성형물)

항 목			시험법	단 위	PEEK	
					내추럴	GF10%
물리적 성질	비중		ASTM D-792	kg/cm^2	1,300	1,370
	흡수율(24hrs)		ASTM D-570	%	0.14	-
	성형수축률		ASTM D-955	%	1.1	0.4
기계적 성질	인장강도	23℃	ASTM D-638	kgf/cm^2	930	1,520
		100℃	ASTM D-638	kgf/cm^2	660	-
		150℃	ASTM D-638	kgf/cm^2	350	-
	파단신도		ASTM D-638	%	150	8.5
	굽힘탄성률	23℃	ASTM D-790	kgf/cm^2	39,800	64,200
		100℃	ASTM D-790	kgf/cm^2	30,600	-
		150℃	ASTM D-790	kgf/cm^2	20,400	-
	충격강도					
	샤피(노치있음)		-	$kgf \cdot cm/cm^2$	5.5	6.6
	아이조드(노치있음)		ASTM D-256	kgf · cm/cm	*45	-
	아이조드(노치없음)		ASTM D-256	kgf · cm/cm	*>300	-
열적 성질	열변형온도	(186kg/cm^2)	ASTM D-648	℃	152	209
	유리전이온도		-	℃	143	-
	융점		DSC	℃	334	-
	UL 온도 인덱스		UL-746	℃	(240)	-
	선팽창률		ASTM D-696	1/℃	*5×10^{-6}	-
	열전도율		-	cal/cm · sec · ℃	6×10^{-4}	-
전기적 성질	유전율	10^3 Hz	BS2782	-	3.2~3.4	-
		10^6 Hz	(ASTM D-150)	-	-	-
	유전정압	10^3 Hz	BS2782	-	0.003	-
		10^6 Hz	(ASTM D-150)	-	-	-
	내트래킹		BS 3781 (DIN 53480)	V	175	-
	절연파단전압		ASTM D-149	kV/mm	*17	-
	체적고유저항		BS 2782 (ASTM D-257)	Ω · cm	$4 \sim 9 \times 10^{16}$	-
	표면고유저항		BS 2782 (ASTM D-257)	Ω	-	-
연소 특성	한계산소지수	0.4mm	ASTM D-2863	%	24	-
		1.6mm	ASTM D-2863	%	-	-
		3.2mm	ASTM D-2863	%	35	-
	난연성	0.3mm	UL 94	-	V-1	-
		1.6mm	UL 94	-	V-0	-
		3.2mm	UL 94	-	5V	-

PEEK			PES	PPS	TORLON	KINEL
GF 20%	CF 20%	CF 30%	(200P)	(R-4)	(4203)	(5515)
1,440	1,400	1,440	1,370	1,640	1,400	1,600
-	-	-	0.43	0.03	0.28	0.60
0.2	-	-	0.6	0.2	0.6~0.8	0.2
1,380	1,680	2,190	860	1,450	1,900	500
-	-	-	-	-	-	-
-	-	-	580	440	1,070	-
4.4	6	3	40~80	1.3	12	-
107,100	127,500	158,000	26,500	135,000	46,700	75,000
-	-	-	-	-	-	-
-	-	-	25,500	50,000	36,800	-
7.7	-	-	-	-	-	-
*11	4.8	6.5	8.7	8~10	14	8
*95	43	65	불파괴(不破壞)	44	-	-
286	300	300	203	>260	274	320
-	-	-	225	88	275	-
-	-	-	-	290	-	-
(240)	-	-	180	170	260	-
-	-	-	5.5×10^{-5}	3.6×10^{-5}	3.6×10^{-5}	2.3×10^{-5}
-	-	-	4.3×10^{-4}	6.9×10^{-4}	5.8×10^{-4}	2.9×10^{-4}
-	-	-	-	-	3.5	-
-	-	-	3.5	3.6	-	3.5
0.002	-	-	-	-	0.001	-
-	-	-	0.0035	0.0014	-	0.009
-	-	-	150	-	-	-
*15	-	-	16	19	2.4	10
-	-	1.4×10^{5}	$10^{17\sim18}$	10^{16}	7.6×10^{17}	3×10^{16}
-	-	1.2×10^{2}	-	-	-	-
-	-	-	34(0.5mm)	-	-	-
-	-	-	38	-	-	-
*44	-	-	*39	*46	*43	*31
-	-	-	V-1	-	-	-
-	-	-	V-0	V-0	V-0	-
-	-	-	5V	5V	V-0	-

6 폴리아미드이미드(Polyamide-imide)

1) 분류 · 종류

폴리이미드계의 수지는 내열성은 우수하지만, 성형가공성이 나빠서 환봉(丸棒)으로 절삭가공을 하지 않으면 안되는 결점이 있다.

폴리이미드(Polyimide, 이하 약칭하여 PI라 한다)의 가공성을 개선하는 것을 목적으로 개발이 진행된 것이 폴리아미드이미드(Polyamide-imide, 이하 약칭하여 PAI라 한다)이다. 방향족 PAI는 기본적으로 PI와 폴리아라미드와의 교호공중합체(交互共重合體)로 볼 수 있고, 고온특성은 PI와 폴리아라미드의 중간이고 가공성은 PI 및 폴리아라미드의 어느 것보다도 우수한 특징을 가지고 있다.

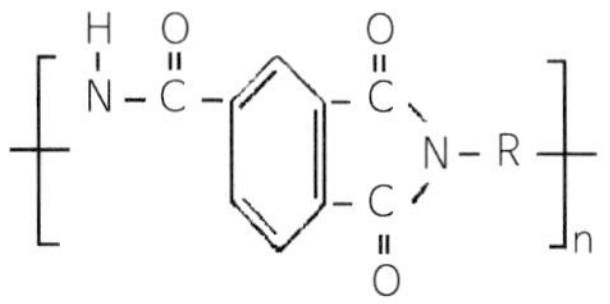

현재 열가소성의 사출성형용 재료로서는 미쓰비시화성(三菱化成)의 〈Torlon〉 시리즈, 도레이(東レ)의 〈TI-5000〉 시리즈가 있다. 전자는 미국 Amoco사의 제품을 미쓰비시화성이 독점판매하고 있다. 후자에는 〈TI-1000〉 시리즈가 있지만, 이것은 열경화형의 폴리아미드이미드로 압축성형 또는 트랜스퍼 성형용이다.

(1) 표준

〈Torlon〉 #4000T, #4203, 〈TI-5013〉 등이 여기에 속한다.

(2) 각종 그레이드

고온에 있어서도 기계적 강도의 유지율이 높으며 정밀성형성이 양호하기 때문에 섭동(摺動)부품으로서 사용되는 것이 많기 때문에 유리섬유 외에 PTFE, 흑연 등이 혼입된다. 표 43에 〈Torlon〉의 그레이드와 조성(組成) 등을 나타낸다. 〈TI-5000〉에 대해서는 표 50을 참조하기 바란다. 그 밖에 성형소재품으로서 압출환봉(押出丸棒), 각판, 원판, 얇은 시트 등이 있다.

표 43 Torlon의 각 그레이드

그레이드명	첨가율	특 징	용 도
4203	3% TiO_2	고충격강도, 양호한 전기적 성질, 양호한 신도	전기 · 전자관련, 절연물, 충격강도를 요하는 구조부품
4203L	3% TiO_2 0.5% PTFE	물성은 4203과 같고 이형성을 개량	전기 · 전자관련, 절연물, 충격강도를 요하는 구조부품
4301	12% 그라파이트 3% PTFE	베어링[축수용(軸受用)]에 내마찰 · 마모성부여, 고압축 강도	베어링[축수(軸受)], 스러스트와셔, 웨이패드, 피스톤링, 실링류
4275	20% 그라파이트 3% PTFE	4301과 같음, 내마모	베어링[축수(軸受)], 스러스트와셔, 웨이패드, 피스톤링, 실링류
5030	30% GF 1% PTFE	고강성(고온시), 고강도, 저크리프	구조부품, 전기부품, 밸브 플레이트, 피스톤, 기타 금속의 대체
6000	30% 미네랄 1% PTFE	저가격, 양호한 고온시의 물성, 양호한 전기특성	전기부품, 구조부품, 단열재
XG549	30% 그라파이트 섬유 2% PTFE	고강성, 양호한 고온특성, 양호한 피로특성	고성능부품에서의 금속의 대체
4000T	-	분말 내추럴 그레이드 압출 및 압축성형용 필러, 충전용 베이스 폴리머	4203L, 4275와 같음

2) 제조법

PAI는 무수(無水)트리메리트산과 방향족 다이아민 또는 그것들의 유도체를 원료로 해서 얻어진다. 산클로리드법, 이소디아네트법, 직접중합법, 이미드 디카르산법 등이 있다.

산크로리도법

$H_2N - Ar - NH_2$ + ClC(=O)–C_6H_3(C(=O)–O–C(=O)) $\xrightarrow{-HCl,\ H_2O}$ PAI

3) 물성 일반

PAI 특징의 첫 번째는 앞에서와 같이 사출성형이 가능하면서 260℃까지의 내열성을 갖고 있다. 더구나 대단히 높은 인장강도 및 충격강도를 갖고 있는 점이다. PPS 수지를 시작으로 하는 FR-PBT, FR-폴리설폰, FR-폴리에테르설폰 등의 기존의 내열성 수지에 비교하면 그 내열성 및 기계적 성질

등 거의 모든 물성항목(物性項目)에 걸쳐 우수하고, 한 단계 위에 속하는 내열성 수지원료라고 말할 수 있다. 한편, 기존의 폴리이미드 수지는 PAI와 비교해 약간 높은 열변형 온도를 갖고 있지만, 사출성형이 불가능하여 절삭 혹은 압축성형에 의하지 않으면 안되기 때문에 제품형상이 한정되어 코스트(가격)가 높아지기 때문에 그 응용범위는 자연히 한정되어 있다.

PAI는 일반 열가소성 수지에서 그 예를 볼 수 없을 정도로 소위 싱크마크(sink mark, 수축)가 적은 금형충실도가 높은 성질을 가진다. 이 때문에 특히 정밀한 사출성형이 가능하고 기존수지에서는 불가능한 치수정밀도 수준이 비교적 용이하게 달성할 수 있다. 이 수지의 위치는 폴리이미드에 가까운 내열성을 갖고 있으며 PPS 수지와 같이 사출성형이 가능하며, 더구나 이들의 수지보다 훨씬 높은 충격강도를 가지고 있는 것으로 요약할 수 있다.

(1) 기계적 성질

Torlon 내추럴 그레이드 4203은 실온에서는 폴리카보네이트 등 보통의 엔지니어링 플라스틱의 2배 정도의 인장강도를 갖고 있으며 200℃ 이상의 온도에 있어서도 실온의 경우와 동등한 강도를 가지고 있다. 그림 70, 71에 인장강도, 굽힘강도의 온도의존성을 PPS 수지, 폴리이미드, 방향족 폴리아미드와 비교해서 나타냈지만, 모두 260℃까지의 온도범위에 있어서 Torlon이 가장 좋은 값을 갖고 있다.

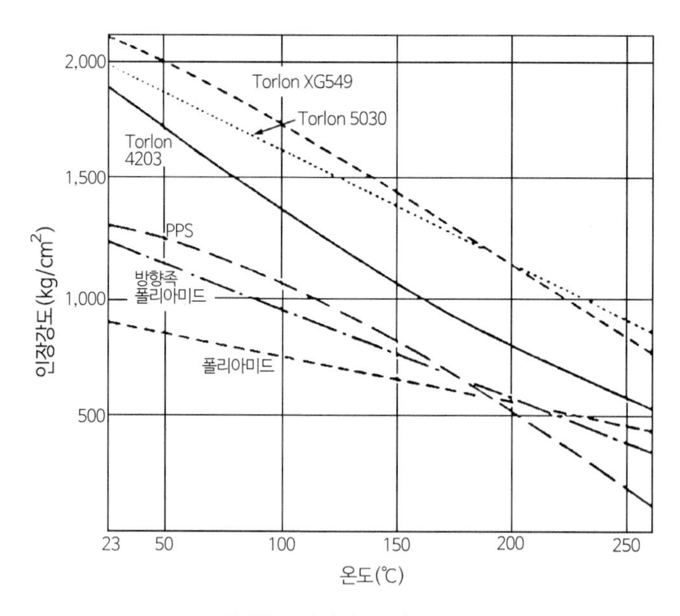

그림 70 인장강도 대(對) 온도

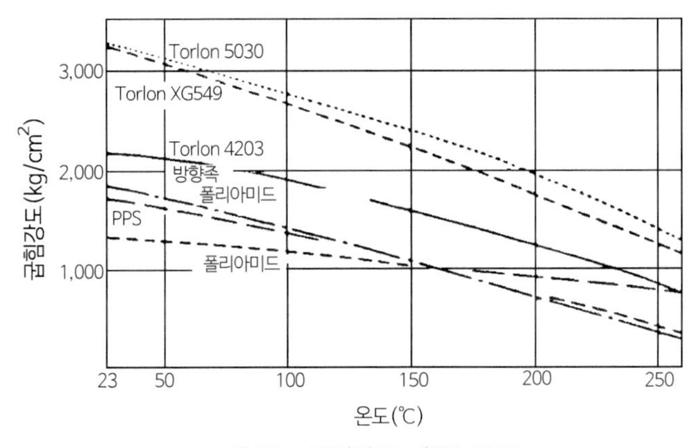

그림 71 굽힘강도 대(對) 온도

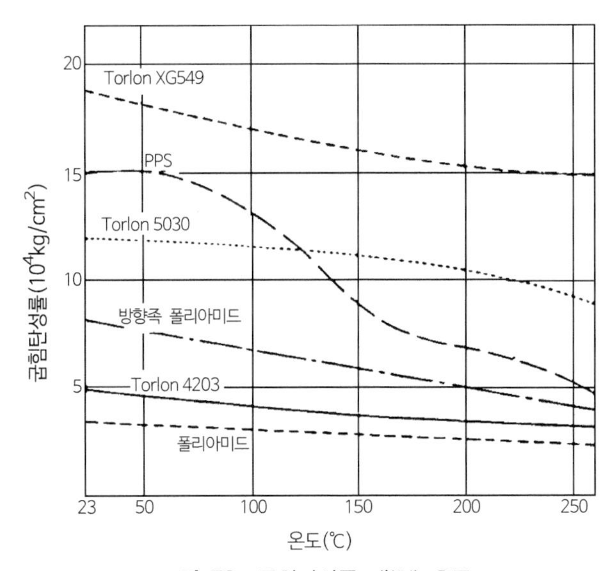

그림 72 굽힘탄성률 대(對) 온도

그림 72에는 같은 수지 사이에 있어서 탄성률의 온도의존성의 비교를 나타냈다. Torlon에서는 PPS 수지에서 보여지는 것과 같은 아마도 주분산(主分散) 피크의 존재에 의한다고 생각되는 큰 탄성률의 변화는 인정되지 않는다. 4203은 탄성률이 PPS 수지보다 꽤 낮은데도 불구하고 보다 고강도이다. 이 이유는 파단 및 항복에 이르는 변형량이 큰 것에 있고, 즉 Torlon은 보다 끈기있는(점성이 있는) 수지라고 말할 수 있다. 특히 270℃ 이상에 있는 Tg까지 점탄성전이점(粘彈性轉移點)은 인정되지 않고 -54℃의 저온에 있어서도 인장파단신율이 16%로 극히 높은 값으로 저온에서의 신뢰성도 충분하다고 생각된다. 그림 73에 파단신장 및 항복신장의 의존성을 나타낸다.

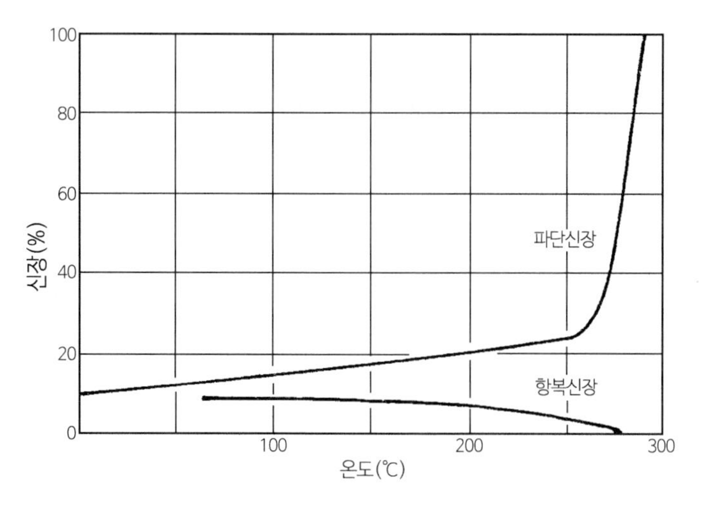

그림 73 신장률의 온도의존성

Torlon의 내충격성에 대해서는 특히 주목하기 바란다. 내추럴 그레이드 4301의 노치있는 아이조드 충격강도가 14kgf · cm/cm로 보통의 GF 함유 엔지니어링 플라스틱과 동일하거나 혹은 그 이상의 강도이고 이것은 폴리이미드 PPS 수지의 그것과 비교하면 2배 정도로 유례없이 강도와 충격강도가 균형을 이루는 점은 다른 수지 중에서는 찾아 볼 수 없다(그림 74 참조).

내열성의 척도인 변형온도와 충격강도의 균형을 그림 75에 나타냈는데, 이 점에 있어서도 Torlon은 다른 것보다 뛰어나게 우수하다고 말할 수 있다.

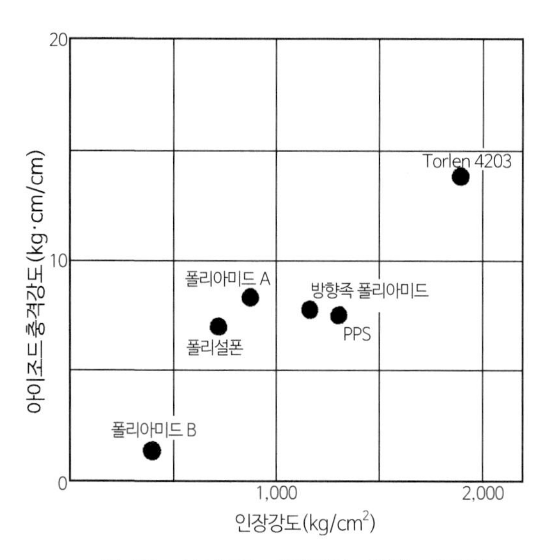

그림 74 아이조드 충격강도 대(對) 인장강도

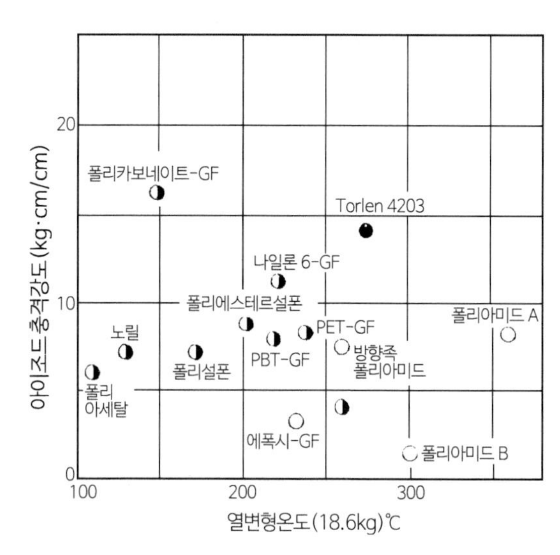

그림 75 아이조드 충격강도 대(對) 열변형온도

항상 큰 하중이 걸리는 기구부품에 대해서 크리프 특성은 매우 중요한 물성이다. 그림 76에 4203의 크리프 곡선을 나타냈지만 고하중(高荷重) · 고온하(高溫下)에 있어서의 크리프량의 근소차는 주목해야만 할 것이다. 그림 77, 78에 굽힙 및 인장피로곡선을 나타냈다.

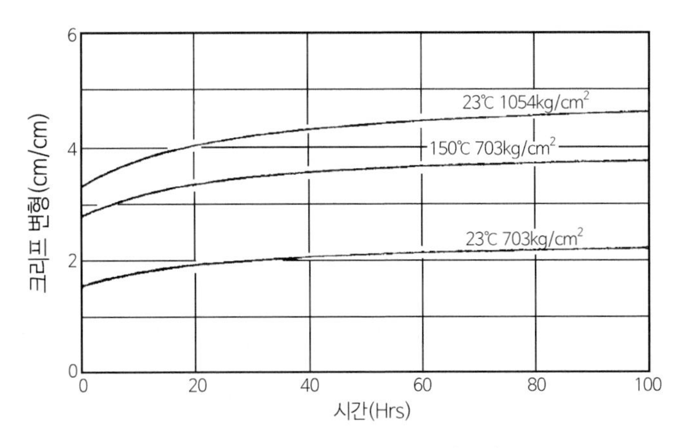

그림 76 Torlon 4203의 인장크리프

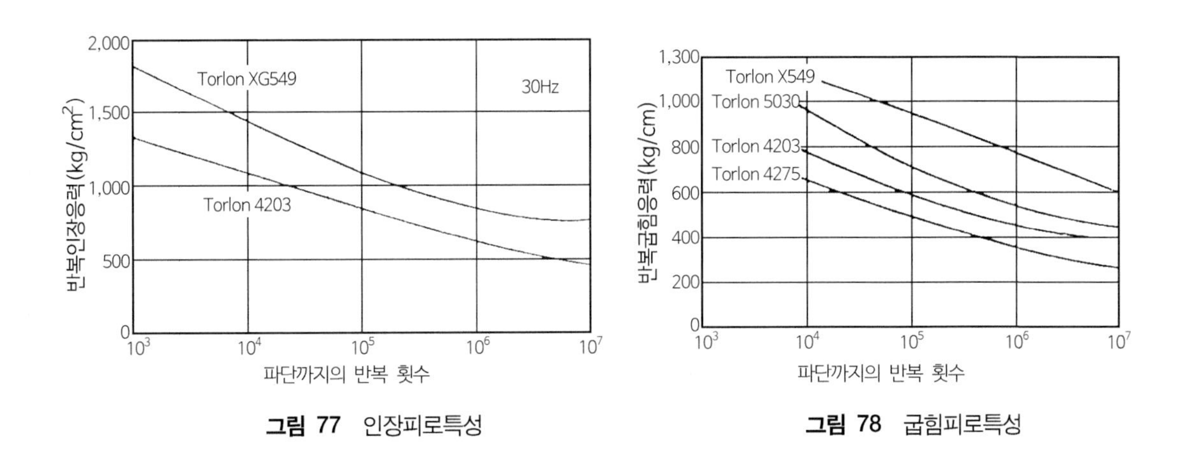

그림 77 인장피로특성

그림 78 굽힘피로특성

(2) 열적 성질

내추럴 그레이드 Torlon의 열변형 온도는 18.6kgf 하중에서 274℃이지만 유리섬유 또는 흑연섬유가 30% 들어간 등급에 있어서도 이 값은 거의 변하지 않는다.

선팽창계수는 4203으로 3.6×10^{-5}cm/cm/℃이지만 강화 그레이드에서는 1.8×10^{-5}cm/cm/℃ 혹은 그 이하인 구리(銅)의 선팽창계수와 동등하다. 그림 79에 각종 재료의 열팽창률을 나타낸다. TI폴리머는 보통 플라스틱과 비교하여 낮은 열팽창률을 가지고 있으며 여기에 탄소섬유로 보강된 TI-2610이나 5549는 금속과 같은 열팽창률을 가지고 있다.

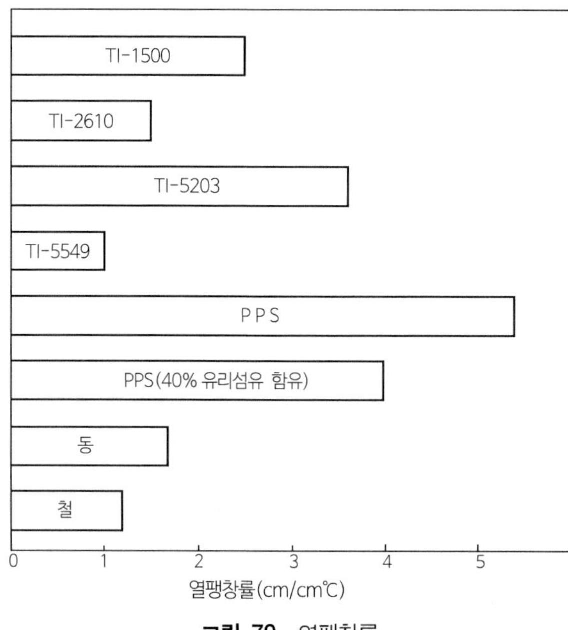

그림 79 열팽창률

(3) 내마찰 · 내마모성

표 44에 마모시험의 결과를 나타냈지만 Torlon의 내마모등급 4275, 4301은 폴리이미드 수지와 동등한 마모특성을 갖고 있다. 따라서 원료 가격면에서나 폴리이미드의 성형은 절삭하지 않으면 안되지만 Torlon은 사출성형이 가능한 점에서 우위에 있다. 그림 80에 4275의 마모특성을 그림으로 나타냈다.

표 44 마찰 · 마모특성

마모계수K $\left(10^{-10} \cdot \frac{cc \cdot min}{Mkg \cdot hr}\right)$

PV	P (kgf/cm^2)	V (cm/sec)	Torlon 4275	폴리이미드	방향족 폴리아미드	Carbon PTFE
360	3.5	100	960	710	-	600
1,600	3.5	460	3,810	5,120	13,200	*
1,750	70	25	3,570	4,170	4,280	*

* 한계 PV치 이상

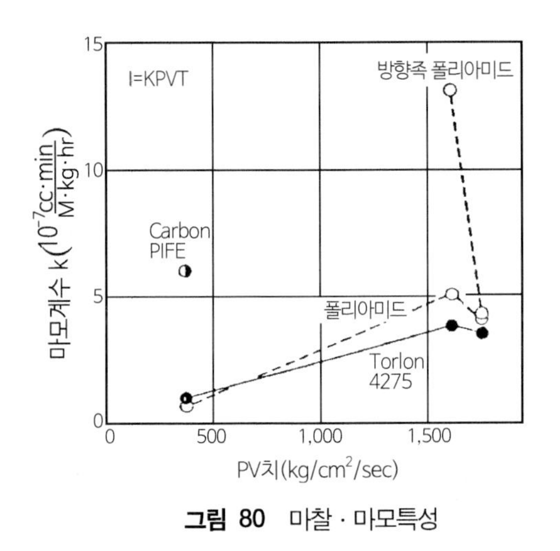

그림 80 마찰 · 마모특성

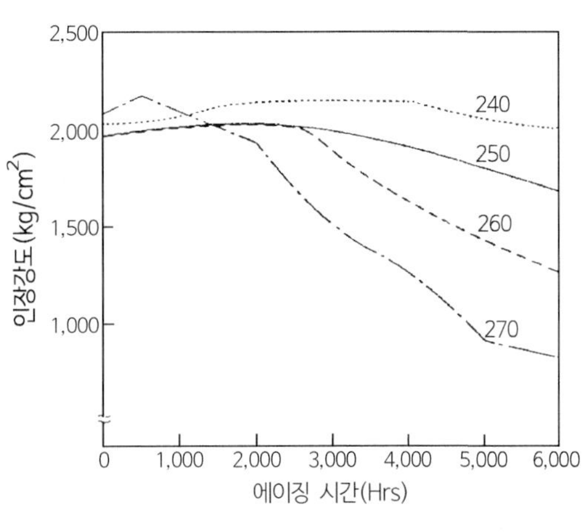

그림 81 에이징 후의(Torlon 4203) 인장강도

(4) 내열노화(耐熱老化) · 내자외선열화성(耐紫外線劣化性)

Torlon은 극히 우수한 내열노화성 및 내자외선열화성을 가진 점이 어떤 종류의 폴리이미드 혹은 방향족 폴리아미드와 다르지만, 그것만으로도 사용가능 범위가 넓다. 4203의 내열노화성을 인장강도의 변화를 지표로 표시한 것이 그림 81이다. 240℃에서 6,000시간(약 1년) 경과해도 강도변화는 없고 250℃에 이르러 약 반년 경과 후에 강도변화가 있다는 극히 높은 내열노화성을 나타내고 있다.

선샤인 카본 아크[5]의 웨자오미터 브랙피넬 온도 63℃ 50%RH, 18분 강우(降雨)/102분 조사(照射)에 따른 내후성의 시험결과는 그림 82와 같다. 일반적으로 플라스틱과는 비교되지 않을 정도로 안정되어 있고 6,000시간을 견디고도 인장, 신장에 직접적으로 변화가 없는 극히 우수한 내자외선열화성을 갖고 있다.

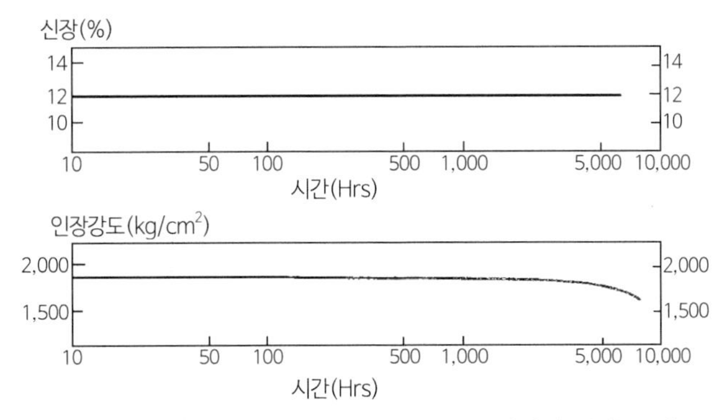

그림 82 내자외선성(Torlon 4203 웨자오미터에 의한 측정)

5) 선샤인 카본 아크(sunshine carbon arc) : 촉진 내후 시험에 사용하는 광원의 하나로, 파장 분포가 태양광선에 가깝다.

(5) 난연성(難燃性)

PAI 자체가 난연성이 있고 UL 난연시험은 각 그레이드가 94V-0에 합격한다.

(6) 내방사선성(耐放射線性)

폴리이미드와 동일한 Torlon은 강한 내방사선성을 갖고 있어 방사능물질의 컨테이너 등에 대한 용도가 기대된다. 그림 83에 γ선 조사량(照射量)에 대한 굽힘탄성률, 인장강도, 신장의 각 물성치의 변화를 표시했다. 10^9 Rads로 인장강도변화가 불과 5%이다.

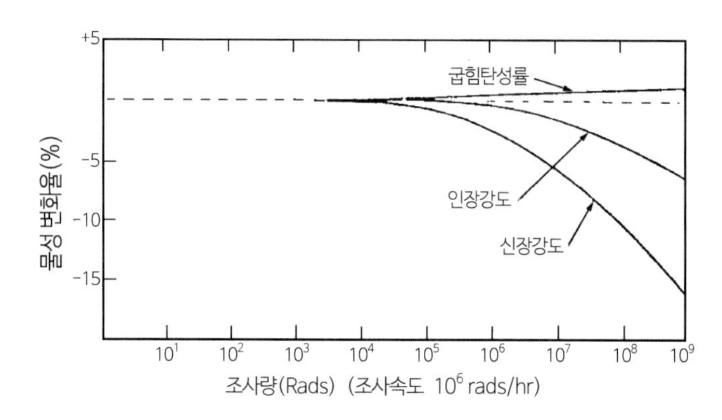

그림 83 내방사선성[Torlon 4203의 γ선 조사(照射)]

(7) 흡수(吸收) 함수(含水)에 의한 물성변화(物性變化)

폴리아미드 수지 및 폴리이미드 수지는 흡수율이 큰 수지지만, 폴리아미드이미드(Polyamide-imide) 수지도 예외는 아니다. 흡수곡선을 그림 84에 나타낸다. 23℃ 50%RH의 표준상태의 경우 평형흡수율은 약 2.5%로 추정된다(건조는 120~175℃로 가열시키면 신속하게 할 수가 있다).

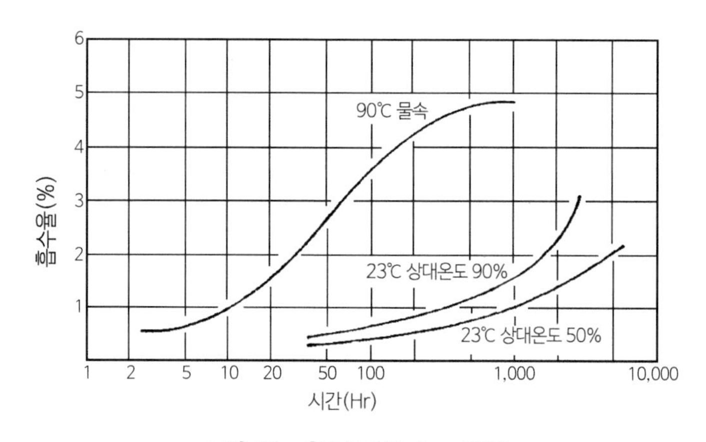

그림 84 흡수곡선(Torlon 4203)

흡수에 따라서 치수 및 열변형온도의 변화가 생기는데 4203의 경우를 그림 85 및 그림 86에 나타낸다. 단, 그림 86과 같이 열변형온도의 저하는 고온에서 사용시에는 가열에 의한 탈습(脫濕)이 일어나기 때문에 이 수치보다 작아진다고 생각되지만, 흡수되었다고 예상되는 경우 사용 전에 건조를 하는 것이 바람직하다. 폴리아미드 수지와 다른 점은 몇 % 정도의 흡수로는 기계적 강도의 변화를 거의 볼 수 없다.

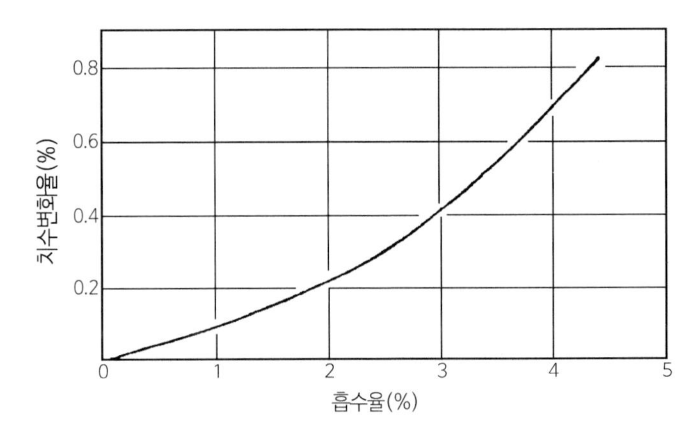

그림 85 흡수에 의한 치수변화(Torlon 4203)

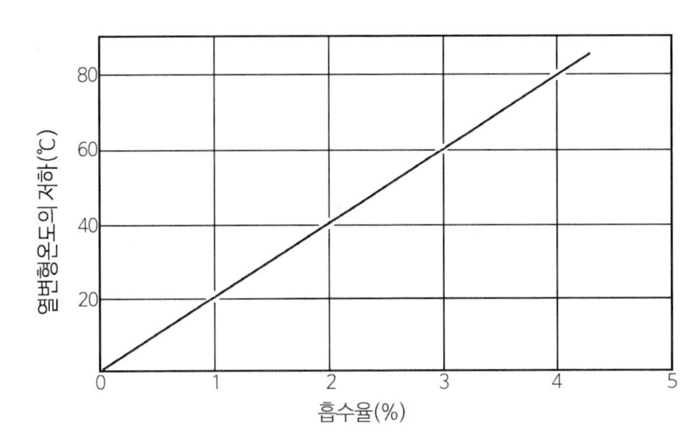

그림 86 흡수에 의한 열변형온도의 변화(Torlon 4203)

(8) 내약품성

PAI는 지방족 및 방향족 탄화수소, 염소화 및 불소화탄화수소 그리고 대부분의 산과 알칼리용액에는 전혀 침식되지 않는다. 그러나 고온하에서는 산, 알칼리로 분해하기 때문에 사용에 있어서는 주의할 필요가 있다. 표 45에 Torlon 4203의 93℃, 24시간 약품침적 후의 인장강도 유지율을 나타낸다.

표 45 Torlon 4203의 내약품성(93℃ 24시간 침적 후의 인장강도 유지율)

약품명	인장강도 유지율(%)	약품명	인장강도 유지율(%)	약품명	인장강도 유지율(%)
[산]		유산나트륨	100	[에스테르]	
초산 10%	100	아류산나트륨	100	초산아밀	100
빙초산	100	물	100	초산부틸	100
무수초산	100			프탈산부틸	100
유산	100	[알코올]		초산에틸	100
벤젠설폰	28	2-아미노에탄올	9		
크롬산 10%	100	아밀에탄올	100	[에테르]	
의산 88%	66	부틸에탄올	100	부틸에테르	100
염산 10%	100	시클로헥산올	100	세로솔브	100
염산 37%	95	에틸렌글리콜	100	P-다이옥산 50℃	100
인산 35%	100			테트라히드로푸란	100
유산 30%	100	[아민]			
		아닐린	97	[탄화수소]	
[염기류]		n-부탈아민	100	시클로헥산	100
암모니아수 28%	81	디메틸아닐린	100	디젤유	99
가성소다수용액 15%	43	에틸렌다이아민	7	가솔린 50℃	100
가성소다수용액 30%	7	몰포린	100	헵탄	100
		필리진	43	광유	100
[10%수용액]				모터오일	100
유산알루미늄	100	[알데히드 · 케톤]		스트더트용제	100
염화암모늄	100	아세트페놀	100	톨루엔	100
초산암모늄	98	벤즈알데히드	100	크실렌	100
유산암모늄	100	시클로헥산	100		
염화바륨	100	포름알데히드 37%	100	[니트릴]	
취소(50℃포화)	100	풀프랄	84	아세트니트릴	100
염화칼슘	100	메틸에틸케톤	100	벤조니트릴	100
초산칼슘	97				
염화제이철	99	[염소화유기물]		[니트로화합물]	
염화마그네슘	100	아세틸클로라이드 50℃	100	니트로벤젠	100
과망간산칼륨	100	벤질클로라이드 50℃	100	니트로메탄	100
탄산수소나트륨	100	사염화탄소	100		
염화은	100	클로로벤젠	100	[기타]	
탄산나트륨	100	2-클로로에탄올	100	인산크레딜디페놀	100
염화나트륨	100	클로로크롬 50℃	100	설폰	100
크롬산나트륨	100	에피클로히드린	100	아인산트리페닐	100
차아염소산나트륨	100	에틸렌클로라이드	100		

(9) 전기적 성질

Torlon의 전기특성은 체적고유저항, 유전정접(誘電正接), 절연파괴강도의 어떠한 항목에서도 나일론수지를 상회하고 유전정접 이외의 점에서는 폴리카보네이트 수지, PPO 수지를 능가하는 고성능 수지이다. PAI는 폴리아미드와 흡수는 같지만, 절연파괴강도의 경우, 2.5% 정도의 함수(含水)에 따른 강도의 저하는 10% 정도이고 흡수에 따른 영향은 크지 않다.

TI 폴리머의 전기적 성질을 표 46에 나타낸다. TI 폴리머는 그 밖에 많은 폴리머와 비교해서, 넓은 주파수, 온도범위에 걸쳐서 안정된 유전성질을 나타내므로 내열성 혹은 고주파용 전기부품으로서 유용하다.

표 46 TI 폴리머의 전기적 성질

항 목		단 위	TI-1500	TI-2500	TI-5203
절연내력		kV/mm	20	20	24
체적저항률		Ω-cm	1×10^{16}	1×10^{16}	1.2×10^{17}
유전율	10^3 Hz		3.9	4.2	3.9
	10^5 Hz		3.9	4.2	3.9
	10^6 Hz		3.9	4.2	4.0
	10^6 Hz	(200℃)	3.9	4.2	-
유전정접	10^3 Hz		0.004	0.003	0.001
	10^5 Hz		0.006	0.004	0.006
	10^6 Hz		0.009	0.006	0.009
	10^6 Hz	(200℃)	0.006	0.005	-

(10) 유동성(流動性)

그림 87에서 Torlon의 플로(flow, 유동성) 곡선을 ABS, 폴리카보네이트 수지와 비교해서 나타낸다. 낮은쪽 영역에서는 Torlon의 점도는 대단히 큰 10^7 포아즈(poise)가 된다. 그러나 높은쪽 영역에서는 점도는 ABS, 폴리카보네이트에 가깝다. 따라서 사출성형의 경우에 사출속도를 높게 하면 사출압력은 크게 하지 않아도 복잡한 형상의 금형에 수지를 충전시킬 수가 있다. 이 외관의 점도는 그 정도로 온도에 민감하지 않고, 성형범위(315℃~360℃)에 있으면 수지온도가 약간 변화해도 용융점도는 거의 변하지 않는다.

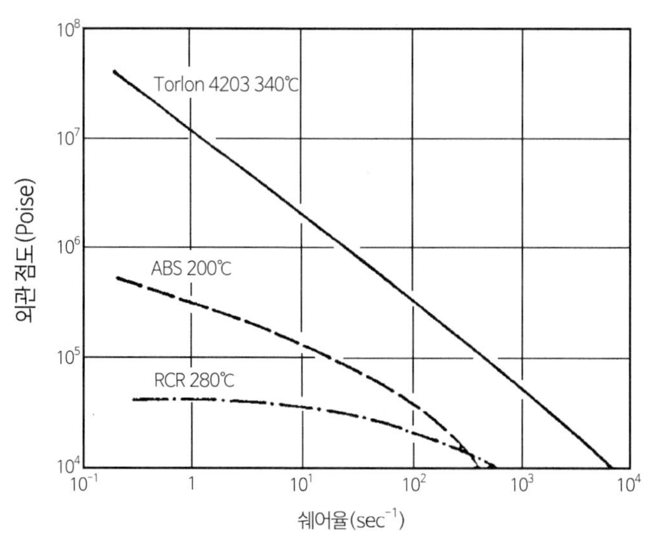

그림 87 Torlon의 플로(유동성) 곡선

(11) 성형성(成形性) 기타

Torlon 수지는 성형 전에 120℃로 적어도 8시간을 건조할 필요가 있다. 건조하지 않을 경우 성형 시 발포가 많거나 성형품도 약해져서 쉽게 부서지는 경우가 있다. 일반적으로 고온하에서의 PAI는 이미드화 및 고분자량화의 반응이 가속되기 때문에 성형기 중의 체류 및 스크류에 의한 가소화공정에서의 급속한 압축에 의한 온도의 급상승은 상기 내용의 반응에 따라 점도의 증대가 일어나기 때문에 약간의 주의를 요한다. 표 47에 적절한 사출성형 조건을 나타낸다.

표 47 Torlon의 사출성형

사출성형 조건	
1. 성형기	1) 사출압력 : 200~2,800(kgf/cm^2) 2) 고사출률 : 어큐뮤레이터 사용
2. 스크류	1) 타입 : 나사형 PBC용 스크류 2) 역류방지용 밸브 없음 3) 압축비율 : 1.2~1.5 4) L/D : 18/1~20/1 5) 홈의 깊이(호퍼) : 3.5~4.1 6) 피치 : 스크류 지름과 동등 7) 회전수 : 40~60(rpm)
3. 노즐	1) 오픈노즐 2) 지름 : 큰 쪽이 좋다(ϕ6 mm).

사출성형 조건	
4. 성형온도	1) 실린더 : C_1 - C_2 - C_3 노즐 : 290 - 320 - 340 - 370(℃) 2) 금형 : 200(℃) 이상
5. 금형설계	1) 케이트 : 크게 한다(3 mm). 2) 런너 : 굵고 짧게 한다. 3) 웰드는 가능한 작게 한다. 4) 벤트를 준다. 5) 수축률 : 0.007 6) 언더컷은 피한다. 7) 빼기각 : 15° 8) 다이아몬드페스트 사상

(12) 열처리에 의한 물성변화

최고의 물성값을 얻으려면 성형품을 열처리할 필요가 있다. 기본적인 열처리 프로세스와 물성변화를 그림 88, 표 48에 나타낸다.

표 48 Torlon 4203의 냉각과 물성

물 성	단 위	성형직후	열처리후
인장강도	kgf/cm^2	1,010	1,930
인장신장률	%	3.1	12.3
인장탄성률	kgf/cm^2	5,000	49,300
굽힘강도	kgf/cm^2	1,490	2,310
굽힘탄성률	kgf/cm^2	-	-
아이조드 충격강도	kgf · cm/cm (노치있음)	3.7	13.8
열변형온도	℃	246	273

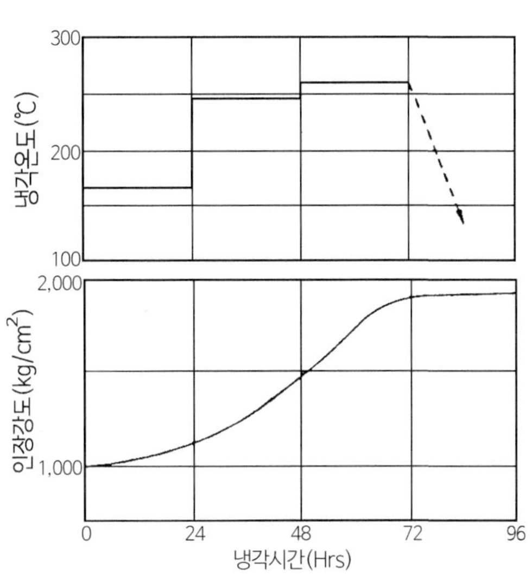

그림 88 후냉각에 의한 물성변화

4) 특징

① 사출성형이 가능하다.

② 열변형온도가 274℃로 폴리이미드 수지에 다음가는 고온을 나타내고 260℃에서 연속적으로 장시간 사용할 수 있다.

③ 기계적 성질은 고강도(인장강도 1,900 kgf/cm^2, 내추럴 그레이드)이고, 더구나 260℃에 있어서도 보통의 엔지니어링 플라스틱과 같은 강도(인장강도 500 kgf/cm^2)를 갖고 있다. 특히 내충격성이 우수하다.

④ 낮은 크리프(creep)로 내피로성이 우수하다.
⑤ 선팽창계수는 3.6×10^{-5} cm/cm/℃(내추럴 그레이드)이지만 충전제를 혼입함에 따라 이 값을 반 이하로 할 수 있다.
⑥ 전기절연체로서 높은 체적저항률(약 10^8 Ω · cm), 절연파괴강도(약 24kV/mm)를 가지며 특히 첨가제를 첨가하지 않고 94V-0의 난연성을 나타낸다.
⑦ 내약품성, 내응력파괴성이 우수하다.
⑧ 내자외선성, 내방사선성이 우수하다.
⑨ 높은 강도, 내저온유동성, 우수한 열적성질 및 내약품성을 갖춘 재료이기 때문에 내마모재료 또는 그 매트릭스로서 적당하다.

5) 용도

모든 산업분야에 있어서 기존의 엔지니어링 플라스틱이나 열경화성 수지가 성능적으로 사용할 수 없는 용도에 쓰이고 있다.

(1) 전기 · 전자관련부품

① IC회로기판 : 세라믹(ceramic)기판을 대신하는 것으로 회로의 형성에 견딜 수 있는 내열성, 표면특성, 전기특성, 치수안정성을 기대하고 있다.
② 소켓, 커넥터, 스위치부품 : 내열성이나 고온에 있어서 전기적, 기계적 특성을 요구하는 고온하에서 사용되는 부품으로서 쓰인다.
③ 전자레인지, 기타 고주파가열장치용 부품 : 내열성, 유전특성, 내마모성을 필요로 하는 전자레인지의 구동기어나 롤러 또는 절단판재로 사용된다.
④ 복사기, 기타 전열히터 내장기기 부품 : 복사기, 건조기, 헤어드라이어, 헤어컬 등의 히터회전의 스페이서, 롤러, 베어링류에 사용된다.

(2) 자동차관련부품

배기가스 대책에 관련해서 종래에 사용되어 왔던 플라스틱 재료에는 내마모성이 불충분한 용도 혹은 경량화에 관련된 종래의 금속재료가 사용되고 있는 용도에 TI폴리머가 사용되고 있다. 구체적으로는 배기가스 처리장치부품, 디스트리뷰터 캡(distributor cap), 트랜스미션 스러스와셔, 베어링 로터리 실링 부시 등이다.

(3) 일반기계부품

이 분야에서는 기계의 고성능화, 소형화에 관련해서 내열성, 내마모성, 내약품성, 치수안정성이 요구된다. 컴프레셔의 피스톤링이나 베인(vane), 진공펌프의 실링이나 패킹, 회전기기의 베어링이나 베어링 리테이너(retainer) 등이 있다.

(4) 기타 용도

기타 내열성, 기계적 강도를 요구하는 연마석 바인더, 내열성, 내방사선성이 필요한 원자력관련부품에 쓰인다.

6) 제조사(메이커)

메이커	상품명
도레이(東レ)	TI플리머
미쓰비시화성(三菱化成)	Torlon

7) 가격(일본 엔화 기준)

내추럴 13,000엔(円)/kg
유리섬유함유 12,500엔(円)/kg
카본섬유함유 1,500엔(円)/kg

8) 수요량(추정)

1985년 50톤
1986년 60톤
1987년 75톤

9) 대표적 판매제품의 물성 데이터

표 49에 〈Torlon〉 시리즈, 표 50에 〈TI-5000〉 시리즈의 물성일람을 표시한다.

표 49 Torlon 각 그레이드의 물성치

물성치 (ASTM법)		단위	4000T 압출성형 압축성형	4203 압출성형 사출성형	4275 내마찰 내마모	4301 비윤활 베어링용	5030 유리섬유 함유	XG-549 탄소섬유 함유	6000 무기필터 함유
밀도		g/cm^3	1.38	1.40	1.46	1.45	1.57	1.41	1.54
인장강도	23℃	kgf/cm^2	1,200	1,900	1,300	1,380	1,990	2,100	1,500
	149℃		810	1,070	950	750	1,390	1,450	1,090
	260℃		280	530	450	470	860	750	290
인장파단신장률	23℃	%	10	12	6	6	5.4	5.9	5
	149℃				7		6.1	5.2	5
	260℃				14		7.5	4.3	20
인장탄성률	23℃	$\times 10^4$ kgf/cm^2		5.13	8.72		11.8	20.4	7.95
굽힘강도	33℃	kgf/cm^2	1,930	2,160	1,800	1,860	3,250	3,230	2,160
	149℃		1,360	1,590	1,300	1,440	2,360	2,220	1,400
	260℃		630	760	500	790	1,300	1,160	490
굽힘탄성률	23℃	$\times 10^4$ kgf/cm^2	3.66	4.67	7.32	6.46	11.3	18.2	8.02
	149℃	$\times 10^4$ kgf/cm^2	2.81	3.68	6.09	5.13	10.7	15.4	6.50
	260℃	$\times 10^4$ kgf/cm^2	1.97	3.03	4.07	4.06	8.59	14.4	3.85
압축강도	23℃	kgf/cm^2	2,460	2,250	1,400	1,500	NA	NA	NA
압축탄성률	23℃	$\times 10^4$ kgf/cm^2	1.97	2.83	2.20	2.55			
편단강도	23℃	kgf/cm^2	1,130	1,300	780	1,130	1,420	1,290	
Izod(노치있음)	23℃	kgf · cm/cm	13.8	13.8	6.6	6.1	10.8	7.8	7.7
로크웰강도			E78	E78	E61	M109	E94	E94	R82
열변형온도		℃	260	274	267	274	271	274	270
선팽창계수		cm/cm/℃	3.6×10^{-5}	3.6×10^{-5}	2.3×10^{-5}	4.3×10^{-5}	1.8×10^{-5}	1×10^{-5}	2.9×10^{-5}
열전도도		cal/sec · cm^2 ℃/cm	5.8×10^{-4}	5.8×10^{-4}		8.5×10^{-4}			
내열성			94V-0	94V-0	94V-0	94V-0			94V-0
한계산소지수		%	42	43	47	42	48	49	NA
유전율	10^3Hz/10^6Hz		4.0(10^5 Hz)	4.0/3.5					
tanδ	10^3Hz/10^6Hz		0.009 (10^5 Hz)	0.001/ 0.009					
체적고유저항		Ω · cm	1.8×10^{15}	7.6×10^{17}			2.3×10^{18}	7.62×10^{16}	
표면저항		Ω	$>10^{15}$	$>10^{17}$			6×10^{16}	1×10^{16}	
절연파괴강도		V/mm	17.3×10^3	23.6×10^3					
내아크성		sec		125					
흡수율		%	0.28	0.28	0.19	0.22	0.22	0.24	

표 50 〈TI-5000〉 시리즈의 물성일람표

항 목		그레이드 / 원료형태·성형품 / 필러 / 단위	TI-5013	TI-5031	TI-5032	TI-5133	TI-5134
		원료형태 · 성형품	성형품	성형품	성형품	성형품	성형품
		필러	산화티탄 불소수지	흑연(12wt%) 불소수지	흑연(20wt%) 불소수지	흑연(30wt%)	흑연(40wt%)
인장강도	(23℃)	kgf/cm^2	1,900	1,400	1,300	950	750
	(250℃)	kgf/cm^2	600	600	550	500	450
인장파단신장률	(23℃)	%	15	8	6	3	3
굽힘강도	(23℃)	kgf/cm^2	2,000	1,900	1,800	1,500	1,200
	(250℃)	kgf/cm^2	1,000	900	700	600	500
굽힘탄성률	(23℃)	kgf/cm^2	45,000	62,000	73,000	106,000	124,000
	(250℃)	kgf/cm^2	30,000	45,000	53,000	64,000	74,000
압축강도	(23℃)	kgf/cm^2	2,800	2,000	1,400	1,200	1,000
아이조드(충격강도) (노치있음)		kgf · cm/cm	13	6.0	5.0	3.1	2.2
로크웰경도			M-119	M-109	M-100	M-90	M-87
비중			1.40	1.45	1.50	1.58	1.64
흡수율		%	0.25	0.20	0.18	0.15	0.13
열팽창계수		$\times 10^{-5}$ cm/cm/℃	3.8	3.0	2.5	2.2	1.9
열전도율		kcal/m-hr-℃	0.2	0.3			
난연성	(UL)		94V-0	94V-0	94V-0	94V-0 상당	94V-0 상당
열변형온도	($18.56 kg/cm^2$)	℃	274	274	274	279	279
연속사용온도		℃	255	250	250	250	250
절연내력		kV/mm	23				
체적저항률		Ω-cm	10^{17}			$<10^6$	$<10^6$
표면저항률		Ω	10^{17}	10^{16}	10^{10}	10^8	10^6
유전율	(10^3Hz)		3.5				
	(10^6Hz)		4.0				
유전정접	(10^3Hz)		0.001				
	(10^6Hz)		0.009				
			물성 균열 양호	우수한 마찰 마모특성	우수한 마찰 마모특성	우수한 마찰 마모특성	우수한 마찰 마모특성

7 폴리에테르이미드(Polyetherimide)

1) 분류 · 종류

폴리에테르이미드 〈울템(ultem)〉은 미국 GE사가 개발한 새로운 엔지니어링 플라스틱이다. 1970년대 초에 발명되어 10년 이상의 연구개발을 거쳐서 1982년에 미국에서 발표되었다. 우수한 가공성과 고기능성을 겸비한 재료이다. 일본에서는 엔지니어링 플라스틱사(EPL)가 1983년 2월부터 〈울템〉의 상품명으로 판매가 시작되었다. 그 화학구조는 다음과 같다.

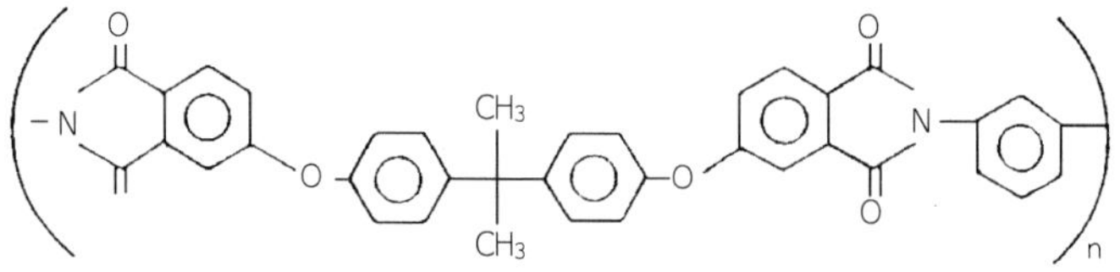

방향족의 이미드는 기계적인 견고성, 열안정성, 난연특성을 가지고 있고 에테르 결합을 부가한 것으로 우수한 유동특성과 가공성이 부여되어 있다.

(1) 무첨가 표준

보강제가 섞여있지 않은 것으로 #1000이 여기에 해당된다.

(2) 유리섬유 강화

#2000 시리즈가 여기에 해당되고, 백단위로 유리섬유 함유량을 표시하고 있다(예 : #2300, 유리섬유 30%강화).

2) 물성 일반

(1) 기계적 성질

기계적 강도는 무첨가의 열가소성수지 중에서는 최고의 수치를 나타낸다. 굽힘탄성률은 실온에서 33,700 kgf/cm^2의 높은 수치를 나타낸다. 인장항복점 강도는 1,070 kgf/cm^2이고 굽힘강도는 1,480 kgf/cm^2를 나타낸다. 울템은 대단히 견고하고 강인하며 가이드너 충격강도도 370 kgf · cm이다. 그림 89~91에 다른 수지와의 인장강도, 굽힘탄성률의 비교를 나타낸다.

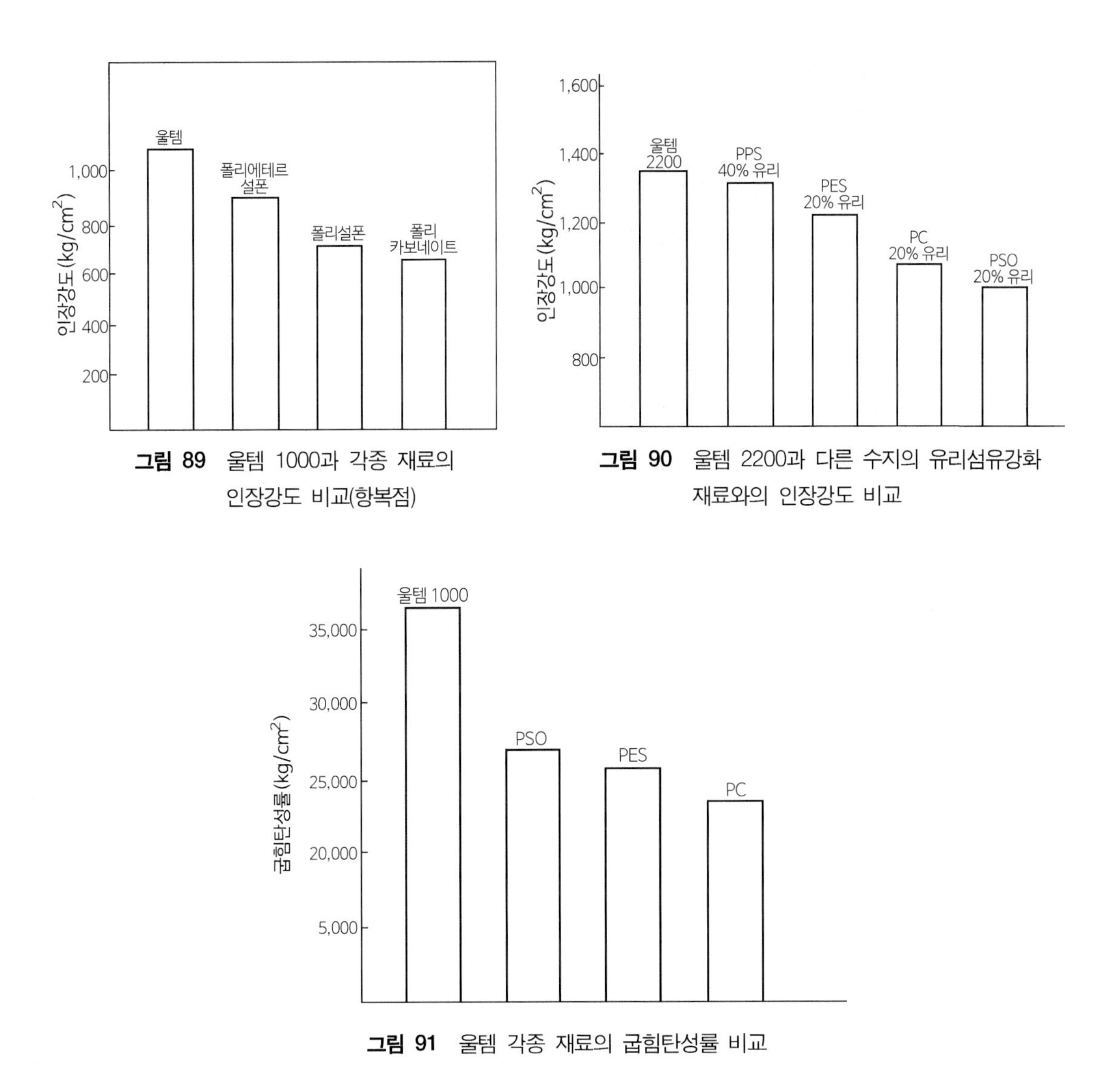

그림 89 울템 1000과 각종 재료의 인장강도 비교(항복점)

그림 90 울템 2200과 다른 수지의 유리섬유강화 재료와의 인장강도 비교

그림 91 울템 각종 재료의 굽힘탄성률 비교

울템은 가이드너 충격강도(370 kgf · cm)와 내충격에 우수한 재료이지만, 아이조드 충격강도 노치있음(5 kgf · cm/cm)과 노치없음(130 kgf · cm/cm)에서 알 수 있는 것같이 노치 감도가 예민한 재료라고 말할 수 있고, 설계시에도 충분히 배려할 필요가 있다. 울템의 인장강도, 굽힘탄성률의 온도의 존성을 그림 92, 그림 93에 나타낸다.

인장강도에 대해서 예를 들면 190℃ 부근에서도 범용 엔플라의 상온에서와 같은 동등한 강도를 유지한다. 상온(常溫)에서는 범용 엔플라로는 얻을 수 없는 강도이다. 굽힘탄성률에 대해서도 동일하다.

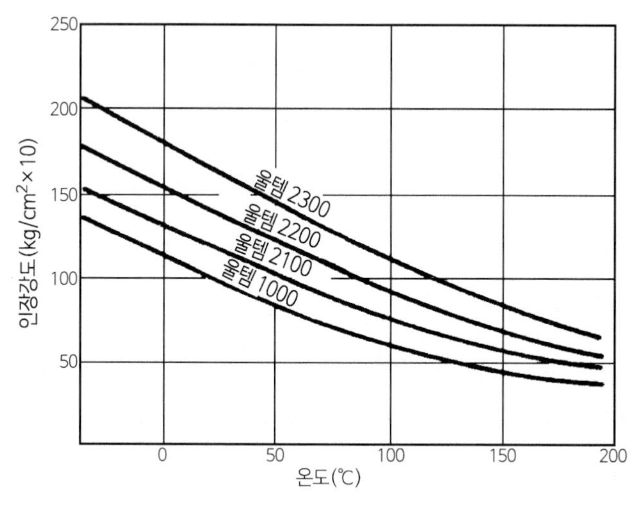

그림 92 인장강도와 온도와의 관계

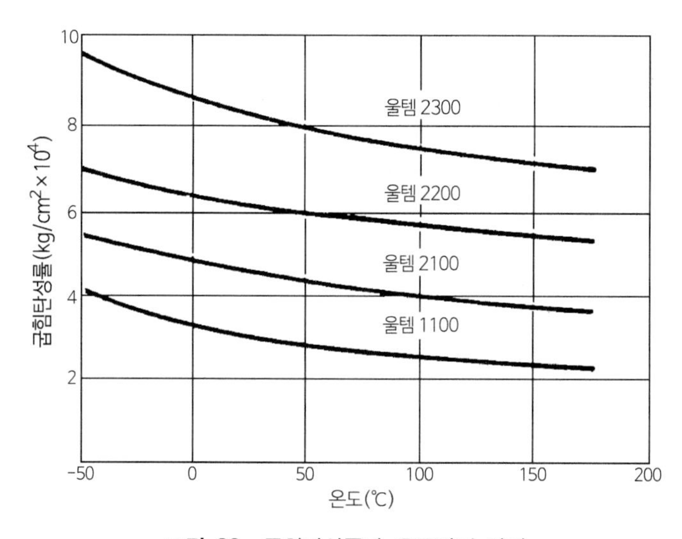

그림 93 굽힘탄성률과 온도와의 관계

(2) 열적 성질

표 51에 울템(ultem)의 열적 성질을 나타낸다. 유리전이점은 217℃이고, 열변형온도는 18.6 kgf/cm^2 하중으로 200℃를 나타낸다. 이같이 유리전이점과 열변형온도의 차이가 대단히 작은 것은 울템이 승온시(昇溫時)에서도 매우 훌륭한 특성을 갖고 있다는 것을 말한다.

표 51 울템 1000의 열적성질

	ASTM	단위	물성치
유리전이점	-	℃	217
열변형온도	D648	℃	
18.6kgf/cm^2			200
4.6kgf/cm^2			210
굽힘탄성률	D790	kgf/cm^2	
100℃			28,100
150℃			26,000
180℃			23,200

이것은 그림 93에 있어서 굽힘탄성률이 180℃에서도 20,000kgf/cm^2 이상을 나타내는 것으로 증명될 수 있다. 표 52에 사용온도와 허용응력치를 나타낸다. 울템은 짧은 시간이면 200℃ 이상의 내열성을 나타내고 UL의 장기사용온도(CUT)는 170℃이다. 그림 94에서 다른 엔플라와의 열변형온도 비교를 나타낸다.

표 52

(1) 연속하중하에서의 실용허용 응력치(kgf/cm^2)

울 템	-20℃	0℃	23℃	94℃	177℃
1000	320	290	260	140	70
2100	370	330	310	210	100
2200	440	430	350	260	140
2300	550	490	430	320	200

(2) 간결하중하에서의 실용허용 응력치(kgf/cm^2)

울 템	-20℃	0℃	23℃	94℃	177℃
1000	630	590	540	350	200
2100	730	670	620	430	250
2200	890	860	700	520	330
2300	1,110	990	850	630	460

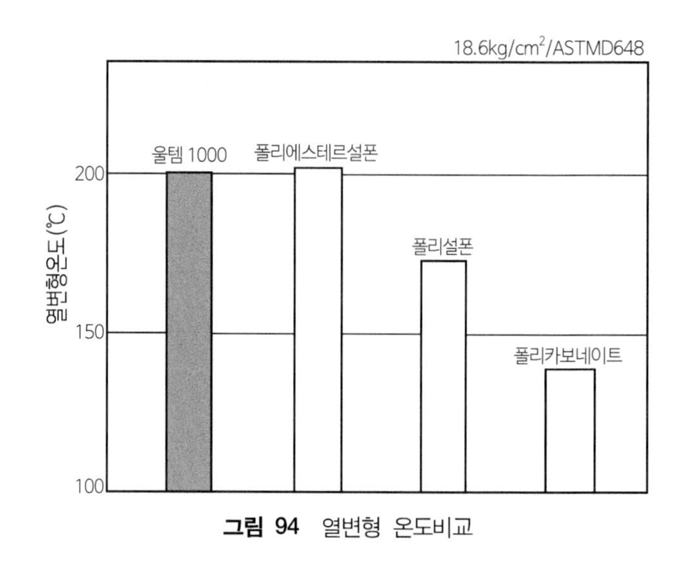

그림 94 열변형 온도비교

(3) 난연성

울템은 첨가제를 사용하지 않고 고유의 특성으로서 높은 난연성을 갖고 있다. 표 53에 나타낸 바와 같이 발화점이 높고 UL94V-0인정, 레디언트 패널(radiant panel) 테스트에서 낮은 연소전파속도와 대단히 높은 산소지수, 우수한 난연시에서의 저발연성 등의 성질을 갖고 있다. 그림 95에 NBS 테스트에 의해 각종 재료의 발생가스량의 비교를 나타낸다. 그림 96은 다른 엔플라와의 산소지수 비교를 나타낸다.

표 53 울템 1000의 연소특성(0.06inch 시험편)

항목	시험법	값
• 발화온도	ASTM	D1929
발화(℃)		535
착화(℃)		520
• UL94		V-0(>0.64mm)
		5V(>1.9mm)
• 레디언트 패널	ASTM	E162
연속전파속도 지수		2.7
• 산소지수	ASTM	D2863
		47
• NBS 스모크챔버	ASTM	D662
최대발연농도		
연소상태		30
그을린상태		0.4

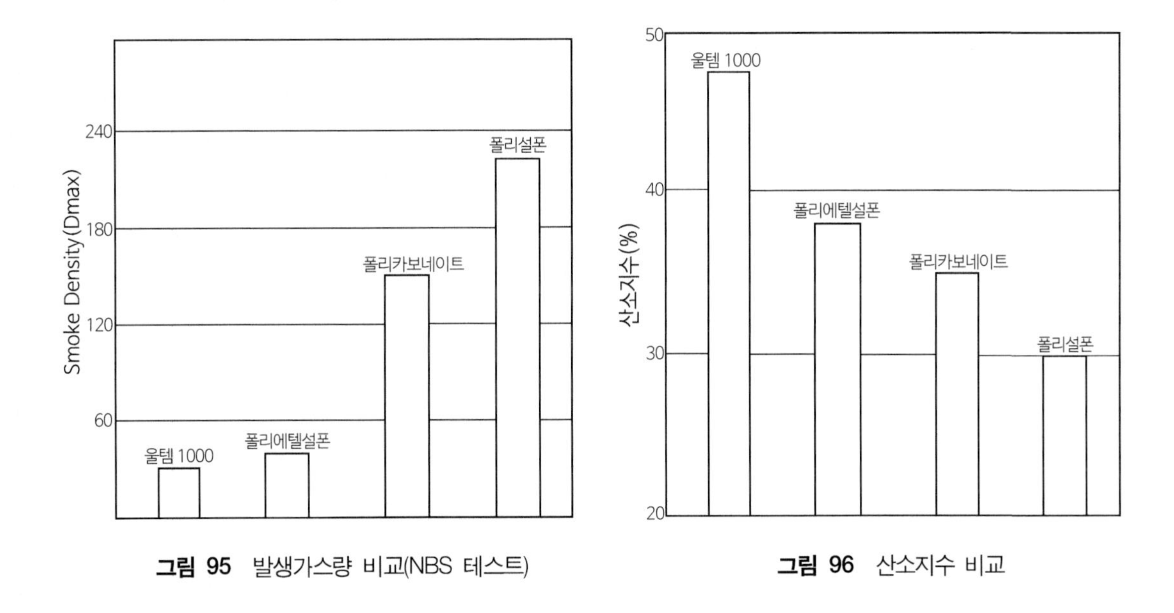

그림 95 발생가스량 비교(NBS 테스트)

그림 96 산소지수 비교

(4) 내가수분해성(耐加水分解性)

그림 97에 〈울템〉 1000의 열수 중에서의 인장강도의 에이징 데이터를 나타낸다. 비등수 중에서의 10,000 hr의 에이징 이후에도 초기의 95%의 인장강도를 유지하고 있는 것을 알 수 있다.

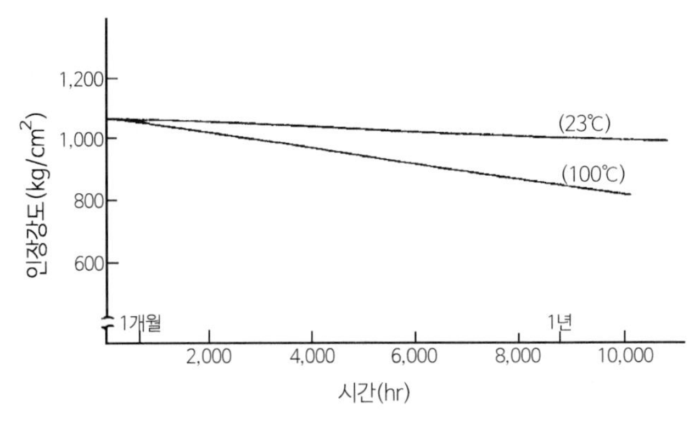

그림 97 울템 1000의 내수 중에서의 에이징

(5) 내후성

울템은 재료자체에서 우수한 내후성을 나타내고, 내후촉진 테스트에서는 기계특성의 변화는 무시할 수 있는 정도이고, 내후변색도 매우 작다. 그림 98에 울템의 자외선안정성 데이터를 나타낸다.

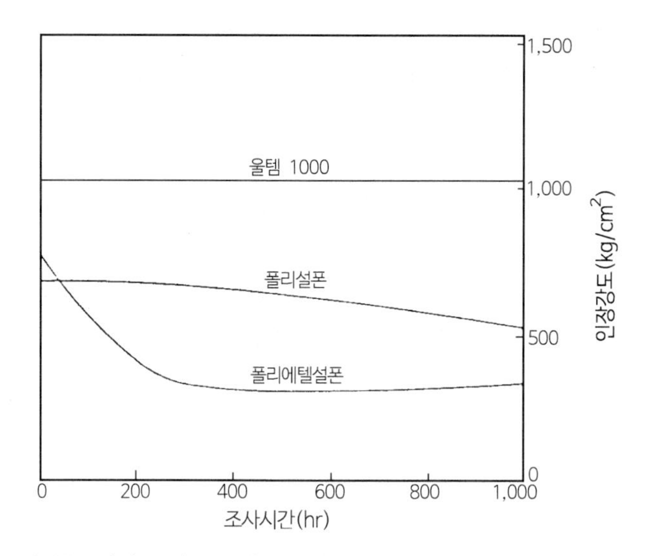

그림 98 키세논 램프 조사에 의한 울템 1000의 인장강도의 변화

(6) 내방사선성

대단히 강한 γ선 조사(照射)에서도 울템의 물성은 그림 99에서 나타낸 것처럼, 열화는 거의 볼 수 없다.

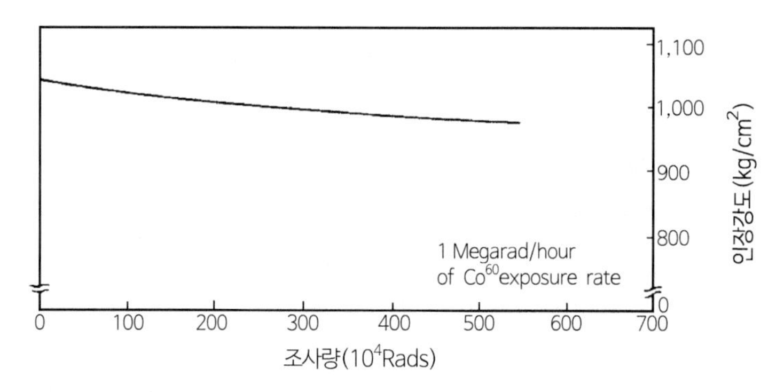

그림 99 γ(감마)선 조사에 의한 울템 1000의 인장강도의 변화

(7) 내약품성

비결정수지 중에서는 최고의 내화학약품성을 갖고 있다. 거의 지방족의 탄화수소, 예를 들면 가솔린이나 기름, 알코올에는 침식되지 않는다. 산에 대해서도 내성을 갖고 있다. 그러나 극성용매의 할로겐계 지방족의 메틸렌클로라이드나 트리클로로에탄에는 침식된다. 그림 100에 장기간 침지 후의 인장강도 유지율, 중량변화를 나타낸다.

약 품		인장강도 유지율 %	중량변화 %
탈 이온수		94	1.18
염화아연	(10%)	96	1.13
탄산칼륨	(30%)	97	0.85
염화석	(10%)	97	1.05
구연산	(40%)	96	1.06
염산	(20%)	99	0.61
인산	(20%)	97	0.99
유산	(20%)	97	0.89
삼산화크롬	(15%)	94	0.73
의산	(10%)	94	1.29
초산(硝酸)	(20%)	96	1.07
초산(醋酸)	(20%)	95	1.15
수산화칼륨	(10%)	97	1.55
암모니아	(10%)	68	1.79
수산화나트륨	(10%)	97	1.00
시클로헥실아민	(1%)	97	1.10

그림 100 울템 1000의 내약품성(23℃ 100일 담료)

(8) 전기적 성질

전기특성을 표 54에 나타낸다. 울템은 대단히 폭넓은 조건하(온도, 습도, 주파수대 등)에서 안정된 전기특성을 나타낸다.

표 54 울템 1000의 전기특성

특 성	단 위	ASTM	조 건		값	
					24℃	150℃
절연파괴전압	kV/mm	D149	3.2mm		28	-
유전율(誘電率)	-	D150				
			60Hz	(50%RH23℃)	3.15	3.08
			10^3 Hz	(50%RH23℃)	3.15	3.06
			10^5 Hz	(50%RH23℃)	3.13	3.05
유전정접	-	D150				
			60Hz	(50%RH23℃)	0.0013	0.003
			10^3 Hz	(50%RH23℃)	0.0012	0.003
			10^5 Hz	(50%RH23℃)	0.005	0.003
체적고유저항	Ω-cm	D257	23℃건조		6.7×10^{17}	1.0×10^{15}
C.T.I트래킹 지수	V	D3638			160	
내아크성	sec	D495	텅스텐전극		126	

유전율이나 유전정접의 온도에 의한 변화는 작기 때문에 고온에서 사용이 가능하다. 10^9Hz 이상의 고주파수 영역에서도 안정된 유전율, 유전정접과 온도와의 관계를 나타낸다(그림 101). 그림 102에 유전정접과 주파수의 관계를 나타낸다.

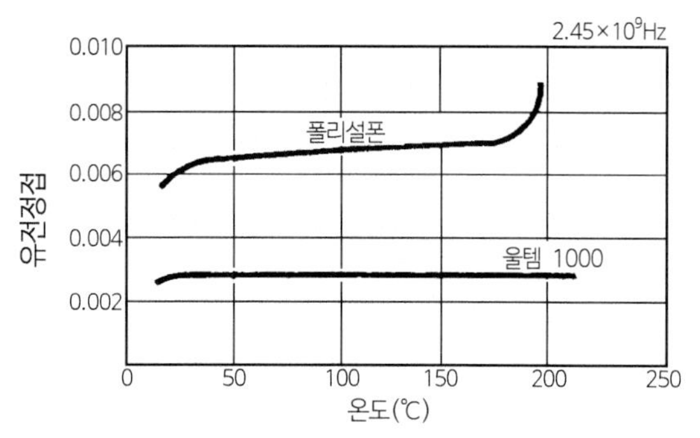

그림 101 유전정접과 온도의 관계

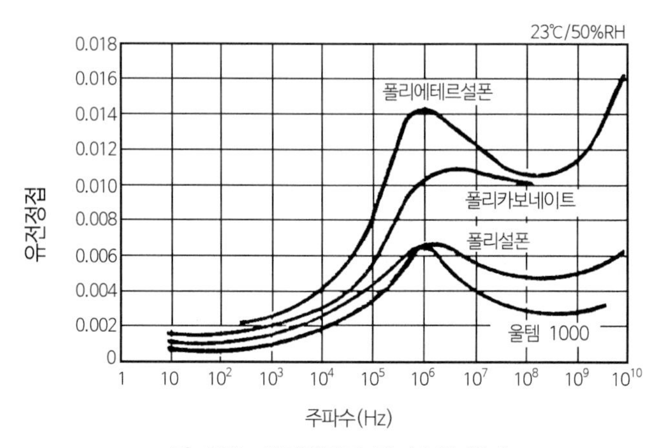

그림 102 유전정접과 주파수의 관계

(9) 성형, 가공성

울템은 사출성형, 블로우(blow)성형, 압출성형과 폭넓은 가공법이 범용 엔플라와 병행이 가능하다. 2차가공에 있어서도 범용 엔플라와 병행 셀프탭(self-tap) 접착, 초음파가공, 핫스탬핑[6] 등 내열성을 고려만 한다면 충분히 간단하게 할 수 있다. 그림 103에 대표적인 성형조건을 나타낸다.

금형온도	65~175℃(90℃)	중(中)부	315~395℃	배(背)압	3.5~4kgf/cm²
수지온도	340~425℃(360℃)	후(候)부	310~325℃	스크류	50~400rpm
설정노즐부	325~410℃	사출압	700~1,260kgf/cm²	쿠션	1.5~6mm
전(前)부	320~405℃	유지압	560~1,050kgf/cm²	바렐용량	20~80%

그림 103 울템의 대표적인 성형조건

6) 핫스탬핑(hot stamping) : 950℃의 고온으로 가열된 철강소재를 금형에 넣고 프레스로 성형 후 금형 내에서 급속냉각시키는 방법

3) 특징

① 높은 균형을 유지한 기계특성
② 우수한 난연성을 갖고 있다.
③ 우수한 내열성
④ 연소시의 발열량이 작다.
⑤ 안정되고 우수한 전기특성
⑥ 우수한 환경특성, 내약품성, 내가수분해성, 내후성, 내γ선 특성을 나타낸다.
⑦ 우수한 가공특성

4) 용도

울템의 중요한 용도를 표 55에서 나타낸다.

표 55 울템의 용도예

분 야	항목(Item)	용 도
자동차	전자부품	커넥터, 터미널, 퓨즈, 보빈
	기기부품	부싱, 베어링 센서, 밸브
	연료장치	필터볼, 인젝터, 인테크 매니홀드
	조명	베드램프 리플랙터, 소켓
전자부품	회로부품	프린트기판, IC소켓, 테스트기기
	커넥터	통신, 군사용 특수커넥터
	제어기기	스위치, 보빈, 터미널, 서킷 브레이커(회로차단기)
가전기기	가전부품	전자레인지부품, 컴프레서
	기기부품	베어링, 부싱, 기어, 와셔, 유압기기, 열교환기, 좌석부품
	항공기	조명기기, 기기부품, 엔진부품
	의료기기	메디컬 트레이, 리플렉터
특수	필름	모터, 커패시티 FPC, 절연테이프
	전선피복	에나멜선
	섬유	의복, 필터, 항공기용 주단

① 자동차분야
울템의 내열성, 윤활제, 냉각액, 연료 등에 대한 내약품성, 내크리프성, 기계강도, 하중하에서의 치수안정성, 스냅 핏(snap-fit) 특성 등을 살려서 언더후드부품, 전기부품 등에 사용되고 있다.
② 가전부품
식품, 기름, 그리스, 지방(脂肪) 등에 대한 내성, 마이크로파(micro波) 투과성이 양호한 광택 등의 특성을 이용한 분야에 사용되고 있다.

③ 전기 · 전자부품

납땜내열성, 치수정밀도, 난연성, 스냅 핏 특성 등의 울템의 균형을 이룬 물성과 우수한 가공성이 평가되고 있고 더욱 수요가 큰 분야이다.

④ 항공기 등 공공수송기기

특히 이 분야에서의 경량, 기계적 강도, 낮은 발연성, 난연성 등의 요구에 적당한 재료이다.

⑤ 기타

우수한 내유성, 내열성, 기계물성을 이용한 습동부재(摺動部材), 기계부품 등의 용도로 개발되었다.

5) 제조사(메이커)

현재 엔지니어링 플라스틱(株)를 비롯하여 여러 곳에서 제조하고 있다. 엔지니어링 플라스틱(株)의 상품명은 〈울템〉이다.

6) 가격(일본 엔화 기준)

#1000 3,500엔(円)/kg
#2100 3,500엔(円)/kg
#2200 3,500엔(円)/kg
#2300 3,500엔(円)/kg
단, 착색품은 약간 비싸다.

7) 대표적인 판매제품의 물성데이터

표 56에 〈울템〉의 그레이드와 물성데이터를 나타낸다.

표 56 울템의 물성 일람표

	단 위	ASTM	조 건	1000	2100	2200	2300
비중	-	D792	-	1.27	1.34	1.42	1.51
흡수율	%	D570	23℃ 24hrs	0.25	0.28	0.26	0.18
			23℃, 침지포화	1.25	1.0	1.0	0.9
성형수축률	%	D955	-	0.5~0.7	0.4	0.2~0.3	0.2
열변형온도	℃	D648	18.6kgf/cm^2	200	207	209	210
			4.6kgf/cm^2	210	210	210	212
비캣 연화점	℃	D1525	B법	219	223	226	228
열전도율	W/m℃	C177	-	0.22	-	-	-

	단 위	ASTM	조 건	1000	2100	2200	2300
선팽창계수	mm/mm/℃	D696	-18℃~150℃	5.6×10^{-5}	3.2×10^{-5}	2.5×10^{-5}	2.0×10^{-5}
내염성	-	-	UL94 0.63mm	※ V-0, ※※ 5V	V-0	V-0	V-0 (0.25mm)
산소지수	%	D2863	1.5mm	47	47	50	50
NBS Smoke	-	E662	fm(1.5m/m)D4@4min	0.7	-	1.3	-
			Dmax@20mm	30	-	27	-
인장강도(항복점)	kgf/cm²	D638	23℃	1,070	1,220	1,430	1,630
신장률(파장신도)	%	D638	23℃	60	6	3	3
인장탄성률	kgf/cm²	D638	23℃	30,600	45,900	70,400	91,800
굽힘강도	kgf/cm²	D790	23℃	1,480	2,050	2,140	2,350
굽힘탄성률	kgf/cm²	D790	23℃	33,700	45,900	63,300	84,700
압축강도	kgf/cm²	D695	23℃	1,430	1,630	1,730	1,630
압축탄성률	kgf/cm²	D695	23℃	29,600	31,600	35,700	38,800
전단강도	kgf/cm²	-	23℃	1,020	920	970	1,020
가드너임팩트	kgf · cm	-	23℃	370	-	-	-
아이조드임팩트	kgf · cm/cm	D256	노치없음 3.2mm 23℃	130	49	49	44
			노치있음 3.2mm 23℃	5	6	9	10
로크웰경도	-	D785	M 스케일	109	114	118	125
마찰계수	-	D1894	대(對) 자기	0.19	-	-	-
			대(對) 스틸	0.20	-	-	-
테이버마모	mg	D1044	CS17 1kg 1,000C	10	-	-	-
절연파괴전압	KV/mm	D149	단(短) 3.2mmOil/Air	28/33	27.5/-	26.5/-	24.8/30
유전율	-	D150	1KHz 50%RH 23℃	3.15	3.5	3.5	3.7
유전정접	-	D150	1KHz 50%RH 23℃	0.0013	0.0014	0.0015	0.0015
체적고유저항	Ω · cm	D257	23℃ 건조	10^{17}	10^{17}	10^{16}	10^{16}
내아크성	sec	D495	텅스텐 전극	128	-	-	85

※ : 0.41mm, ※※ : 1.9mm

8 방향족 폴리에스테르(에코놀)

1) 분류 · 종류

〈에코놀〉은 파라옥시벤조일 기(基)(O-CO-)를 기본 골격으로 가진 전방향족 폴리에스테르로, 스미토모화학(住友化學)이 독자의 제조기술을 확립하고 1979년 7월부터 일본 내 판매를 개시했다. 〈에코놀〉에는 호모폴리머-E101, 코폴리머-E1000, E2000의 3종류가 있다.

(1) 호모폴리머(Homopolymer)

E101은 아주 결정성이 높고, 400℃ 이하의 온도에서는 거의 유동하지 않으므로 일반적인 성형법으로는 성형할 수 없지만 대단히 우수한 내마모성, 내압축 크리프특성, 내용제성 등을 갖고 있고, 자기 윤활성에 있어서도 우수하기 때문에 주로 폴리테트라플로오로에틸렌(이하 PTFE라 한다) 개질재(改質材)로서 사용된다.

(2) 코폴리머(Copolymer)

E1000은 압축성형용 그레이드, E2000은 사출성형용 그레이드이고 동시에 상용사용 가능온도가 260℃로 단시간에서는 300℃ 이상의 고온에서도 견디는 엔지니어링 플라스틱 수지 중에서는 최고의 내열성을 갖고 있다.

(3) 섭동용(摺動用) 기타

무급유 섭동재 〈에코놀〉 S와 사출성형용 초내열성수지 〈에코놀〉 E의 두 가지를 주체로 해서 개발을 진행하고 있다. 〈에코놀〉 S란, 〈에코놀〉 수지(E101 혹은 E1000)와 PTFE나 흑연 등을 조합시킨 성형품의 명칭으로 가공용 소재(로드, 판) 혹은 최종 부품에 사상(仕上)으로 사용자에게 공급하는 방식으로 개발하고 있다. 한편 〈에코놀〉 E로는 E2000 및 이것에 유리섬유를 충전한 것이고, 펠릿(pellet) 판매만이 아니고 최종부품으로서 공급도 하고 있다.

2) 제조법

E101은 파라옥시안식향산(安息香酸) 중축합 반응에 의해 제조된다. E1000, E2000은 이 파라옥시안식향산에 방향족 디카르본산, 방향족 디올을 공중합한 것에 따라 가공성을 개량하고 있다. E101, E1000, E2000의 구조 혹은 구성단위는 다음과 같다.

E101 : $-\!\!\left[\, O - ⬡ - CO \,\right]\!\!-_n$

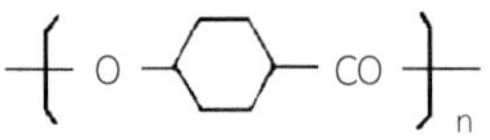

E1000, E2000 : $-\!\!\left[\, O - ⬡ \quad CO \,\right]\!\!-$

$-\!\!\left[\, O - ⬡ - ⬡ - O \,\right]\!\!-$

$-\!\!\left[\, OC - ⬡ - CO \,\right]\!\!-$

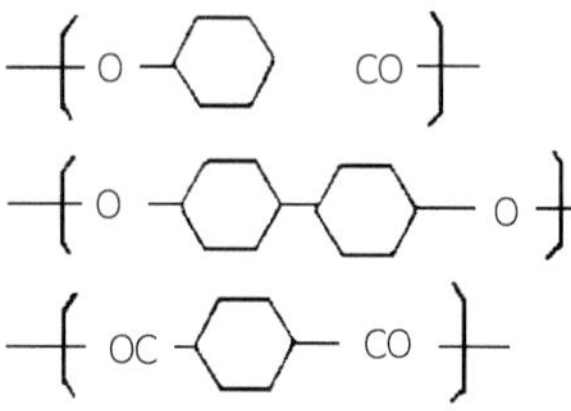

또한 그림 104에 E101, E2000 분말의 고온에서의 X선 회절곡선을 나타낸다. E101은 450℃에서도 메인히터의 손실은 없고, 결정(結晶)의 완전 붕괴는 일어나지 않는다. 이에 대한 공중합 타입의 E2000은 E101에 비해서 결정성은 낮지만, 융점이 400~450℃ 정도여서 사출성형이 가능하다.

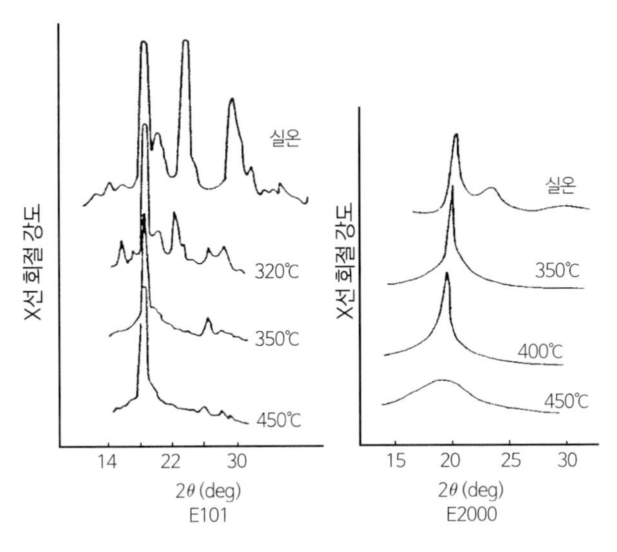

그림 104 에코놀 파우더의 X선 회절강도곡선

3) 물성 일반

(1) 〈에코놀〉 S

에코놀 S는 무윤활 섭동재 중에서는 최고의 섭동특성을 갖고, 표 57에 나타낸 두 개의 그룹(A, B)으로 분류된다. A그룹은 PTFE를 근거로 E101 혹은 E101과 흑연을 충전한 것으로, S200, S300, S230, S330 등이 있다.

표 57 에코놀 S의 종류와 분류

분류	품목	조 성	특 징
A	S200 S300	PTFE를 베이스로 E101 충전	• 마모계수는 PTFE의 약 1/5,000에서 PTFE같은 마모계수로서 안정 • 알루미늄, SUS 등의 연질금속을 손상시키지 않는다. (경속, 중하중까지의 영역에 적용)
	S230 S330	PTFE를 베이스로 E101과 흑연을 충전	• S200, S300에 비해 열전도성이 좋고, 한계 PV값이 크다. (고속, 중하중까지의 영역에 적용)

분류	품목	조 성	특 징
B	S1000	E1000	• 고온에서의 강도유지, 압축강도가 높고 내크리프성이 우수하다.(내열, 단열부품용)
	S1140	E1000를 베이스로 PTFE를 충전	• 압축강도, 내크리프성이 우수하다. (중속, 고하중까지의 영역에 적용)
	S1330 S1360	E1000를 베이스로 흑연을 충전	• 한계 PV값이고, 고 PV값에서의 섭동특성이 우수하다. (고속, 고하중용)

※ 저속 : 10/min 이하, 중속 : 10~100/min, 고속 : 100/min 이상
저하중 : 10kgf/cm^2 이하, 중하중 : 10~50kgf/cm^2 이하, 고하중 : 50kgf/cm^2 이하

이것들은 특히 그것 자체의 섭동특성에서 우수한 것만이 아니라 알루미늄이나 SUS 등의 연질금속을 손상시키지 않는 것이 특징이다. B그룹은 E1000을 근거로 한 것이고, S1000, S1140(PTFE 충전), S1330, S1360(이상 흑연충전)이 있다. S1000은 섭동특성은 좋지 않지만, 고온 하에서의 강도유지, 압축강도가 높고 내크리프성이 우수하기 때문에 내열부품에 사용되고 S1330, S1360은 일반 플라스틱에서는 용융, 변형 등을 일으켜 사용불가능한 고(高)PV값 하에서도 대단히 우수한 섭동 특성을 갖고 있다.

S200, S300, S230, S330의 일반성능을 유리섬유 함유 및 탄소섬유 함유의 PTFE와 비교해서 표 58에 S1000, S1140, S1360의 일반성능을 폴리이미드 'VESPEL'과 비교해서 표 59에 나타낸다.

표 58 에코놀 S200, S300, S230, S330의 일반성능

항 목		단 위	S200	S300	S230	S330	비교재료	
							25%유리섬유함유 PTFE	25%탄소섬유함유 PTFE
성형품비중			1.95	1.84	1.92	1.90	2.24	1.93
인장강도		kgf/cm^2	173	110	140	104	210	180
신장률		%	290	230	250	190	310	70
경도(쇼어)		듀로미터D	62	64	67	68	64	70
압축강도	1%변형	kgf/cm^2	88	94	85	86	85	100
	10%변형	kgf/cm^2	182	226	178	180	184	277
압축탄성률		kgf/cm^2	0.90×10^4	1.0×10^4	0.80×10^4	0.99×10^4	0.96×10^4	1.2×10^4
선팽창계수 (25~200℃)	MD	$\times10^{-5}$/℃	15.8	12.9	12.4	12.2	12.0	13.2
	TD	$\times10^{-5}$/℃	8.6	8.3	8.4	8.2	7.7	4.7
열전도율		cal/cm^2 · sec · ℃	6.3×10^{-4}	8.2×10^{-4}			6.2×10^{-4}	9.5×10^{-4}

표 59 에코놀 S1000, 1140, 1360의 일반성능

항 목	ASTM	단 위	에코놀 S			폴리이미드(VESPEL)	
			S1000	S1140 (PTFE함유)	S1360 (흑연함유)	SP-1	SP-21 (흑연함유)
비중	D792	-	1.35	1.42	1.53	1.36	1.43
흡수율	D570	%	0.04	-	-	0.24	0.19
굽힘강도	D790	kgf/cm^2	1,020(23℃) 480(250℃)	330(23℃)	610(23℃)	985(23℃) 560(260℃)	910(23℃) 490(260℃)
굽힘탄성률	D790	kgf/cm^2	3.3×10^4	1.7×10^4	4.9×10^4	2.5×10^4	3.9×10^4
굽힘변형	D790	%	3.8	2.6	1.5	8.3	2.3
압축강도(10% 변형)	D695	kgf/cm^2	1,465	654	1,147	1,145	1,070
압축탄성률	D695	kgf/cm^2	2.3×10^4	1.1×10^4	2.0×10^4	2.5×10^4	2.3×10^4
로크웰경도	D785	-	F124	R107	R115	E45	E32
열변형온도 ($18.6kgf/cm^2$)	D648	℃	300	-	>300	>300	>300
연속사용온도	-	℃	260	260	260	260~300	260~300
선팽창계수	D696	cm/cm · ℃	5.1×10^{-5}	5.8×10^{-5}	4.3×10^{-5}	5×10^{-5}	4.1×10^{-5}

① 한계 PV값

한계 PV값으로는 플라스틱을 베어링 등에 적용하는 경우 마찰면의 발열에 의해 플라스틱의 연화, 용융화학적 분해가 생기고, 정상적인 마찰운동이 계속될 수 없을 때의 압력과 속도가 누적

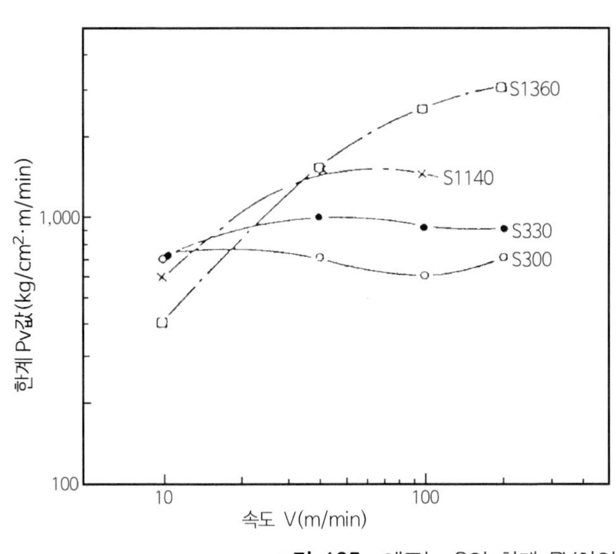

그림 105 에코놀 S의 한계 PV치의 속도의존성

되어서 플라스틱 자체의 특성 이외에 섭동속도, 상대재료의 열전도율, 섭동면적과 방열면적비 등에 따라 크게 변한다.

그림 105에 상대재료가 SUS의 경우 S300, S330, S1140, S1360의 한계 PV값의 속도의존성 곡선을 나타낸다. 흑연첨가계(S330, S1360)는 열전도율의 향상과 높은 PV값이 향상된다. 특히 S1360은 저속보다 고속에 있어서 높은 한계 PV값을 갖고 있다.

그림 106은 S300, S330에 대해서, 상대 재료가 SUS, 알루미늄의 경우 한계 PV값을 섭동면 온도에서 추적한 것이다. 흑연이 함유되어 있는 S330은 섭동면 온도의 상승이 억제되고, 한계 PV값은 높아진다. 또 상대 재료가 알루미늄처럼 열전도율이 높은 금속(SUS의 약 15배)에서는 섭동면에서의 방열은 크고, 상대재료가 SUS의 경우에 약 2배의 한계 PV값을 갖는다. 이와 같이 알루미늄은 열전도율이 높고 경량이므로 베어링 재질로서는 바람직하지만 손상되기 쉬우므로 일반적으로는 사용할 수 없다. 그러나 S300, S330은 알루미늄을 상하게 하지 않기 때문에 효과는 대단히 좋다.

실제로는 한계 PV치 내에서의 마찰계수, 마모계수 K의 값이 문제된다. S300의 상대재료가 SUS의 경우 마찰·마모특성을 다른 충전제가 함유된 PTFE와 비교해서 표 60에서 나타낸다.

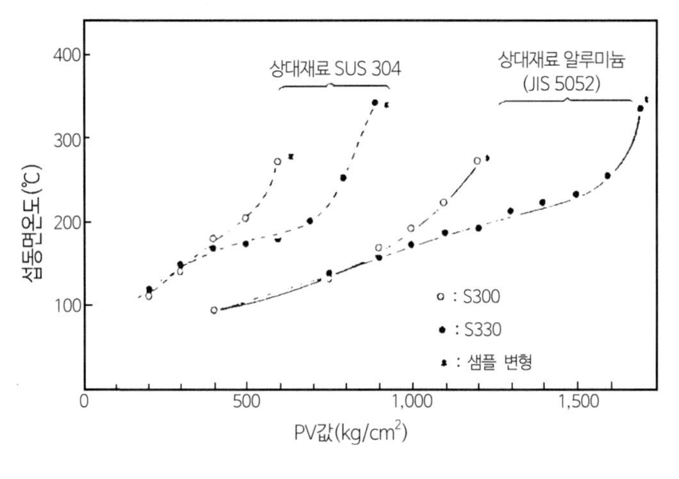

시험기 : 스러스트형 마모시험기
조 건 : 압력 P=5kgf/cm^2(PV=200), 7.5(PV=300), 10(PV=400), 12.5(PV=500), 15(PV=600 이상) 실온 DRY

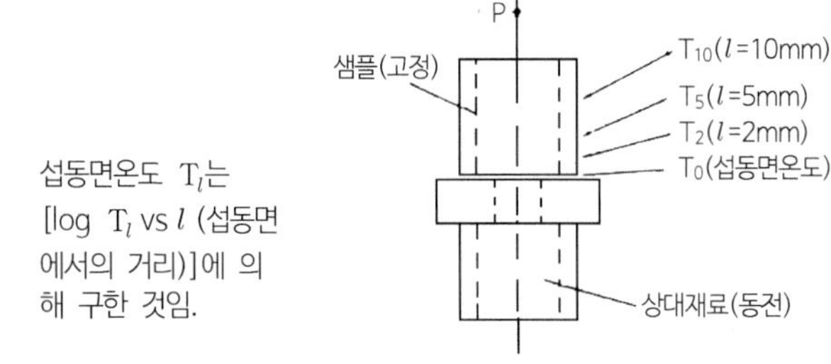

그림 106 에코놀 S300, S330의 섭동면적온도에서 본 한계 PV치

표 60 에코놀 S300의 마찰 · 마모특성

	마모계수 K $\left(\frac{mm}{kg}/\frac{kg}{cm^2}\right)$	마찰계수 (μ)	μ 안정성	SUS304 손상도
에코놀 S300	1.2×10^{-5}	0.20	○	○
순 PTFE	$6,000\times10^{-5}$	0.18	×	○
유리섬유/PTFE (2/80)	16.7×10^{-5}	0.29	×	×
흑연/PTFE (15/85)	308×10^{-5}	0.19	○	○
유리섬유/MoS_2/PTFE (15/15/80)	25.7×10^{-5}	0.26	△	△
브론즈/PTFE (30/70)	17.4×10^{-5}	0.23	×	△
탄소섬유/PTFE (25/75)	24.3×10^{-5}	0.24	×	△

※ 시험기 : 형마모시험기
※ 조　건 : 압력 P=6 kgf/cm^2, 속도 V=40/min, 실온 DRY, 측정시간 7 hr, 상대재료 SUS304, 상대재료 표면거칠기 0.08Ra

PTFE의 마찰계수는 기존의 재료 중에서 매우 낮지만, 대단히 낮은 PV치(1~10 kgf/cm^2 · m/mm)에서 마모가 일어난다. 유리섬유나 탄소섬유를 충전하는 것에 있어서 내마모성은 개량되지만, 상대재료를 현저하게 손상시키고 마찰계수는 대단히 불안정하게 된다. 한편 흑연을 충전한 계(系)는 상대재료의 손상은 볼 수 없지만, 내마모성 개량에는 불충분하다. 이것들에 대해서 에코놀 E101을 충전한 S300은 PTFE의 마모량을 약 1/5,000으로 저하시켜 상대재료의 손상도 볼 수 없다. 역시 마찰계수는 PTFE의 낮은 값을 갖고, 안정하다. 이것들의 특성은 상대재료가 알루미늄과 같이 보다 부드러운 금속에 대해서는 현저하게 나타나고 이때의 마찰계수 안정성을 그림 107에서 나타낸다.

또 S300의 장기마모 특성을 에코놀 E101과 같은 유기충전제인 폴리이미드 분말을 충전한 PTFE와 비교해서 그림 108에서 나타낸다. 상대재료의 종류에 의해 초기마모는 약간 달라지지만, S300의 1,000 hr 이후의 누적 마모량은 모두 10~30 정도로 폴리이미드 함유 PTFE에 비교하면 상당히 우수하다.

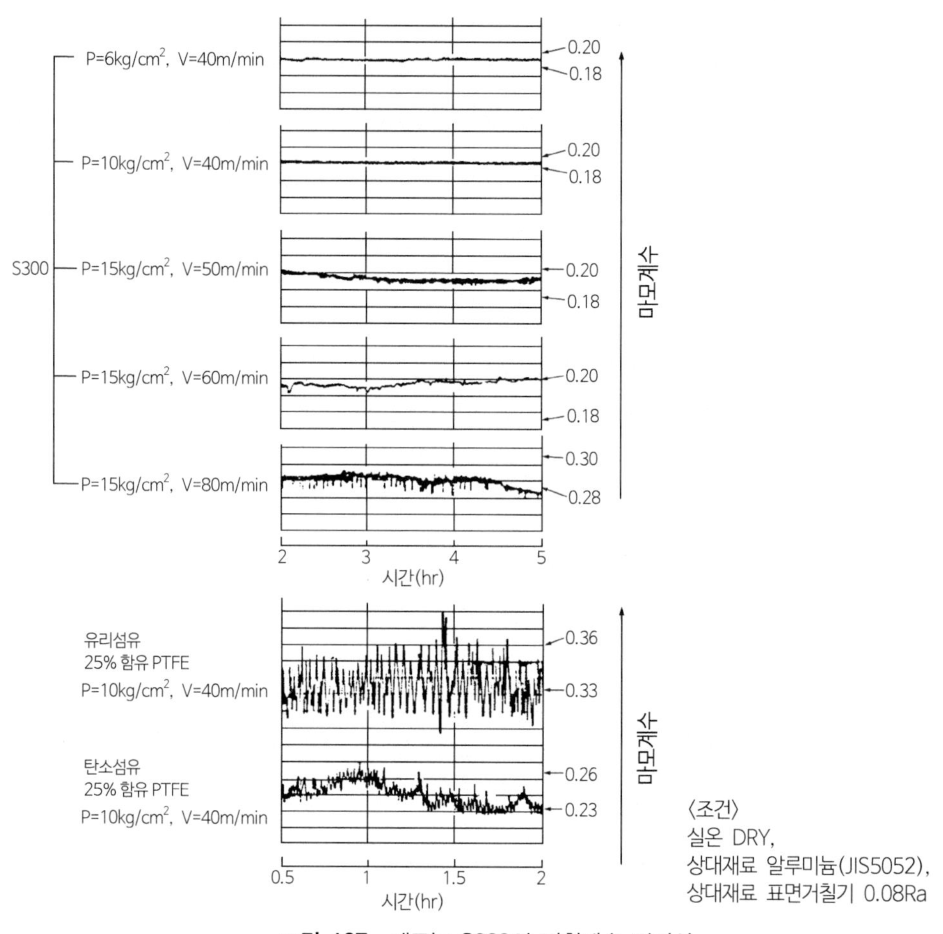

그림 107 에코놀 S300의 마찰계수 안정성

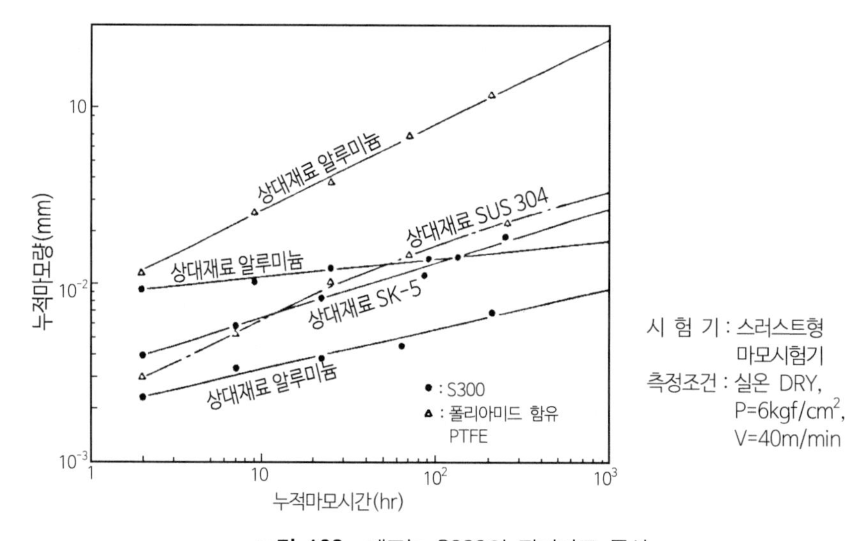

그림 108 에코놀 S300의 장기마모 특성

(2) 〈에코놀〉 E

에코놀 E에는 E2000, E2008(유리단섬유 40% 충전), E2008L(유리장섬유 40% 충전)이 있다. 이것들의 성능을 표 61에서 나타내고 아래 부분에서는 주로 특징을 서술한다.

표 61 에코놀 E의 납땜 내열성

수 지	침지시간 (초)	납땜액 온도(℃)					
		250	280	300	330	360	380
에코놀 E2000	1			○	○	△	△
	3			○	○	△	×
	5			○	○	△	×
에코놀 E2008	1			○	○	○	△
	3			○	○	△	×
	5			○	○	△	×
폴리페닐렌 설파이드 (R-4)	1		△	△	△	×	
	3		×	×	×	×	
	5		×	×	×	×	
폴리설폰	1	△	△				
	3	×	×				
	5	×	×				

※ 시험법 : $1mm^t \times 8mm^w \times 50mm^l$ 의 사출성형품을 소정온도의 납땜액에 소정시간 담근 후 외관변화관찰
○ : 변화 없음
△ : 약간 거침
× : 대변형발포

① 열적 성질

그림 109에 나타난 것같이 가열변형 온도와 연속사용 온도의 관계는 엔지니어링 플라스틱 중에서는 최고의 수준에 위치하고 있다. 또 납땜내열성에 대해서는 표 61에서 나타난 것처럼 330℃×5sec, 360℃×1sec의 납땜내열성이 있고 염소화 탄화수소 등의 납땜세정제로도 충분하다.

② 기계적 성질

굽힘탄성률의 온도의존성에 대해 그림 110에 나타낸다. 250℃의 고온에 있어서도 어느 정도의 기계적 강도, 탄성률을 갖는다.

③ 난연성

UL규격에서는 각 그레이드와 함께 94V-0(살두께 0.8mm)로 인정되어 있고, 난연시의 발생가스는 탄산가스가 주성분이다.

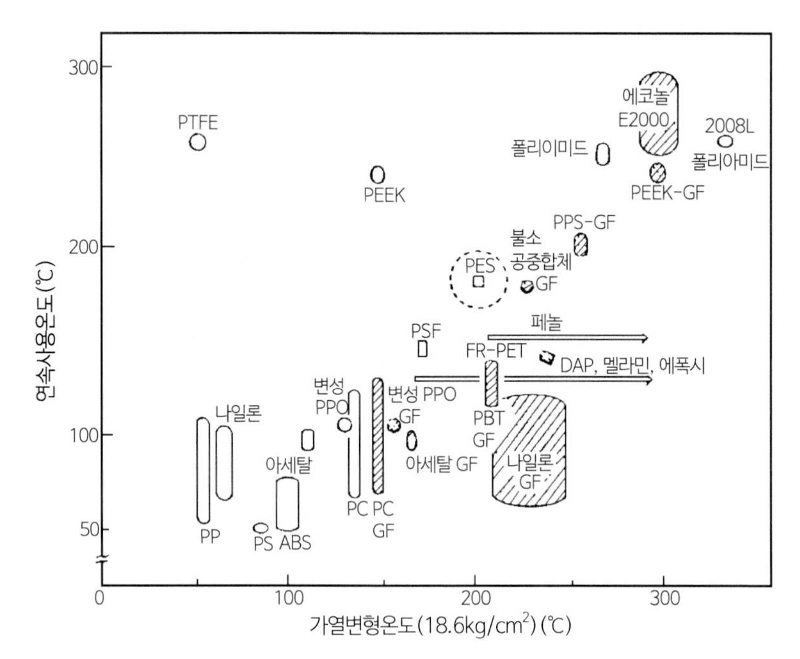

그림 109 가열변형온도와 연속사용온도

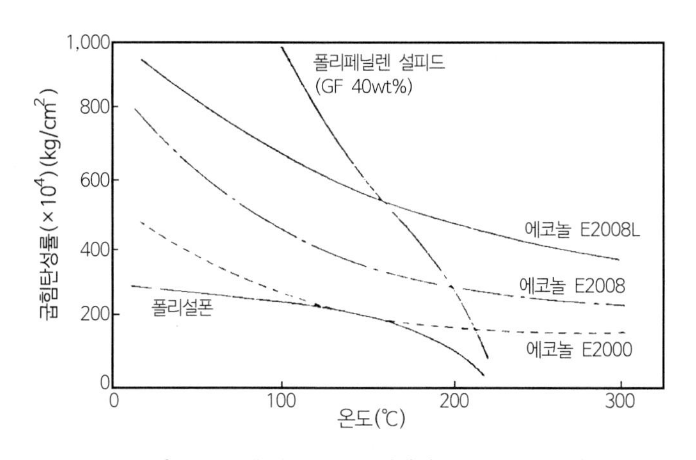

그림 110 에코놀 E의 굽힘탄성률의 온도의존성

④ 내약품성

고온에서도 팽윤 열화시키는 유기용제, 유류(油流)는 없고 우수한 내약품성을 갖고 있다. 다만, 고농도 알칼리 용액이나 고온 장기간의 스팀상태에서는 수지의 구조상 열화를 동반한다.

⑤ 전기적 성질

유도정접은 얼마간은 높은 경향으로 있지만, 온도, 주파수 의존성은 약간 안정되어 있다.

⑥ 가공성

에코놀 E는 융점이 높고, 고결정성이기 때문에 높은 성형온도를 갖지만 그림 111에서와 같은

적정온도(370℃~390℃)에서는 PBT나 PPS와 동등한 유동성을 나타낸다. 또 1mm^t 이하의 두께에서도 비교적 잘 유동하기 때문에 작은 부품에서도 쉽게 성형할 수 있다.

실린더온도 370℃~390℃, 금형온도 100℃~160℃, 사출압력 1,000~1,300kgf/cm^2, 사출속도는 중·고속이 표준조건이다. 흡수율은 대단히 작기(0.02%) 때문에 장기간의 건조나 호퍼 드라이어는 불필요하므로 일반적으로 120℃~150℃에서 약 3시간의 건조로 충분하다. 또 폴리아미드이미드와 같이 성형 후의 장시간의 열처리는 필요하지 않다.

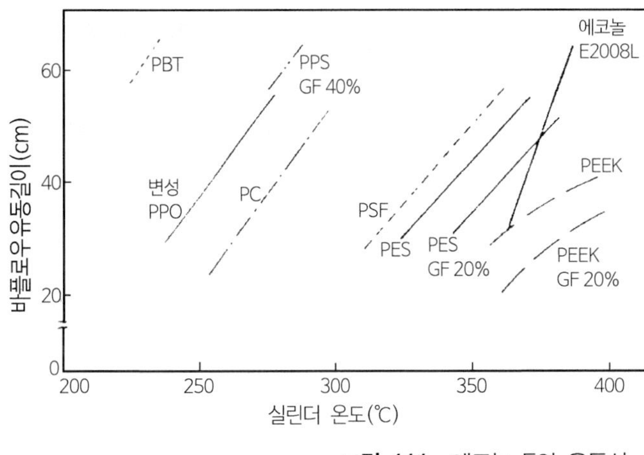

그림 111 에코놀 E의 유동성

⑦ 기타

내방사선성에도 우수하고 10^9 rad의 조사(照射)로는 인장특성은 거의 변화되지 않는다. 안전성에 대해서는 일본의 후생성고시(厚生省告示) 434호의 식품위생시험에도 합격했다.

4) 특징

내열성, 섭동특성이 우수하다.

5) 용도

용도 예를 표 62에 나타낸다.

표 62 용도 예 일람표

분 야	응용 예(지금부터 가능성이 있는 것도 포함)
전기 · 전자	코일보빈, 커넥터, 에이징용 소켓, 릴레이부품, 콘미테이터, 프린트기판, 압전소자 케이스, 마이크로 모터앤드칼러, 모터의 브레이크슈, 전자레인지 턴테이블용 받침롤러, 헤어드라이어크림, 다리미단열칼라, 오픈웨어, 아크용접기부품

분 야	응용 예(지금부터 가능성이 있는 것도 포함)
자동차	카쿨러용 컴프레서 피스톤링, 파워스티어링 실패킹, 도어록패킹, 각종 스러스트워셔, 서미스티 케이스, 쇼크압소버부품, 흡배기 밸브리프터
사무용기기	부호기부품(단열부슈, 슬리브베어링, 이단기계, 기어), 라인프린터베어링, 타이프라이터 햄머베어링, VTR용 스러스트 워셔
그 외	유리약제조용롤, 치구(治具), 제어용 위케트링, 베어링, 방기베어링, 로봇의 암베어링, 각종 메카실, 각종 불확실성 가스용 컴프레서 피스톤링, 유압기기의 실패킹, 마모관실, 히터실러 부품, 믹서 V패킹, 압축기 베인, 가스코크코팅

6) 가격(일본 엔화 기준)

7,000~9,000엔(円)/kg

7) 생산량, 출하량

일본시장에서는 현재 에코놀, Vetia가 선행되었고, 각각 시장개발에 주력하는 중이다. 1987년 90ton 정도이다.

8) 대표적 판매제품의 물성자료

표 58, 59, 63을 참조하시오.

표 63 에코놀 E의 일반성능

항 목		ASTM	단 위	E2000	E200S	E2008L
충전제		-	-	-	유리섬유40%	유리장섬유40%
비중		D792	-	1.40	1.69	1.69
성형수축률		D955	%	0.8	0.6	0.5
흡수율	(23℃×4hr)	D570	%	0.02	0.02	0.02
인장강도	(23℃)	D638	kgf/cm^2	750	750	1,200
	(260℃)	D638	kgf/cm^2	210	200	250
인장탄성률		D638	kgf/cm^2	3.0×10^4	4.5×10^4	6.8×10^4
파단신장률		D638	%	6	5	5
굽힘강도	(23℃)	D790	kgf/cm^2	850	1,000	1,300
	(260℃)	D790	kgf/cm^2	200	200	250
굽힘탄성률	(23℃)	D790	kgf/cm^2	4.7×10^4	8.3×10^4	9.5×10^4
	(260℃)	D790	kgf/cm^2	1.5×10^4	2.8×10^4	4.2×10^4
압축강도		D695	kgf/cm^2	560	630	790
압축탄성률		D695	kgf/cm^2	2.0×10^4	2.8×10^4	3.2×10^4
아이조드	(6.4mm 노치있음)	D256	kgf · cm/cm	4	5	7
충격치	(6.4mm 노치없음)	D256	kgf · cm/cm	20	20	20
로크웰 경도		D785		R88	R104	R104
열변형온도	(18.6kgf/cm^2)	D648	℃	293	>300	>300
연속사용온도		-	℃	260~300	260~300	260~300
연소성		UL94	-	V-0	V-0	V-0
선팽창계수		D696	10^{-5}cm/cm · ℃	2.9	2.0	1.5
열전도도		-	cal/sec · cm · ℃	7×10^{-4}	8×10^{-4}	8×10^{-4}
유전율	(10^3Hz/10^6Hz)	D150	-	3.2/2.9	4.8/4.3	4.8/4.3
유전정접		D150	-	0.010/0.025	0.009/0.018	0.009/0.018
체적고유저항		D257	Ω · cm	10^{15}	10^{15}	10^{15}
절연파괴전압(3.2mm)		D149	kV/mm	14	17	17
내아크성		D495	sec	124	136	136

9 불소수지

1) 분류 · 종류

일반적으로 불소수지는 분자 중의 탄소에 결합한 불소원자를 갖는 수지를 말하지만 협의적으로는 4불화에틸렌 또는 그 동족체 또는 비닐 모노머류에 의한 중합체, 공중합체를 말한다. 불소수지의 원형이라 할 수 있는 폴리4불화에틸렌(PTFE)은 탄소의 주쇄(主鎖)가 견고하게 결합한 불소원자로 긴밀하게 짜여져 있고, 이러한 분자구조 때문에 유수한 특성을 나타낸다.

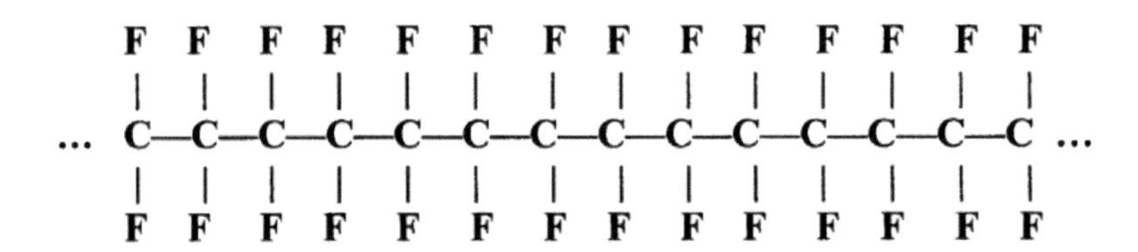

TEFLON ploymer (segment)

PTFE(융점 327℃)는 용융점도가 매우 높고(10^{11}~10^{12}poise) 융점 이상으로 가열해도 유동하지 않기 때문에 일반 플라스틱처럼 사출성형이나 압출성형 등을 할 수 없고, 분말야금(粉末冶金)과 유사한 특수한 성형법을 취해왔다. 그 후에 개발된 FEP(융점 255~280℃)는 융점이 PTFE보다 약 50℃ 낮아졌지만, 용융점도는 크게 내려가서(약 10^4poise) 일반 열가소성수지와 동일한 방법으로 성형가공할 수 있게 되었다.

FEP나 PFA(융점 300~310℃) 등의 열용융 타입의 개발에 의해 복잡한 형태의 제품도 치수정밀도가 정확한 상태에서 대량생산할 수 있고, 또 필름 등의 대량생산도 가능하게 되어 수요의 신장률은 PTFE를 상회하고 있다. 분자구조로 보아 알 수 있듯이 불소수지는 내열성, 내약품성, 비점착성, 윤활성, 내후성, 전기적 성질 등이 매우 우수하고 엔플라 중에서도 특이한 위치를 갖고 있다. 현재 판매되고 있는 불소수지의 종류는 다음과 같이 분류된다.

① 폴리테트라플루오로에틸렌(PTFE)

테트라플루오로에틸렌의 중합에 의해서 얻는다. 성형재료로서는 분말상으로 필러가 없는 것, 들어있는 것이 있다. 또 함침용, 도료용으로 수성현탁체(디스퍼전), 윤활, 이형제용으로 저분자량 PTFE 등이 있다.

② 테트라플루오로에틸렌, 알킬비닐에테르(PFA)

테트라플루오로에틸렌과 플루오로알킬비닐에테르(알킬에테르 : O-CF_3, O-C_2F_5)와의 공중합체로 파우더, 혹은 펠릿형태이다. 일반성형용, 라이닝용, 필름용, 정전도장용 등이 있고 함침, 도료용에 디스퍼전이 있다.

③ 테트라플루오로에틸렌, 헥사플루오로프로필렌 공중합체(FEP)

PTFE 분자쇄 중의 여기저기에 3불화메틸(-CF_3)이 들어있는 구조로 되어 있다. 융점, 유동성을 제외하면 PTFE와 매우 유사하다. 제품형태는 펠릿, 디스퍼전이다.

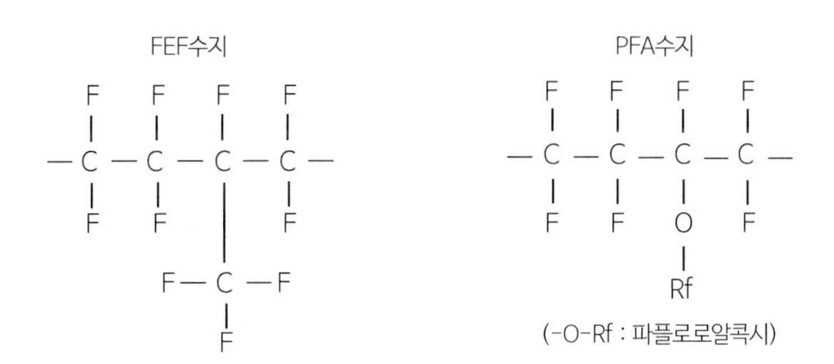

④ 폴리클로로트리플루오로에틸렌(PCTFE)

클로로트리플루오로에틸렌의 중합에 의해 얻을 수 있다. PTFE의 주쇄탄소 1개 간격에 불소원자 중의 하나를 염소로 바꾼 구조로 되어 있다. 이 구조에 의해 유동성과 투명성이 나타난다. 제품형태는 파우더, 알맹이 모양, 펠릿(pellet)으로 되어 있다.

⑤ 테트라플루오로에틸렌 · 에틸렌 공중합체(ETFE)

테트라플루오로에틸렌과 에틸렌의 공중합체에 의해 얻어진다. 제품으로는 일반성형용 내추럴, 강화재 함유, 분체도료용 가루 등이 있다.

⑥ 클로로트리플루오로에틸렌 · 에틸렌 공중합체(ECTFE)

⑦ 폴리비닐리덴플루오라이드(PVDF)

⑧ 폴리비닐플루오라이드(PVF)

2) 제조법

불소수지 제조공정의 대표 예로 PTFE를 그림 112에서 나타낸다. 이 수지들은 불소함유 모노머의 단독 또는 조합에 따라 중합할 수 있다.

중합법으로는 현탁(懸濁)중합법, 유화(乳化)중합법, 용액중합법, 괴상(塊狀)중합법 등이 사용되지만 현탁중합, 용액중합, 괴상중합에 의해 폴리머는 주로 성형용에, 유화중합에 의한 폴리머는 주로 도료용으로 쓰여진다.

표 64는 불소수지의 제조법을 나타낸다.

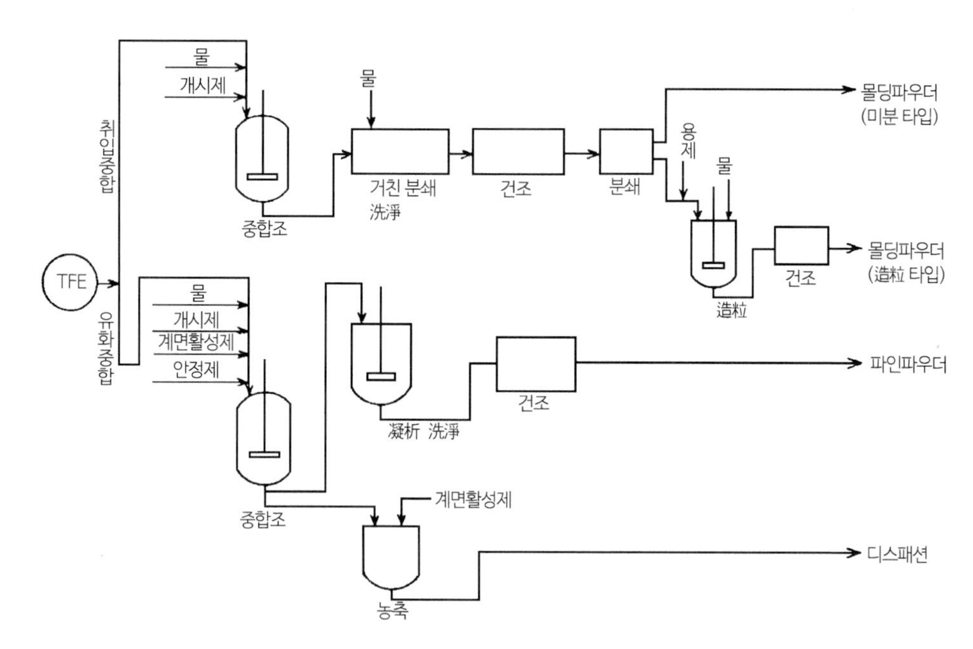

주) 개시제 : 무기, 유기, 과산화물
계면활성제 : $X(CF_2)_nCOOM$(X : F 혹은 H, M : H, 알칼리금속, NH_4)

그림 112 PTFE의 제조과정

표 64 불소수지의 제조법

수지의 종류	조성(모노머)	중합법	분자량(Mn)
PTFE	TFE	현탁중합 (취입중합) 유화중합	10^6~10^7
PFA	TFE PFVE(수%)	유화중합 용액중합	$2\sim3\times10^5$
FEP	TFE(약 85%) HFP(약 15%)	유화중합 현탁중합	$3\sim5\times10^5$
PCTFE	CTFE	괴상중합 현탁중합	$1\sim5\times10^5$
ETFE	TFE Ethylene +α(제3성분)	용액중합 (교호공중합)	1×10^5
PVDF	VDF	유화중합 현탁중합	$3\sim8\times10^5$
PVF	VF	유화중합	$2\sim5\times10^5$

3) 물성 일반

불소수지의 종류와 물성의 관계를 일람표로써 표 65에서 나타낸다.

표 65 불소수지의 특성일람표

	특 성	단위	ASTM 시험법	PTFE	PFA	FEP	PCTFE	PVDF	ETFE	ECTFE
물리적	융점	℃	-	327	310	275	220	171	270	245
	비중	-	D792	2.14~2.20	2.12~2.17	2.12~2.17	2.1~2.2	1.75~178	1.70	1.68~1.69
기계적	인장강도	kgf/cm^2	D638	140~350	280~300	190~220	315~420	390~520	460	490
	신장률	%	D638	200~400	300	250~330	80~250	100~300	100~400	200~300
	압축강도	kgf/cm	D695	120	-	155	320~520	610	500	-
	충격강도(아이조드)	kgf · cm/cm	D256	16.3	파괴되지 않음	파괴되지 않음	13.6~14.7	19.6~21.8	파괴되지 않음	파괴되지 않음
	경도(로크웰)	-	D785	-	-	-	R75~95	R110~115	R50	-
	경도(쇼어)	-	D1706	D50~55	D64	D60~65	-	D80	D75	D55
	굴곡탄성률	10^3kgf/cm^2	D790	3.5~6.3	6.7~7.0	6.7	-	14.0	14	6.7~7.0
	인장탄성률	10^3kgf/cm^2	D638	4	-	3.5	10.5~21	8.0	8.4	-
	동마찰계수	-	7kgf/cm^2 3m/min	0.10	0.2	0.3	0.37	0.39	0.4	-
열적	열전도율	10^4cal/cm · sec · ℃	C177	6.0	6.0	6.0	4.7~5.3	3.0	5.7	3.8
	비열	cal/℃/g	-	0.25	0.25	0.28	0.22	0.33	0.46~0.47	-
	선팽창계수	10^5/℃	D696	10	12	8.3~10.5	4.5~7.0	8.5	9~9.3	8
	볼프레서 온도	℃	-	120	230	170	170	-	185	-
	열변형 온도 18.5kgf/cm^2	℃	D648	55	47	50	-	90	74	77
	열변형 온도 4.6kgf/cm^2	℃	D648	121	74	72	126	132~149	104	116
	최고사용온도(연속)	℃	(무하중)	260	260	200	177~200	150	150~180	165~180
전기적	체적저항률	Ω-cm	D257(50% RH, 23℃)	$>10^{18}$	$>10^{18}$	$>10^{18}$	20×10^{18}	20×10^{14}	$>10^{15}$	10^{15}
	절연파괴강도(단시간)	kV/mm (3.2mm 두께)	D149	19	20	20~24	20~24	10	16	20
	유도율 60Hz	-	D150	<2.1	2.1	2.1	2.24~2.8	8.4	2.6	2.6
	유도율 10^3Hz	-	D150	<2.1	2.1	2.1	2.3~2.7	7.72	2.6	2.6
	유도율 10^6Hz	-	D150	<2.1	2.1	2.1	2.3~2.5	6.43	2.6	2.6
	유전정접 60Hz	-	D150	<0.0002	0.0002	<0.0002	0.0012	0.049	<0.0006	>0.0005
	유전정접 10^3Hz	-	D150	<0.0002	0.0002	<0.0002	0.023~0.027	0.018	0.0008	0.0015
	유전정접 10^6Hz	-	D150	<0.0002	0.0003	<0.0005	0.009~0.017	0.17	0.005	0.015
	내아크성	sec	D495	>300	>300	>300	>360	50~70	72	18

특 성		단위	ASTM 시험법	PTFE	PFA	FEP	PCTFE	PVDF	ETFE	ECTFE
내아크성 그 외	흡수율 24hr	%	D570	0.00	0.03	< 0.01	0.00	0.4	0.029	0.01
	(3.2mm 두께 연소성)	-	(UL94)	V-0	V-0	V-0	V-0	-	V-0	V-0
	Oxygen Index	-	D2863	>95	>95	>95	>95	-	30	60
	직사일광의 영향	-	-	없음	없음	없음	없음	없음	없음	없음
	약산의 영향	-	D543	없음	없음	없음	없음	없음	없음	없음
	강산의 영향	-	D543	없음	없음	없음	없음	발연유산에 침식당함	없음	없음
	약알칼리 영향	-	D543	없음	없음	없음	없음	없음	없음	없음
	강알칼리 영향	-	D543	없음	없음	없음	없음	없음	없음	없음
	용제 영향	-	D543	없음	없음	없음	할로겐 화합물로 약간팽윤	대부분 견딘다	없음	잘견딤

(1) 열적 성질

불소소지는 모두 뛰어난 내열성을 소유하고 PTFE, PFA는 최고연속사용온도 260℃를 나타낸다. 또 저온특성도 매우 좋다. 표 66에 열적 성질을 나타낸다.

표 66 불소수지의 열적 성질

종류	연속최고 사용온도 (℃)	전취법 (보통치) (℃)	비열	열전도율 ($\times 10^4$ cal/sec /cm^2/℃/cm)	연소율 (kcal/g)	열분해 온도 (℃)	인화점/ 발화점 (℃)	용융 적하성
PTFE	260	250	0.25	6.0	1.2	508~538	/530	없음
PFA	260	250	-	6.0	-	464~	-	있음
FEP	200	200	0.28	5.9~6.0	1.8	419~		있음
PCTFE	120	150	0.22	4.7~6.0	-	347~418	-	있음
ETFE	150	150	0.46	5.7	3.3	347~	-	있음
ECTFE	150	-	-	3.8	4.2	330~	-	없음
PVDF	150	120	0.33	3.0	4.4	400~475	-	(없음)
PVF	-	150	0.30	-	-	372~480	-	없음
PVC	60	60	0.20~0.28	3.0~7.0	4.3	200~300	391/454	없음
PE	75	75	0.55	8.0~12.4	11.1	335~450	341/349	있음

(2) 기계적 성질

인장강도의 온도의존성을 그림 113, 114에서 나타낸다. 인장크리프 특성을 그림 115, 116에서 나타낸다.

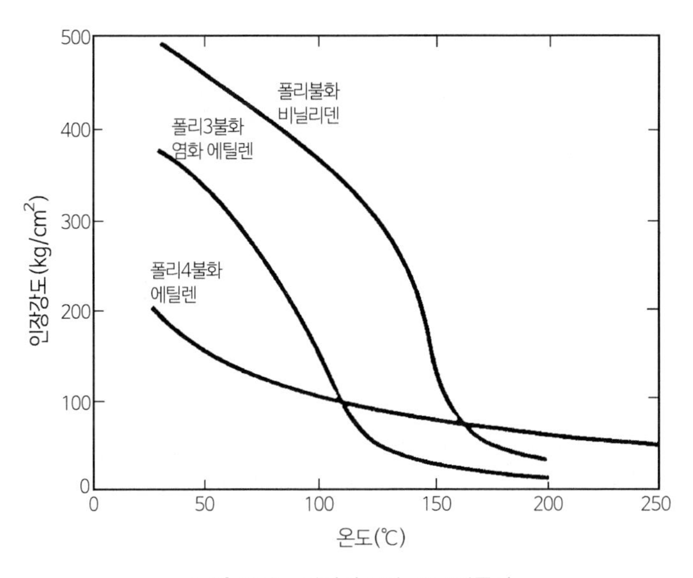

그림 113 인장강도의 온도의존성

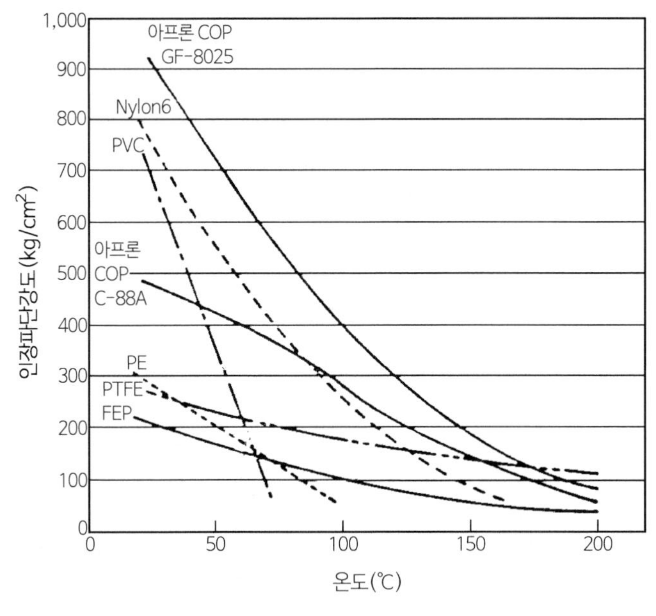

그림 114 인장세기의 온도의존성

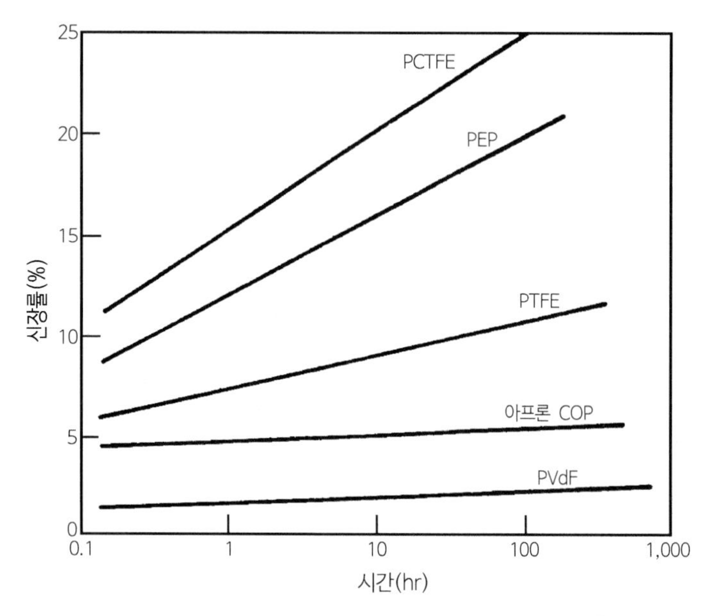

그림 115 불소수지의 인장크리프(100℃, 35kgf/cm²)

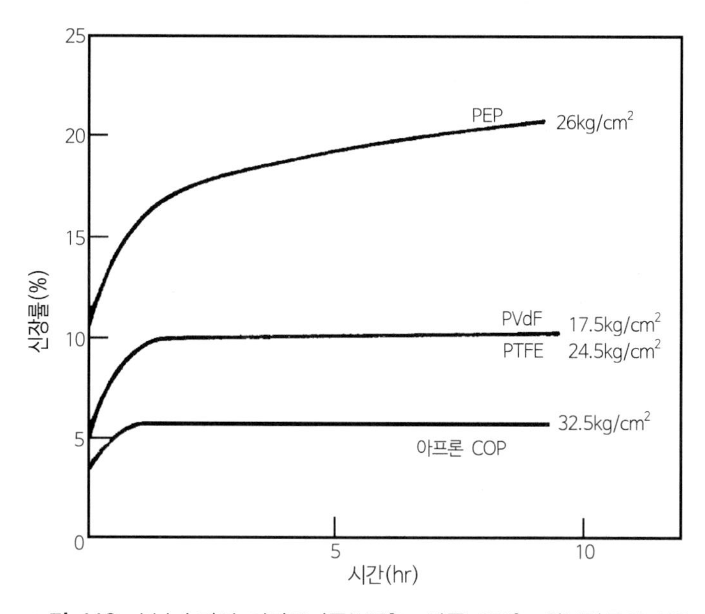

그림 116 불소수지의 인장크리프(150℃, 하중 150℃ 항복강도의 1/2)

(3) 접동특성

마찰 · 마모자료의 한 예를 표 67, 68에 나타낸다. 카본수지 흑연의 첨가에 따라 접동특성은 향상된다.

표 67 PFA 및 FEP의 마찰 · 마모자료

시험재료	속도 m/sec	PV치 $kgf/cm^2 \cdot m/sec$	마모계수* K	동마찰계수 μ_k	운전시간 hrs
PFA (T-340-J)	0.015	0.10	11.3×10^{-4}	0.210	103
	0.05	0.35	13.0×10^{-4}	0.214	
	0.15	1.05	7.0×10^{-4}	0.229	
	0.25	1.75	5.0×10^{-4}	0.289	
FEP (T-100)	0.015	0.10	13.2×10^{-4}	0.341	104
	0.05	0.35	7.8×10^{-4}	0.330	
	0.15	1.05	11.2×10^{-4}	0.364	
	0.25	1.75	5.7×10^{-4}	0.296	

※ 시험조건 : 스러스트 베어링 시험기에 의한 데이터 상대면(강)의 재질 AISI 1018(기계 구조용 탄소강 S17C에 가깝다)
임상 0.4미크론, 경도 HR_C 20 무왕골 실온공기중

* 마모계수 K는 W=KPVT식의 비례상수
W : 마모깊이(cm), P : 하중(kgf/cm^2), V : 속도(m/sec), T : 시간(hr), K의 단위는 $\frac{cm^3 \cdot sec}{kg \cdot m \cdot hr}$

표 68 아프론 COP 및 PTFE의 습동특성

		동마찰계수	마모계수 $mm^3 \cdot sec/kgf \cdot m \cdot hr$	한계 PV치 $kgf \cdot m/cm^2 \cdot sec$
아프론 COP	C-88A	0.53	145×10^{-3}	1.6
	GF-8025	0.44	0.24×10^{-3}	11<
	CF-5020	0.44	0.08×10^{-3}	16
	CF-8011	0.18	0.05×10^{-3}	11
PTFE	내추럴	0.28	52×10^{-3}	1.5
	유리섬유 20%	0.34	0.1×10^{-3}	11<
	흑연 15%	0.30	1.0×10^{-3}	11<
나일론 66		0.5	0.4×10^{-3}	
폴리아세탈		0.32	이상마찰	

(4) 내약품성

유기, 무기약품류에 대해서 지극히 불활성이다. 특히 PTFE, PFA, FEP는 C-C 결합의 주위를 간격 없이 F가 덮인 구조로 되어 있다. 더구나 C-F 결합에너지는 107kcal/몰로 높기 때문에 약품류에 대한 내성은 매우 우수하다. 앞에 적은 수지에 비교한다면 PCTFE, ETFE, ECTFE, PVDF 등은 약간은 뒤떨어진다. 한 예로 PFA, ETFE의 내약품자료를 표 69, 70에 나타낸다.

표 69 테플론 PFA의 내약품성

무기화합물 (168시간 폭로)

약호명	시험온도 (℃)	잔존특성(%)		중량증가 (%)
		인장강도	신장률	
광산				
농염산	120	98	100	0.0
농유산	120	95	98	0.0
불산(60%)	23	99	99	0.0
발열유산	23	95	96	0.0
산화성산				
왕수	120	99	100	0.0
크롬산(50%)	120	93	97	0.0
농초산	120	95	98	0.0
발열초산	23	99	99	0.0
무기염기				
농암모니아수	66	98	100	0.0
가염소다(50%)	120	93	99	0.4
과산화물				
과산화수소(30%)	23	93	95	0.
할로겐				
취소	23	99	100	0.5
취소	59*	95	95	데이터 없음
염소	120	92	100	0.5
급속염수용액				
염화철(25%)	100	93	98	0.0
염화아연(25%)	100	96	100	0.0
기타 무기화합물				
염화슬필	69*	83	100	2.7
클로로설폰산	151*	91	100	0.0
농인산	100	93	100	0.0

* 비점 특성의 변화 15% 이내는 무시할 수 있음. 유기화합물 데이터 없음

약호명	시험온도 (℃)	잔존특성(%)		중량증가 (%)
		인장강도	신장률	
산/부수물				
빙초산	118*	95	100	0.4
무수초산	139*	91	99	0.3
3염화초산	196*	90	100	2.2
지방족탄화수소				
이소옥탄	99*	94	100	0.7
나프타	100	91	100	0.5
광유	180	87	95	0.0
톨루엔	110*	88	100	0.7
관기능을 갖는 방향족				
O-크레졸	191*	92	96	0.2
니트로 벤젠	210*	90	100	0.7
알콜				
벤딜알콜	205*	93	99	0.3
아민				
아닐리	185*	94	100	0.3
n-부틸아민	78*	86	97	0.4
에틸렌다이아민	117*	96	100	0.1
에텔				
테트라히드라프탄	66*	88	100	0.7
케톤알데히드				
벤조알데히드	179*	90	99	0.5
시클로핵사논	156*	92	100	0.4
메틸에틸케톤	80*	90	100	0.4
아세트페논	202*	90	100	0.6
에스테르				
메틸프탈레이트	200	98	100	0.3
n-부틸아세테이트	125*	93	100	0.5
트리n-부틸러스페트	200	91	100	2.0
염화화용제				
메틸클로라이드	40*	94	100	0.8
파클로로에틸렌	121*	86	100	2.0
4연화탄소	77*	87	100	2.3
폴리머용제				
디메틸포름아미드	154*	96	100	0.2
디메틸설폭사이드	189*	95	100	0.1
다이옥산	101*	92	100	0.6

*비점 특성의 변화 15% 이내는 무시할 수 있음.

표 70 아프론 COP의 내약품성

산 알칼리			유기산 용제기타		
약품명	농도 (wt%)	사용한계온도 (℃)	약품명	농도 (wt%)	사용한계온도 (℃)
유산	25	105	의산	100	80
유산	50	120	초산	10~100	80
유산	70	120	크롬 초산	10, 50	80
유산	95	140	트리크롤 초산	50	100
초산	5	60	낙산	50	100
초산	60	50	유산	100	80
인산	85	100	지방산	100	100
5산화인	100	80	주석산	100	90
염산	5	100	구연산	100	40
염산	20	90	수도수	-	120
염산	35	80	순수 · 해수	-	120
차아염소산소다	유효염소 12	80	아세톤	100	100
과염소산	30	50	벤젠	100	100
크롬산	5	100	4염화탄소	100	100
크롬산	10	100	클로로포름	100	100
크롬산	50	100	염화에틸렌	100	100
시안화수소산	10	100		100	120
불산	10	60	도금액	-	120
불산	50	60	염소가스	(Dry)	100
취화수소산	40	80	염소가스	(Wet)	70
수산화암모늄	25	100	아유산가스	(Dry)	120
수산회칼슘	25	120	아유산가스	(Wet)	120
수산화칼륨	25	120	과산화수소	35	50
수산화나트륨	10	100	2산화염소	15	80
수산화나트륨	48	120	차아염소산칼슘	10	100

※이 표는 라이닝 강관에서의 데이터이다.

(5) 전기적 성질

그림 117, 118에 유전율, 유전정접의 주파수의존성을 나타낸다. PTFE, PFA, FEP는 극성이 매우 작기 때문에 넓은 주파수 영역과 온도범위로 안정된 유전율, 유전정접을 나타낸다. PVDF는 매우 특이한 성질을 갖고 있다. 유전율이 매우 크기 때문에 소형 콘덴서용 필름에 적합하다.

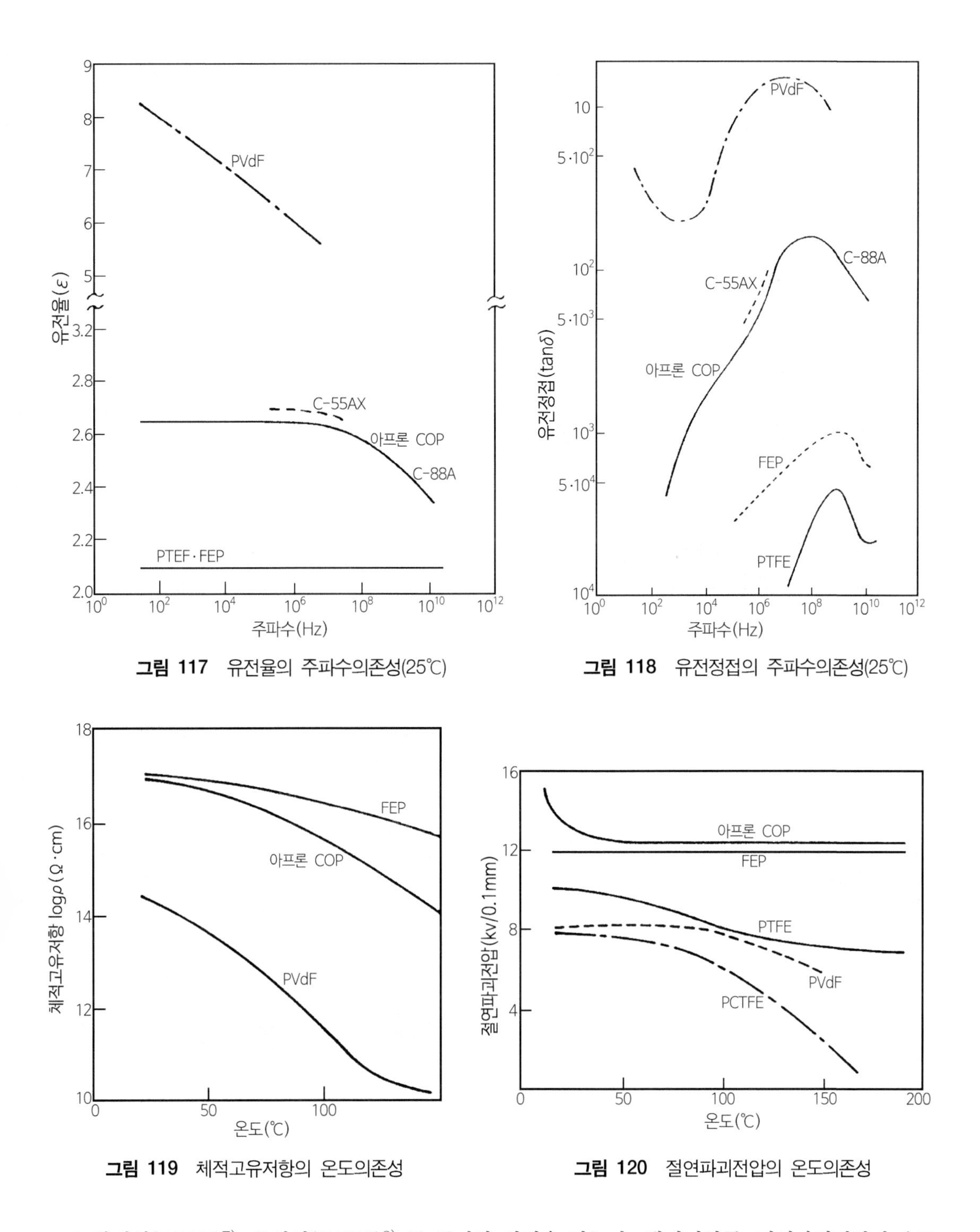

그림 117 유전율의 주파수의존성(25℃)

그림 118 유전정접의 주파수의존성(25℃)

그림 119 체적고유저항의 온도의존성

그림 120 절연파괴전압의 온도의존성

또 압전성(壓電性)[7], 초전성(焦電性)[8] 등 특이한 성질을 갖는다. 체적저항률, 절연파괴전압과 온도

7) 압전성(壓電性) : 역학적인 힘을 가할 때 기전력이 일어나거나 전압을 가할 때 역학적인 힘이 일어나는 성질
8) 초전성(焦電性) : 온도가 변하면 전기 분극(分極)이 생기는 성질, 열에너지를 전기에너지로 변환하는 성질

의 관계를 그림 119, 120에 나타낸다.

4) 특징

- 연속최고 사용온도가 매우 높다.
- 불연성이다.
- 저온특성이 우수하다.
- 내화학약품성이 우수하다.
- 전기적 특성이 우수하다.
- 비점착성이다.
- 기계적 특성이 우수하다(유연성이 있는 수지).
- 저마찰 특성을 갖고 있다(고체 중 최소의 마찰계수).
- 내후성이 우수하다.

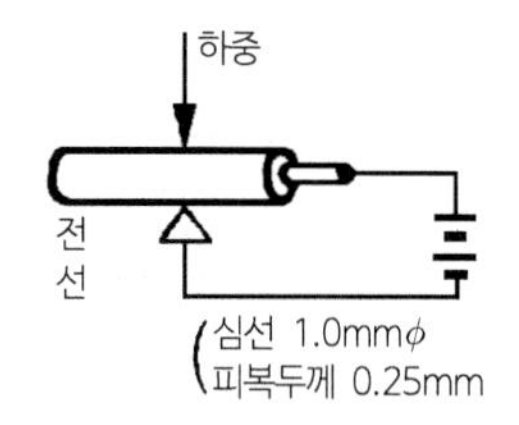

커트슬 저항시험법

불소수지는 종류가 많으므로 사용에 맞게 표 71을 기준으로 하는 것이 좋다. 커트슬 저항은 전선 피복재료로서 사용할 경우 내 크리프성과 전기절연성을 포함한 전기적 성능평가법의 하나이다. 커트슬 저항은 샤프에지에 피복전선을 얹고 그 위에 물체를 얹어서 하중을 가해서 30분 이상 절연을 계속 유지하는 최대 하중을 나타낸다. 커트슬 저항의 온도의존성을 그림 121에 나타낸다.

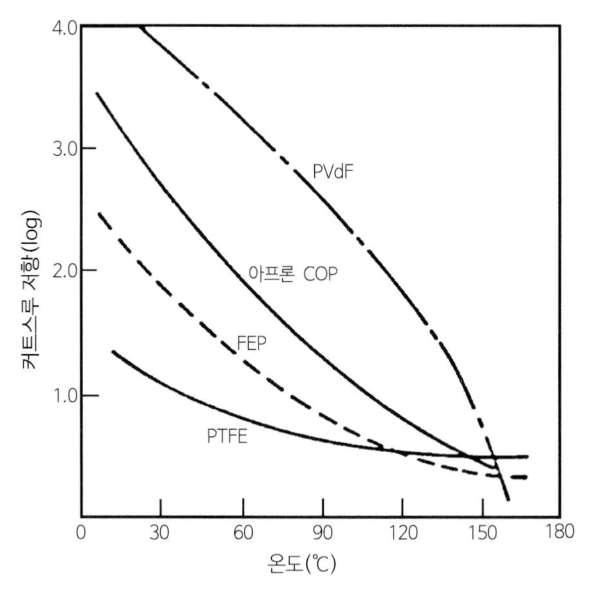

그림 121 커트슬 저항의 온도의존성

표 71 불소수지의 선택기준(특성비교)

성질 \ 수지		PTFE	PFA	FEP	PCTFE	ETFE	ECTFE	PVDF	PVF (필름)	나일론 6	폴리프로필렌	폴리염화비닐 [경(硬)]
내열성(상용, ℃)		260	260	200	150	150	(150)	150	(100)	80～120	80～120	60
전기적 성질		◎	◎	◎	○	◎	◎	○	△	△	◎	△
난연성[1] (O.I%)		95<	95<	95<	95	30	60	43	23	24	18	45
기계적 성질		△	△	△	○	○	○	○	○	◎	○	○
저마모성		◎	○	◎	△	△	△	△	△	△	△	△
내약품성	산	◉	◉	◉	◎	◎	◎	○	△	×	○	○
	알칼리	◉	◉	◉	◎	◎	◎	△	△	×	○	○
	용제	◉	◉	◉	○	◎	◎	△～×	△	×	△	△
비점착성		◎	◎	◎	○	○	○	△	○	×	○	×
내후성		◎	◎	◎	◎	◎	◎	◎	◎	×	×	×
투명성[2]		△	○	○	○	△	△	△	△	△	△	○
성형성		△	○	○	○	◎	◎	◎	-	◎	◎	◎
비중		2.17	2.15	2.15	2.13	1.73	1.70	1.76	1.38	1.13	0.90	1.35

비고) 기호는 다음과 같이 한다.
◉◎ : 매우 우수하다, ○ : 우수하다, △ : 사용가능, × : 사용불가
주) 1) O.I : 한계산소지수(Vol %), 수치가 큰 만큼 난연성도 크다.
2) 얇은 성형품의 경우

5) 용도

(1) PTFE

① 몰딩 파우더 : 불소수지의 대표적 품종은 PTFE이다. 그 중에서도 한층 더 원료수지의 개량, 가공기술이 진전되고 수요도 패킹, 개스킷, 밸브시트, 베어링, 전기부품 등 폭넓게 사용되고 있다.

② 파인 파우더 : TFE의 유화중합에 의해 얻어진 디스퍼전을 응석해서 얻어진다. 성형법으로서 페이스트 압출, 압연, 연신가공 등이 사용되며, 나사실(seal)용 생테이프나 튜브의 성형 그리고 전선피복에도 활용되고 있다. 파인 파우더의 특성을 활용한 대구경파이프나 다공질막으로서의 용도도 넓어지고 있다.

③ 디스퍼전, 에나멜 : 디스퍼전은 평균입자 크기가 0.2～0.4μm의 PTFE 미립자를 수중에 분산한 것으로 석면, 유리직포, 소결(燒結)합금 등의 다공질 물질에 함침(含浸)[9]해서 기밀성과 윤

9) 함침(含浸) : 가스나 액체로 된 물질을 물체 안에 침투하게 하여 그 물체의 특성을 사용 목적에 따라 개선하는 것. 삼투(滲透)라고도 한다.

활성을 갖게 하고 또는 점착방지의 목적 등에 사용된다. 공기막구조의 텐트재 등에서는 유리섬유의 직포에 이 디스퍼전을 함침해서 소결(燒結)[10]한 것이다. PTFE의 디스퍼전을 기본재료로 한 수성코팅 도료는 가정용 프라이팬에서 각종 산업기기까지 내열, 내한성에서 비점착성, 저마찰계수를 가진 도막을 형성한다.

④ 충전제 함유 : 유리섬유, 카본섬유, 청동, 흑연 등의 분말을 PTFE에 분산해서 PTFE의 내압축크리프특성이나 내마모성 등이 부족한 특성을 보강한 형으로 사용된다. 용도는 거의 기계적 사용에 이용된다.

(2) FEP

전선피복이나 필름으로 주로 사용되고 있다. 옥내나 지하케이블의 난연화 필요에 의하여 FEP, ECTFE 등의 사용이 증가되고 있다.

(3) PFA

PTFE에 필적하는 특성을 갖고 더욱이 복잡한 형상의 것도 쉽게 열용융성형을 할 수 있다. 종래는 가격이 비쌌기 때문에 용도가 한정되었지만, 첨단기술산업의 하나인 반도체 산업분야에서 급속히 사용되게 되었다(반도체웨어 바스켓 등).

(4) ETFE

기술저항 등의 기계적 강도, 전기절연성, 내방사선 등이 우수하고 가공성도 좋기 때문에 주로 전선피복재료로서 사용되고 있다. 컴퓨터의 기내배선이나 원자력발전소의 원자로 제어관계의 케이블 등으로의 이용이 진전, 확대되고 있다.

(5) PVDF

PVDF는 기계적 강도가 크고 내마모성에 우수하고 가스 배리어성도 좋다. 그 때문에 화학분야에서의 밸브본체나 펌프 등의 성형품이나 라이닝으로 사용된다. 강한 절연내력과 더불어 큰 커트슬 및 마모에 대한 저항성을 지닌 것에서 컴퓨터용 후크업 와이어, 항공기 및 미사일에서의 접속전선, 공업용 제어전선 등의 기기전선으로 이용되고 있다. 유전율이 크고 필름에 분극처리를 하는 것에 의하여 압전성이 생기는 것이므로 고분자압 전체로서의 주목을 모으고 있다. 용도로는 마이크로폰이나 스피커, 압전스위치 등이 있지만 초음파 탐촉자, 의료기계 등에서의 응용도 검토되고 있다.

(6) PCTFE

기계적 강도, 광학적 성질이 우수하고 극저온에서의 치수안정성, 내충격성이 우수하다. 이 때문에 고압용 개스킷, 투명성이 필요한 배관이나 레벨 게이지 그리고 LNG 기지(基地)라든가 LNG 수송탱커의 배관·밸브의 밀봉 재료 등에 사용되고 있다. 또 수증기, 산소, 질소의 투과율이 작은 성질을

10) 소결(燒結) : 분체를 가열하였을 때 분체 입자간에 결합이 일어나는 현상

이용해서 화학약품, 생물시료, 의약품의 보존수송용 백(bag), 의료용기구 · 정밀기계기구 등의 포장필름 등으로도 계속 이용된다.

(7) PVF

PVF는 보통 필름형태로 판매되고 있다. 이 필름은 금속, 목재, 플라스틱 등에 맞서서 외장 또는 내장건재, 지붕표면재 등으로 사용되고 있다.

6) 제조사(메이커)

현재 판매되고 있는 종류 메이커, 상품명을 표 72에 나타낸다.

표 72 불소수지의 종류, 상품명, 메이커

<table>
<tr><th>불소수지의 종류</th><th>상품명</th><th>제조회사명</th></tr>
<tr><td>폴리테트라
플루오로에틸렌
(PTFE)</td><td>Algoflon
플루온~Fluon
Halon TEF
Hostaflon
플로프론 TFE
테플론 TFE~Teflon TFE</td><td>Montefluos
구 플로로폴리어 ICI
Allied Fibers & Plastics
Hoechst
다이킨공업
미쓰이(三井)듀폰플로로케미칼~DuPont</td></tr>
<tr><td>폴리클로로
트리플루오로에틸렌
(PCTFE)</td><td>다이프론 CTFE
Kel-F
Aclon CTFE
Voltalef</td><td>다이킨공업
3M
Allied Fibers & Plastics
ATOCHEM</td></tr>
<tr><td>폴리비닐리덴
플루오라이드
(PVDF)</td><td>Dyflor
Foraflon
KF 폴리머
Kyner
Solef</td><td>Dynamit Nobel
ATOCHEM
쿠레하(吳羽)화학공업
Penwalt Chemicals
Solvay</td></tr>
<tr><td>폴리비닐플루오라이드
(PVF)</td><td>Tadlar</td><td>DuPont</td></tr>
<tr><td>테트라플루오로에틸렌
헥사플루오로프로필렌
공중합체(FEP)</td><td>네오프론 FEP
테플론 FEP~Teflon FEP</td><td>다이킨공업
미쓰이(三井)듀폰플로로케미칼~DuPont</td></tr>
<tr><td>테트라플루오로에틸렌
에틸렌 공중합체
(ETFE)</td><td>아프론 COP
Hostaflon ET
Tefzel
네오프론 ETFE</td><td>아사히글라스(旭硝子)
Hoechst
DuPont
다이킨공업</td></tr>
</table>

불소수지의 종류	상품명	제조회사명
테트라플루오로에틸렌 퍼플루오로알킬비닐 에틸렌 공중합체(PFA)	Hostaflon PFA 테플론 PFA~Teflon PFA 네오프론 PFA	Hoechst 미쓰이(三井)듀폰플로로케미칼~DuPont 다이킨공업
클로로트리플루오로 에틸렌 중합체(ECTFE)	Halar	Allied Fibers & Plastics

7) 가격(일본 엔화 기준)

PTFE 3,000~3,500엔/kg
FEP 5,200~6,000엔/kg
PFA 8,000엔/kg
PETFE(내추럴) 5,000~5,500엔/kg
PETFE(카본수지들) 6,200엔/kg
PETFE(정전도장용) 11,000~12,000엔/kg
PVDF 4,000엔/kg

8) 생산량, 출하량

그림 122에 일본에서의 불소수지 수요동향, 표 73에서 공급상황을 나타낸다.

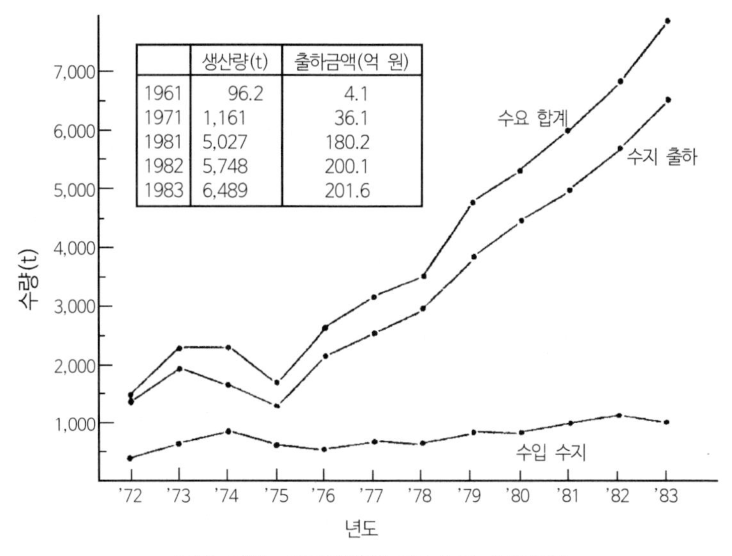

그림 122 일본에서의 불소수지 수요동향

불소수지의 수요량을 아래에 나타낸다. 수요동향은 품목별로는 파이프류, 튜브류, 테이프류, 수지 함침제품 등의 증가가 크고, 수요분야별로 보면 화학기계 및 그 밖의 일반기계 계통의 증가가 주목을 끌고 있다. 그러나 통신기기를 포함한 전기 · 전자기기가 차지하는 구성비율은 여전히 크다.

표 73 일본에서의 불소수지 공급상황 (단위 : t)

년차	일본내출하량	수입량	공급량합체	공급량전년도비(%)
1969	1,089	169	1,258	141
1970	1,202	352	1,554	124
1971	1,101	269	1,370	88
1972	1,286	349	1,635	119
1973	1,883	630	2,513	154
1974	1,597	892	2,489	99
1975	1,145	565	1,710	69
1976	2,116	550	2,666	156
1977	2,550	694	3,244	122
1978	2,969	615	3,584	110
1979	3,882	871	4,753	133
1980	4,513	844	5,357	113
1981	5,027	1,057	6,084	113
1982	5,748	1,074	6,822	112
1983	6,569	1,031	7,600	111
1984	(4,833)	(640)	(5,473)	(144)

(　) 안의 수치는 1~6일의 반년간의 값
출처 : 일본불소수지공업회

9) 대표적 판매제품의 물성자료

불소수지의 종류와 물성자료는 표 74를 참조하기 바란다. 표 74에 〈테플론〉, 표 75에 〈아프론 COP〉 그레이드를 기록한다. 그 밖의 메이커에 있어서도 마찬가지로 용도에 알맞은 많은 그레이드를 갖추고 있다.

표 74 테플론의 명칭일람

종류	형태	그레이드	성형법	대표적 성형품
TFE 수지	몰딩 · 파우더	테플론 7-J	압축	비레트 · 다이어프램
		테플론 7A-J	압축	절삭테이프용중형 · 대형비레트
		테플론 800-J	압축 · 자동 · 램압축 · 액압	각종 성형품 · 지름이 큰 둥근막대기
		테플론 820-J	압축 · 자동 · 램압출 · 액압	각종 성형품 · 지름이 큰 둥근막대기
		테플론 914-J	램압출	지름이 작은 둥근막대기

종류	형태	그레이드	성형법	대표적 성형품
TFE 수지	충전제 함유 몰딩 · 파우더	테플론 1103-J, 1603-J(15%Gl)	1100시리즈는 압축	각종 성형품 · 둥근봉
		테플론 1104-J, 1604-J(20%Gl)	1600시리즈는 압축 · 램압출	
		테플론 1105-J, 1605-J(25%Gl)		㈜ Gl는 유리섬유 Gr는 흑연 Br는 청동 MoS_2는 2유화몰리브덴 C/Gr는 카본과 흑연 CF 카본섬유
		테플론 1123-J, 1623-J(15%Gr)		
		테플론 1146-J, 1646-J(60%Br)		
		테플론 1171-J, 1671-J(20%Gl) (5%Gr)		
		테플론 1174-J, 1674-J(15%Gl) (5%MoS_2)		
		테플론 1191-J, 1691-J(25%C/Gr)		
		테플론 1192-J, 1692-J(33%C/Gr)		
		테플론 1197-J, 1697-J(10%CF)		
	파인 · 파우더	테플론 6-J	페이스트 압출	실용 생테이프, 지름이 작은 둥근막대기 · 튜브 · 전기피복 전선용 생테이프 · 튜브
		테플론 6C-J	페이스트 압출	
		테플론 62-J	페이스트 압출	
	디스퍼전	테플론 30-J	함침 · 유리코팅	테플론 ^{R}함침어스베스트 패킹 테플론 ^{R}코팅유리크로스
PFA 수지	펠릿	테플론 340-J	사출 · 스크류 압출 압출 · 트랜스퍼 · 블로우	웨어캐리어 전선 · 각종 성형품 각종 라이닝 제품 · 내압 호스 · 파이프 · 보틀
		테플론 345-J		
		테플론 350-J		
		착색용 펠릿(10색)		
	파우더	MP-10	정전도장	복사기용 가열 롤러 · 식품공업용 부품 팬가열케이스 등의 코팅
		MP-102	정전도장	
FEP 수지	펠릿	테플론 ^{R}100	스크류 압출	전선피복 · 튜브
		테플론 ^{R}110	사출 압출	전자부품
		테플론 ^{R}140	스크류 압출	전선피복 · 튜브
		테플론 ^{R}160	트랜스퍼 스크류 압출	각종 라이닝 제품 · 두께 시트
		착색용 펠릿(10색)		
	디스퍼전	테플론 ^{R}120	코팅	테플론 ^{R}코팅 유리크로스
EPE 수지	펠릿	테플론 ^{R}9800-J	스크류 압출	전선피복 · 튜브
		테플론 ^{R}9805-J	트랜스퍼 스크류	각종 라이닝제품

■ **특수품**

종류	형태	그레이드	
TFE 수지	파우더	테플론 ®K10-J	방진 프로세스용 미국 파쇼우케미컬 사의 특허 (미분말로 혼합하여 가루가 날리는 것을 방지한다.)
	디스퍼전	테플론 ®K20-J	
	파우더	TLP-10 TLP-10F-1	고체윤활분(다른 수지 · 그리스 · 잉크 등에 첨가하면 마찰마모 특성을 개선할 수 있다.)
PFA 수지	필름	LP타입(무처리) CLP타입(평면접착가능)	치수 : 두께 13μ~2.3mm 최대폭 - 얇은 제품 1,470mm - 두꺼운 제품 1,270mm
FEP 수지	필름	A타입(무처리) C타입(평면접착가능) C20타입(양면 접착가능) L타입(라이닝용)	치수 : 두께 25μ~2.3mm 최대폭 - 얇은 제품 1,470mm - 두꺼운 제품 1,270mm
	연수축 튜브	롤커버	치수 : 피복가능한 롤 지름 25mmϕ~307mmϕ - 길이 1.8m~6m(표준재고품 1.8m, 3m) - 두께 0.5mm

표 75 아프론 COP의 명칭과 물성치의 일람

그레이드	조 성	성형법 및 목적
C-55A C-88A	내추럴	일반사출, 압출성형
C-55AX C-88AX	내추럴	일반사출, 압출, 블로우 성형 (내스트레스크랙 개량 그레이드)
C-780	내추럴	일반사출 압출성형(내열노화 개량 그레이드)
GF-8025	유리섬유 25%	사출성형
GFB-8050	유리섬유 25% 글래스비즈 25%	사출성형
CF-5020	카본섬유 20%	사출성형
CF-8011	카본섬유 10% 2유화몰리브덴 10%	사출성형(섭동 그레이드)
Z-8820	내추럴 20μ 입자지름	정전분체도장(막두께 30~50μ)
Z-885A	내추럴 50μ 입자지름	정전분체도장(막두께 50~150μ) 유동침전도장(막두께 50~400μ)
ZL-520 ZL-521	카본섬유 20% 카본섬유 5%	정전분체도장(막두께 ~1,000μ 겹쳐바름) ZL-520상(上) 도장
ZH-885B	특수 충전재료 함유	정전도장(하드코트)
CLD-10~100	컬러 마스터배치	일반사출, 압출착색용(10색)

	ASTM	단위	C-88A	C-55AX	GF-8025	GFB-8050	CF-5020	CF-8011
비중	D792	-	1.74	1.73	1.86	2.0	1.71	1.83
융점		℃	267	258	267	267	258	267
인장강도	D638	kgf/cm^2	480	500	900	530	570	450
인장신장도	D638	%	430	420	11	2.0	16	21
굽힘강도	D790	kgf/cm^2	210	300	1,200	920	660	-
굴곡탄성률	D790	kgf/cm^2	9.3×10^3	11×10^3	56×10^3	64×10^3	32×10^3	18.5×10^3
로크웰 경도	D785	R scale	50	61	85	93	68	77
아이조드 충격강도	D256	(노치있음) kgf · cm/cm	파괴되지 않음	파괴되지 않음	48	22	38	18
마모계수 ($P=3.4kgf/cm^2$, V=0.8m/sec)	-	cm^3 · min/kg · m · hr	2.4×10^{-3}	-	1.33×10^6	-	1.33×10^6	0.83×10^6
동마찰계수	-	-	0.53	-	0.44	-	0.44	0.18
선팽창계수	D696	10^{-5}/℃	9.4	-	2.0	1.67	3.0	4.0
열변형온도 ($18.6kgf/cm^2$)	D648	℃	67	-	230	216	89	102
연소성	UL-94	-	V-0	V-0	V-0	V-0	V-0	V-0
연속사용온도	-	℃	180	180	180	180	180	180
내약품성	-	-	우수	우수	좋음	좋음	우수	좋음
체적고유저항	D257	Ω · cm	10^{17}	10^{17}	10^{16}	6×10^{14}	-	-
유전율(10^6Hz)	D150	-	2.6	2.7	3.2	4.1	14.1	-
유전저항(10^6Hz)	D150	-	0.005	0.006	0.006	0.0098	3.9	-
내아크성	D495	sec	120	120	-	-	0	0
성형수축률 (유동성방향)	-	cm/cm	0.036	0.036	0.0024	0.002	0.0085	0.0027

(재단법인 전력중앙연구소)

10 열경화성 엔지니어링 플라스틱

1) 분류 · 종류

(1) 페놀계(Phenol)

페놀과 포름알데히드 또는 동족체의 반응에 의해 얻는 수지를 말한다. 크게 나누면, 노볼락(Novolak)형과 레졸(Resol)형이 있다. 둘다 반응조건에 의해 생성수지의 구조를 달리하기 때문에 이후의 취급을 달리한다. pH값이 작은 산성측에서는 부가반응과 동시에 축합반응도 잘 진행하고 메틸기가 적은 비교적 긴 쇄상분자의 수지가 생성된다. 이것이 노볼락 수지이고, 일반식으로 다음과 같다.

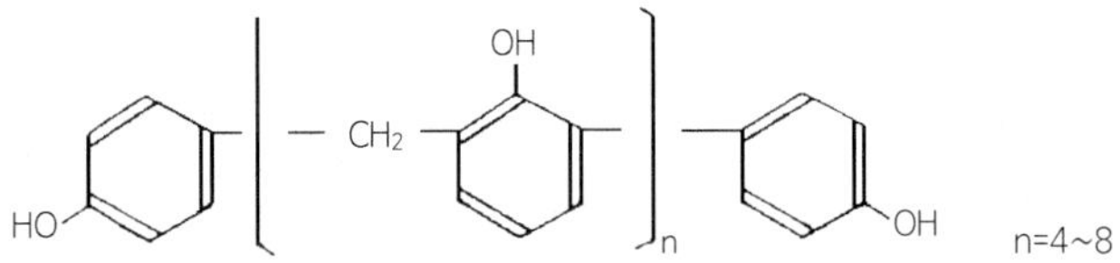

HO, $-CH_2-$, OH, OH, n, n=4~8

한편 pH값이 큰 알칼리성 측에서는 축합반응이 억제되고 부가반응이 왕성하여, 모노알코올, 디알코올 이외에 다음과 같은 메틸기에 풍부한 분자량이 작은 유도체의 혼합물을 생성한다. 이것이 레졸 수지이다.

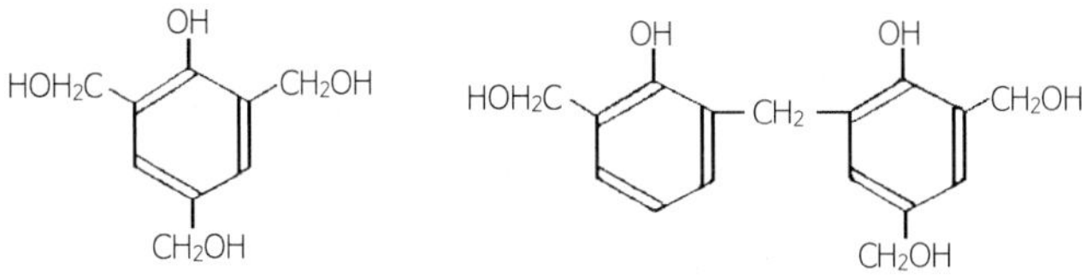

OH, HOH_2C, CH_2OH, CH_2OH　　OH, OH, HOH_2C, CH_2, CH_2OH, CH_2OH

노볼락 수지는 가열해도 그대로 경화하지 않는다. 경화제는 헥사메틸렌테트라민을 첨가 혼합해서 가열처리를 해야만 비로소 경화된다. 여기에 비해 레졸 수지는 가열에 의해 가교반응이 진행되고 경화된다. 보통 노볼락 수지는 융점 70~100℃의 고형물로서 얻게 되고 레졸 수지는 수용액으로서 얻을 수 있다. 따라서 성형재료에는 노볼락 수지가 사용되고 함침(含浸), 접착 등에는 레졸 수지가 사용되는 경우가 많다.

(2) 에폭시계(Epoxy)

에폭시 수지는 종류가 매우 많다. 그 중 가장 많이 사용되는 것은 디글리시딜에테르 비스페놀A(DGEBA)이다. 구조식은 다음과 같이 n=1이 약간 점도가 낮은 액체, n의 증가에 따라서 점도는 증대되고 고체로 된다. 에폭시 수지는 평균분자량을 옥시란 기의 수(數)로 남겨서 에폭시 해당량으로 표시한다. DGEBA의 구조식은 다음과 같다.

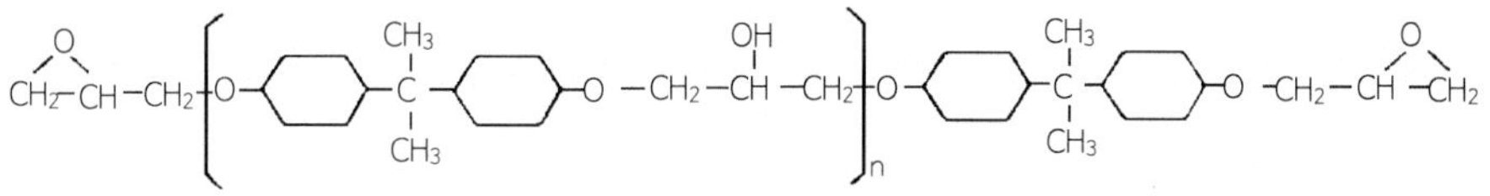

에폭시 수지만으로는 가열해도 경화되지 않는다. 경화제 혹은 경화촉매를 첨가 혼합해야만이 열경화된다. 따라서 경화제, 경화촉매의 종류에 따라서 경화물의 성질은 다르다. 경화제는 1급 또는 2급 폴리아민, 산무수물(酸無水物)이 대표적인 것으로 경화촉매는 옥시란 개환중합의 개시제인 것이다. 예를 들면 이미다졸류 BF_3가 있다. 경화제의 첨가량에 대해서는 에폭시 당량과의 화학량론적 관계에서 최적량을 결정한다. 경화제 배합에서 제일 주의해야 할 점은 배합 후의 반응의 진행이다. 점차로 점도가 상승하고 유동특성이 변화하여 결국은 사용할 수 없게 된다. 이 점을 염두해두어 미리 충분한 검토를 해두는 것이 중요하다.

(3) 실리콘계(Silicone)

실리콘은 그 성질과 상태에 의해 오일, 고무 및 수지의 3가지 기본형으로 분류할 수 있다. 이것들의 성질, 상태와 분자구조의 사이에는 대단히 훌륭한 대응관계를 볼 수 있다. 실리콘 오일은 그림 123에서 나타낸 것처럼 쇄상(鎖狀) 분자구조를 갖고 있다.

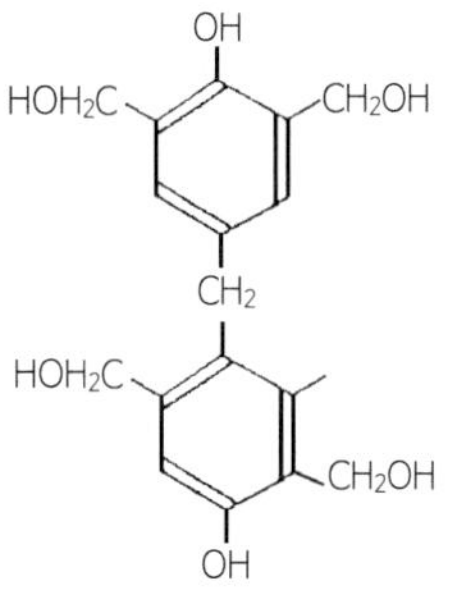

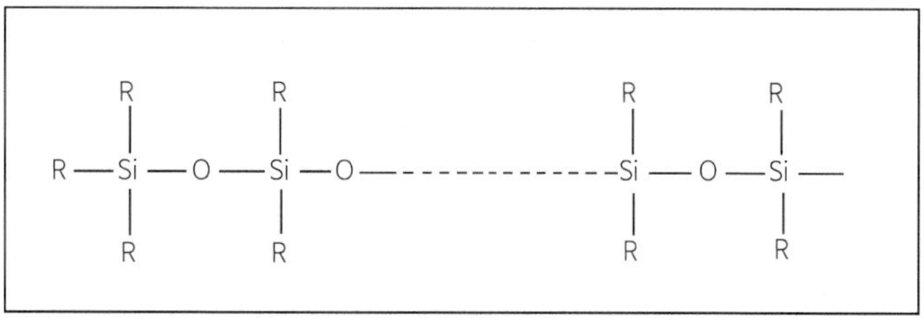

R은 주로 메틸기(CH_3)로 그 외에 페닐기(C_6H_5)
장쇄(長鎖)알킬기(C_nH_{2n+1}), 트리플루오로프로필기($CF_3CH_2CH_2$) 등

그림 123 실리콘 오일의 분자구조

이 분자의 골격을 형성하고 있는 것이 실록산 결합으로 이 결합이 2개 이상 연속해서 되어 있는 구조를 가진 분자의 집합체에서는 하나하나의 분자가 독립해 있기 때문에 상호간에 자유롭게 회전할 수 있고, 외관적으로는 유동성, 즉 액체의 성질을 나타내게 된다.

실리콘 고무(silicone rubber)는 그림 124처럼 망상(網狀) 구조의 분자에서 만들어졌다. 그리고 이 망의 결합문(가교점)의 수는 보통 수백 개의 R_2SiO마다 1개의 느슨한 구조로 되어 있다. 이 같은 구조에서는 실리콘 오일과 달라서 분자쇄가 상호 이동할 수 없기 때문에 유동성은 잃게 되지만, 분자의 자유도는 더욱 커지므로 신축할 수 있고 고무의 성질과 상태를 나타내게 된다. 이와 같은 고무의 구조를 만드는 방식에는 크게 분류해서 두 종류가 있다.

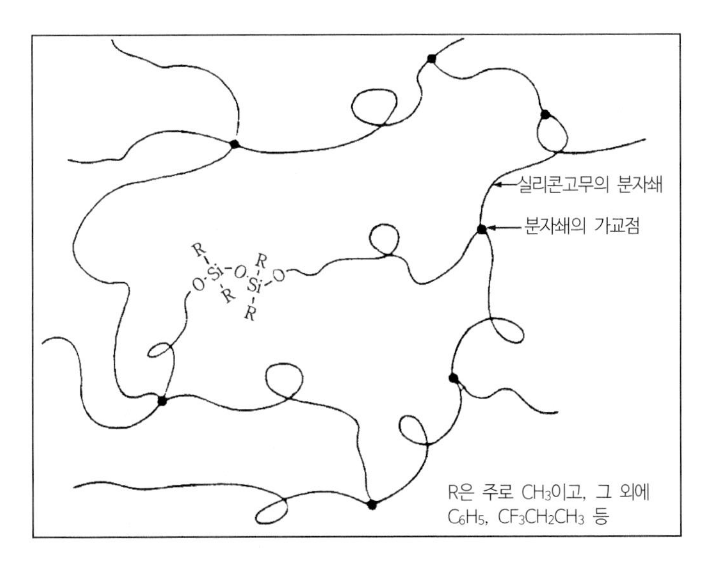

그림 124 실리콘 고무의 분자구조

하나는 앞에 기술한 실리콘 오일의 분자를 극단적으로 길게 한 퍼티모양의 폴리머(중합도 5,000~10,000으로 실리콘 생고무라고 한다)에 유기산화물 등을 배합, 가열해서 가교시킨 미러블형 실리콘 고무(열가류형 실리콘 고무)로 불려지는 타입이다. 또 하나는 말단에 활성기를 가진 실리콘 오일(용액실리콘 고무용 폴리머)에 가교제를 첨가해서 실온하에서 또는 자외선 자극에 의해 가교된 액상 실리콘 고무 타입이다(종래, RTV 실리콘 고무라고 총칭되었다). 실리콘 고무는 거의가 실리카 등의 충전제를 배합한 복합물로 실용적으로 공급되고 있다.

고무의 가교를 점차로 늘려가면 분자의 자유도가 낮아지고 신축이 어렵게 되어 경화된다. 이 가교밀도를 극단적으로 높인 것을 실리콘 수지라고 한다. 수지의 경우는 고무와 달라서 직쇄상 분자를 나중에 가교하는 것이 아니라 가교하기 쉬운 구성단위를 처음부터 선택해서 그림 125와 같은 구조로 되어 있다. 이것은 불용불융성이지만, 이 가교가 미완성으로 가용성의 단계의 것을 용제에 녹인 것이 실리콘 바니시(Varnish, 와니스)이고, 착색안료를 배합한 것이 도료, 무기충전제를 다량으로 배합해서 가루화한 것이 성형용 실리콘 수지라는 제품으로 이것들을 열이나 촉매를 사용해서 경화시키면 앞에 서술한 구조로 된다.

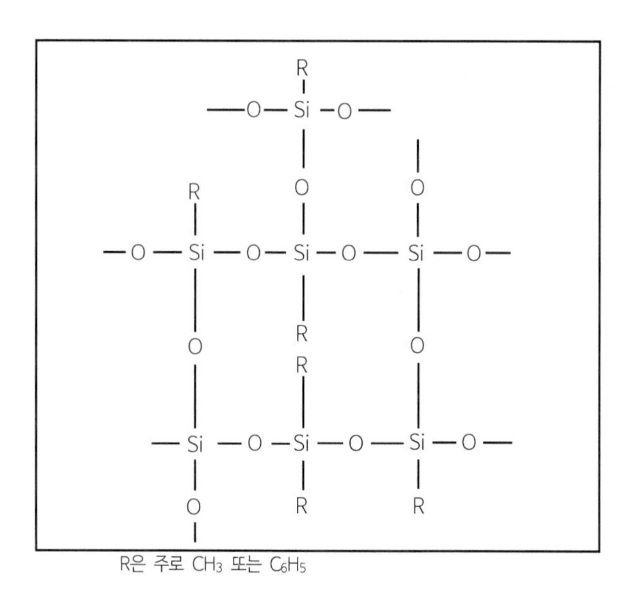

R은 주로 CH_3 또는 C_6H_5

그림 125 가교구조

(4) 디아릴프탈레이트계(Diallyl phthalate)

디아릴프탈레이트는 무수프탈산과 아릴클로라이드를 원료로 해서 촉매의 존재로 에스테르화 반응에 의해서 생산된다.

DAP 프레폴리머는 이 디아릴프탈레이트를 B-스테이지까지 중합시킨 것이다. DAP 프레폴리머의 제조공정은 중합반응공정, 압출공정, 건조공정으로 나눌 수 있다. 중합반응은 벌크(bulk)[11] 반응이고 20~30%의 프레폴리머가 생산된다. DAP 프레폴리머는 유기과산화물에 의해 불용불융의 3차원 망사구조를 갖고 있는 DAP 수지가 된다.

DAP 프레폴리머는 오쏘(Ortho) 타입의 다이소 다프A(DAP-A), 다프K(DAP-K), 다프L(DAP-L)의 3가지 그레이드가 있고 이소(Iso) 타입의 다이소-이소다프(Iso DAP) 및 다플렌(DAPREN)이 판매되고 있다. 오쏘타입의 3가지 그레이드는 분자량의 차이에 의한 것도 있다.

디아릴프탈레이트 (다이소다프 모노머)	디아릴프탈레이트 (다이소다프100 모노머)
(벤젠고리)—C(=O)—O—CH_2 —CH=CH_2 ; —C(=O)—O—CH_2 —CH=CH_2	(벤젠고리)—C(=O)—O—CH_2 —CH=CH_2 ; —C(=O)—O—CH_2 —CH=CH_2

무색투명 또는 엷은 황색 액체

11) 벌크(bulk) : 계면의 성질과 상관없는 것, 또는 계면과 충분히 떨어져 있는 것을 강조하여 물질자체나 물질이 갖는 성능을 가리킨다.

(5) 폴리이미드(Polyimide)

테트라카르본산 고무수물과 방향족 다이아민에 의해 만들어지는 것으로, 무수말레인산과 방향족 다이아민에서 비스말레이미드가 되고 성형시에 가교반응으로 경화시킨 것이 판매되고 있다. 전자는 폴리이미드의 전구체(前驅體)인 폴리아미드산 용액에서 피막을 형성하고, 열처리에 의해 이미드화 하거나 폴리아미드산에서 분말상태로 폴리이미드로 하는 경우가 있다. 폴리아미드산을 용해하는 용매는 있지만, 폴리이미드는 지극히 한정되어 있어 출발원료에 의해서는 존재하지 않는다. 내열성이 매우 우수한 한편, 성형가공성이 나빠서 분말치금(粉末治金)과 같은 방법을 취할 수 있다. 후자는 방향족 다이아민이 경화제로서 첨가되어 성형재료, 적층재료용으로 사용된다.

다음에는 가장 내열성이 우수하다고 할 수 있는 듀폰사에 의한 무수 피로멜리트산과 디아미노디페닐에테르에서 만들어진 폴리말레이미드 생성의 반응식과 프랑스의 Phone Poulence 사(社)의 비스말레이미드는 경화반응을 나타낸다. 듀폰사에서 나온 것은 엄밀하게는 열경화성이라 할 수 없지만, 그 반응에서 열경화성에 포함시킨다.

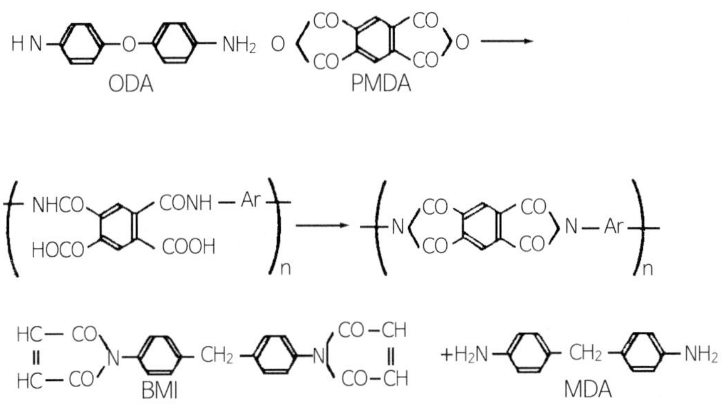

HN–⟨⟩–O–⟨⟩–NH₂ O⟨CO CO⟩O ⟶
ODA PMDA

NHCO–, CONH–Ar, HOCO–, COOH (n) ⟶ N⟨CO CO⟩N–Ar (n)

HC–CO, HC–CO, N–⟨⟩–CH₂–⟨⟩–N, CO–CH, CO–CH + H₂N–⟨⟩–CH₂–⟨⟩–NH₂
BMI MDA

(6) BT 수지(비스말레이미드트리아진 수지)

B 성분(비스말레이미드)과 T 성분(트리아진모노머, 프레폴리머)을 주성분으로 하는 수지로 액상으로부터 고형에 이르는 것까지 있다. 폴리이미드의 일종으로 볼 수 있지만 보통 BT 수지로 부른다. 다음에 경화반응을 표본으로 나타낸다. 촉매, 타반응 종류의 첨가 등에 의해 더욱 복잡한 반응을 하게 된다.

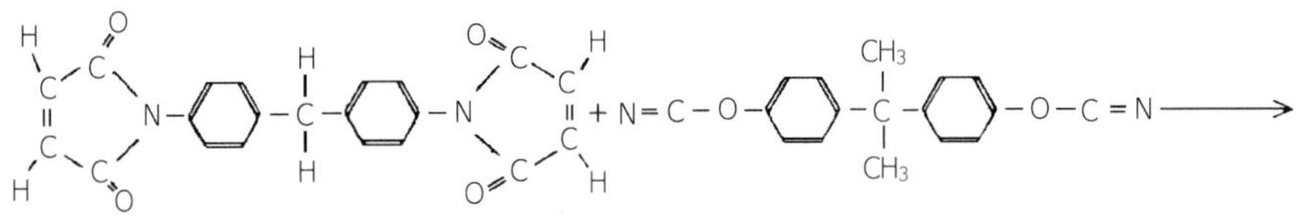

N–⟨⟩–C(H)(H)–⟨⟩–N (maleimide) + N≡C–O–⟨⟩–C(CH₃)(CH₃)–⟨⟩–O–C≡N ⟶

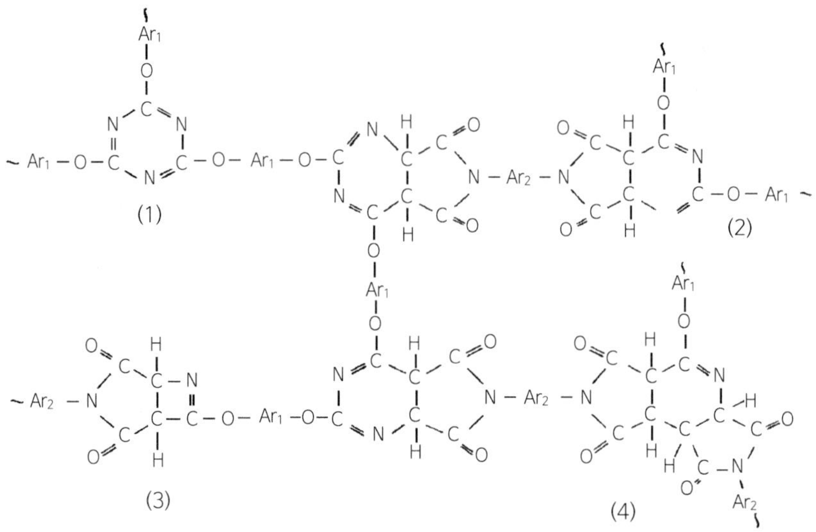

(7) 불포화 폴리에스테르(SMC, BMC)

2염기산과 2가알코올의 에스테르화에 의해 폴리에스테르가 생성한다. 2염기의 일부가 말레인산 또는 프말산일 때 폴리에스테르 중에 불포화기가 도입된다. 이것을 스티렌 등 비닐계 모노머에 용해시킨 것을 불포화 폴리에스테르라고 한다.

표준적인 세성(細成)은 무수프탈산 1몰, 무수말레인산 2몰, 프로핀글리콜 2.2몰로 되어 있는 폴리에스테르 60~70부와 스티렌 40~30부로 되어 있다. 원료성분 및 불포기농도(不飽基濃度)에 의해서 경화의 반응, 경화물의 성질이 다르다. 따라서 용도에 따라 분류하면 일반적층용, 주형용, 난연그레이드, 내광그레이드, 내열그레이드, 내약품그레이드 등이 있다.

불포화 폴리에스테르 수지는 점조액체(粘稠液體)로 판매되어 사용측에서 사용시에 개시제나 기타의 것을 투입해서 FRP 등으로 하는 경우와 미리 유리단섬유, 무기충전제, 개시제 등을 혼련(混練)한 것, 유리직포를 사용해서 동일하게 시트상태로 한 것이 있다. 이것들은 즉시 금형성형이 가능하다. 전자를 BMC(Bulk Molding Compound), 후자를 SMC(Sheet Molding Compound)라 한다.

2) 제조법

열경화성 수지 성형재료 특징의 하나는 충전재료를 다량으로 혼합시킬 수 있다는 것이고 또 그것들의 선택과 경화제의 첨가혼련(混練) 조건 등이 경화물의 물성에 영향을 끼친다. 가장 전형적 예로 페놀수지 성형재료의 제조법 및 적층판의 제조법에 관해 기술한다.

(1) 성형재료

① 혼합

혼합조작은 배합에서 나타난 각성분을 균질(均質)하게 분산시키는 것이 목적이고 이것에는 냉혼합과 열혼합이 있다. 혼합기에는 보통 리본형 회전날개와 외측에 쟈켓을 가진 니더형 구조의 범버리믹서 등에 의한다.

열혼합에 있어서는 혼합기의 쟈켓에 증기를 통해서 온도를 80~120℃로 계속 유지해서 조작하고 수지를 용융상태로 침투분산시킨 것이다. 따라서 경화제로 사용하는 헥사민은 혼합종료 직전에 첨가한다. 냉혼합에서는 각 성분은 미분말상태로 혼합하는 것이 원칙이지만, 장섬유 기재의 배합에서는 수지용액을 사용, 습식냉혼합하는 것이 보통이다. 더욱 습식혼합에서는 혼합 후 건조공정을 통해서 용제의 제거가 필요하다.

② 혼련(混練)

혼련조작은 앞의 혼합공정에서 얻어진 혼합물을 성형에서 최적의 반응상태까지 진행시키기 위한 가열공정이고 성형재료 제조공정 중 가장 중요한 공정이다. 혼련에는 2개의 가열롤과 코니더 등이 사용된다.

③ 분쇄

혼련조작을 거쳐서 시트상태(롤 혼련)로써 얻어진 혼련재료는 우선 조쇄기(粗碎機)로 거칠게 부순 후에 충격식 분쇄기로 분쇄한다. 분체(粉體)의 입도는 잘게 할수록 성형품의 표면광택은 좋아지지만, 한편으로는 부피율(bulk factor)이 커져 성형조작을 어렵게 한다. 대체로 분상성형재료의 입도는 16~100메시(mesh)로 하는 것이 보통이다. 펄프와 같은 장섬유를 기본재료로 하는 배합에서는 혼식냉혼합 후 건조하고 나서 볼밀로 분쇄하여 펄프 섬유를 너무 절단되지 않도록 성형품에 적당한 충격강도를 주는 것이 보통이다. 이러한 조작의 플로 시트를 그림 126, 127에서 나타낸다.

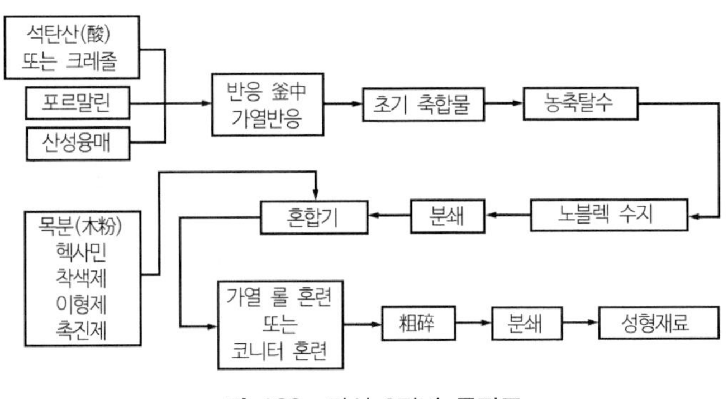

그림 126 건식 2단법 공정도

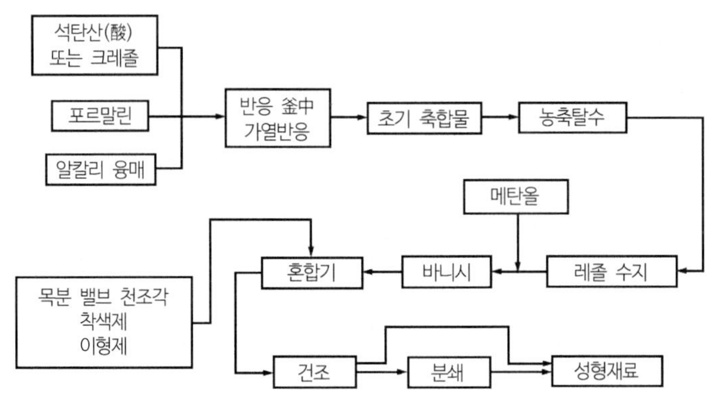

그림 127 습식 1단법 공정도

(2) 적층판

적층재료는 기본재료(종이, 유리섬유직포 등)에 수지를 함침건조한 일련의 시트상태 재료이고 이것을 적층성형가공해서 각종의 적층제품을 만든다. 플로 시트를 그림 128에 나타낸다.

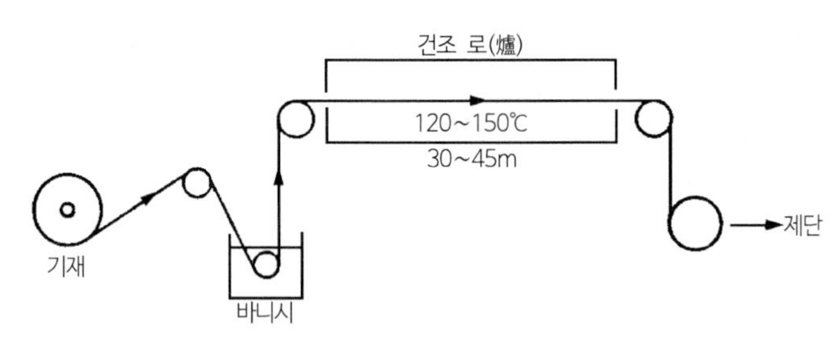

그림 128 적층성형가공

3) 물성 일반

(1) 페놀계

부식방지, 제품이 소형화, 치수정밀도, 사용조건(내열, 내마모) 등에서 고신뢰성으로의 요구가 높아지고 용도에 맞게 대응하는 품종이 많아지고 있다. 암모니아 프리, 유리섬유 함유, 카본섬유 함유 등이 있다. 또 같은 계통의 수지로서 페놀알킬이 주목되고 있다.

① 섭동재

카본섬유 복합화에 의한 FKCP(부동화학)가 있다. 특성시험의 일부를 그림 129~131에 나타낸다. 그레이드는 표 76을 참조해 주기 바란다.

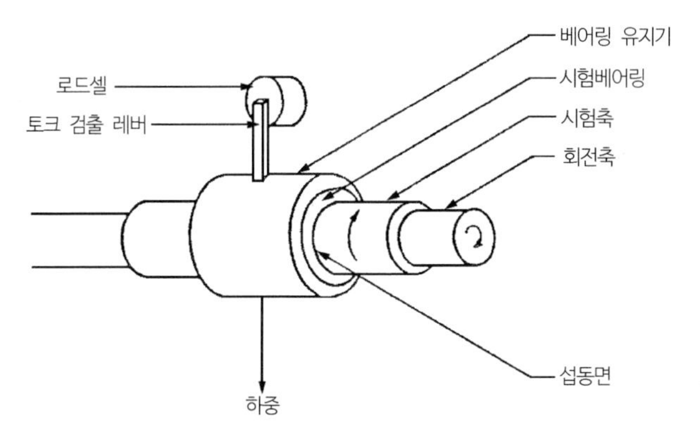

그림 129 베어링시험기

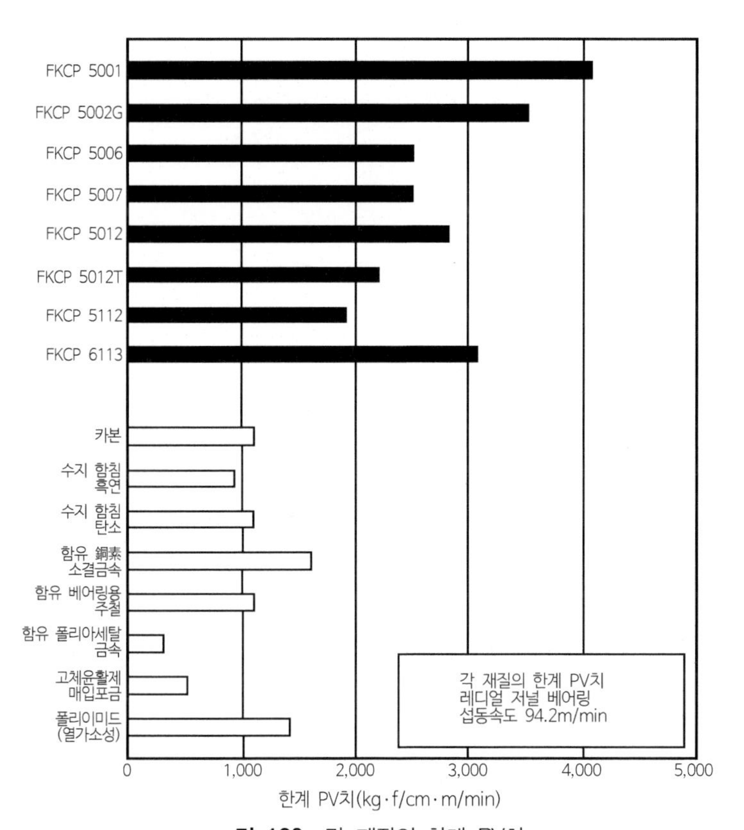

그림 130 각 재질의 한계 PV치

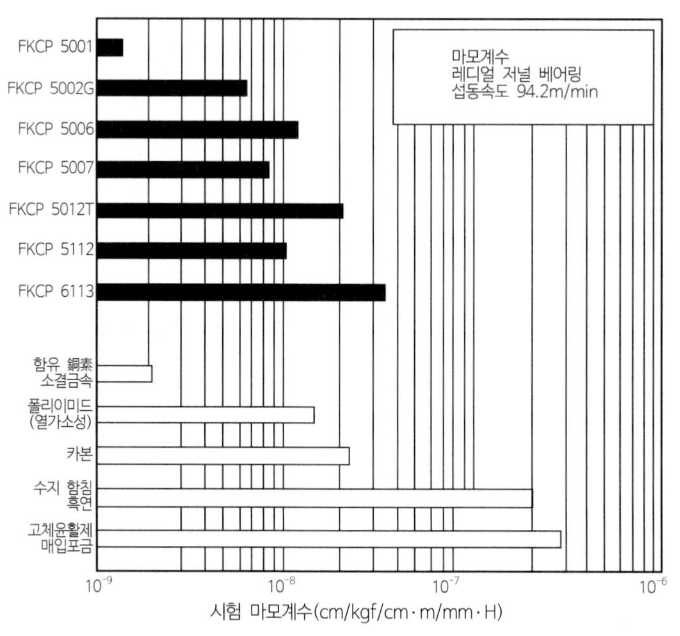

그림 131 각 재질의 한계 PV치

㉮ 레이디얼 저널 베어링시험

누적하중시험

시험설비 및 조건

- 시험기 : 레이디얼 저널 베어링시험기
- 공시체(供試體) : $30\phi \times 40\phi \times 20L$ H7
  표면조도 1Rmax
- 시험축(軸) : S45C 경질크롬도금 h7
  표면조도 3Rmax
- 분위기 : FKCP샤프트 무윤활, 실온, 대기중 각종 비교재, 실온, 대기중 다른 각 사의 사양서(仕樣書)에 준한다.
- 섭동속도 : V=94.2 m/min
- 시험방법 : 속도를 일정하게 해서 30분마다 10 kg씩 누적하중을 더하고 100 kg 이상에서는 20 kg씩 누적하중을 더해 이상(異常) 토크(torque)가 발생할 때까지 했다. 시험종료 후 베어링의 마모량을 탈론드 진원측정기로 측정했다.

② 페놀아랄킬

미쓰이도아쓰(三井東壓)가 〈미렉스〉 XL시리즈로 판매하고 있다. 미렉스 XL-시리즈는 페놀류와 아랄킬에테르를 프리델 크래프트형 촉매하에서 축합시킨 것으로 얻어진 것으로 일반적으로 프리델 크래프트 수지 또는 페놀아랄킬 수지로 불려진다(그림 132 참조).

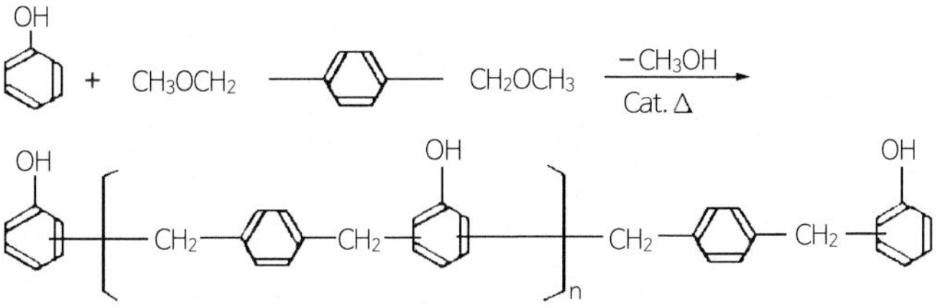

그림 132 미렉스 XL-225의 합성반응식

기존의 페놀 수지 혹은 에폭시 수지의 성형기술 및 설비를 그대로 유용하게 할 수 있다. XL-225의 경화물은 보통의 노볼락 경화물에 비교해서 다음과 같은 특징을 갖고 있다.

㉮ 페놀핵의 노볼락 경화물의 경우 모두 메틸렌결합(- CH_1 -)으로 결부되는 것에 대해 미렉스 XL-225의 경화물은 대부분이 파라크실렌결합(- CH_2 - 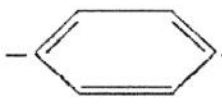 - CH_2 -)으로 묶여져 있다. 일반적으로 페놀 수지의 열화는 메틸론가교가 산화되어 시작된다고 할 수 있지만, XL-225 경화물은 메틸론기의 인접 페놀핵이 1개밖에 없기 때문에 메틸렌가교부에서의 산화 열화가 늦고 장기 열안장성이 우수하다.

㉯ XL-225 경화물쪽이 OH기의 밀도가 낮고 그 때문에 저흡수율, 저유전율, 치수안정성, 내화학약품성이 우수하다. 미렉스의 대표적 그레이드를 표 76에서, 성형품의 물성을 그림 133~136, 표 77에 나타낸다.

표 76 미렉스 XL-시리즈의 대표적 그레이드와 기본물성

항 목	XL-225	항 목	XL-210	XL-209
외관	황색 플레이크	외관	적갈색 · 액체	적갈색 · 액체
연화점(℃)	85~105	고형분(%)	59~61	49~51
유동(mm)	20~60	용제	MEK	셀로솔브
겔 타임(sec)	100~350	비중(25℃)	1,025~1,035	1,060~1,070
		점도(25℃ CS)	400~1,200	400~1,200
주요 용도	성형재료, 자동차 부품, 콤미데이터, 각종 베어링 등 바인더(마모재료 등)	주요 용도	적층재료(내열적층판, 내열절연재료, 각종 복합재료 등) 바인더(마찰재료, 내열접착제 등)	

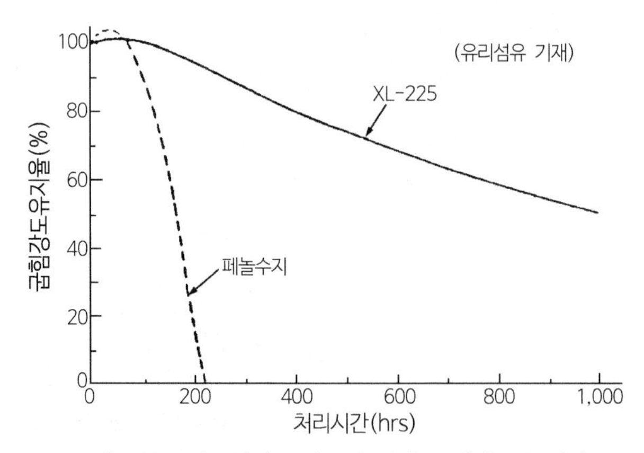

그림 133 가열처리(250℃)에 의한 굽힘강도의 변화

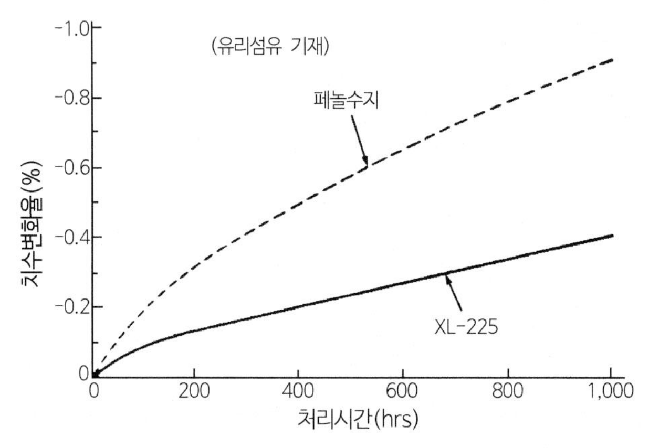

그림 134 가열처리(250℃)에 의한 치수의 변화

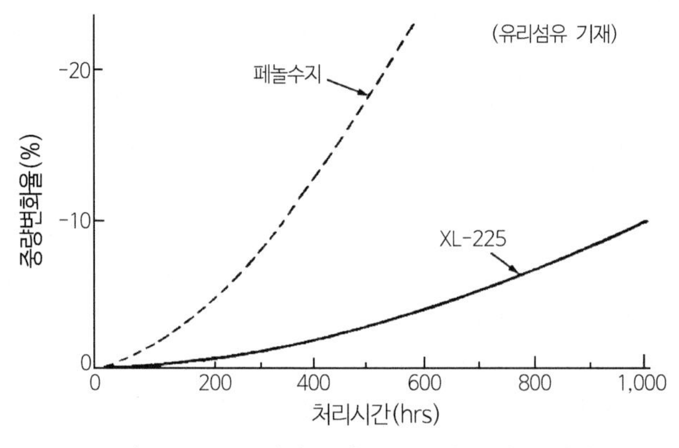

그림 135 가열처리(250℃)에 의한 중량의 변화

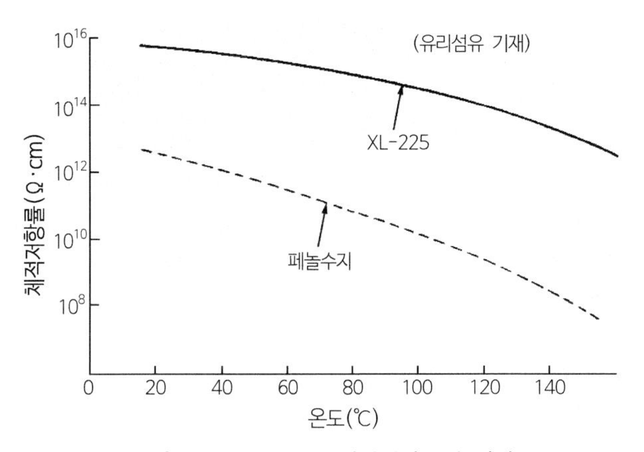

그림 136 가열시의 체적저항률의 변화

표 77 미렉스 XL-시리즈와 타수지의 내약품성 비교

	온도(℃)	XL-210	페놀 수지	폴리이미드 수지
증류수	100	0.6	1.6	1.2
10% NaOH	90	2.5	붕괴	붕괴
10% HCL	90	-5.7	-8.2	-12.5
30% 부동액	90	0.9	9.4	0.9
엔진오일	150	0.1	1.4	1.3
변압기유	100	-0.2	0.2	0.0
톨루엔	110	-0.2	0.9	-0.2
트리클로로에틸렌	85	0.0	3.3	0.2

※168시간 침지 후의 중량변화(%)

(2) 에폭시계

① IC몰딩용 수지

IC몰딩기술에는 금속케이스나 세라믹에 의한 기밀(氣密) 몰딩과 포팅(poting), 캐스팅(casting), 저압 트랜스퍼, 분체도장 등의 방식에는 수지 몰딩이 있지만, 저압 트랜스퍼 성형법에 의한 수지 몰딩이 주류를 이룬다. 표 78은 대표적인 배합조성을 나타낸다. 몰드 IC 대표적인 예로 그림 137에 DIL 타입의 단면구조를 나타낸다.

구성재료 중 프레임 재료로서는 철계, 구리계가 있고 칩본드 재료로서는 금계 바인더계, 수지계가 있다. 또 인너리드 본딩(inner lead bonding)부는 금, 은 등의 부분도금, 아웃리드(out lead)부는 주석, 납땜 등의 외장도금이 보통이다.

표 78 대표 배합조성

배합성분	배합조성	대표 예
기본성분	에폭시주제 경화제 경화촉진제 무기충전제	크레졸 노볼락, 에폭시 수지 페놀 노볼락 수지 아민화합물, 유기인화합물 및 변성물 용융 실리카
계면제어성분	커플링제 내부 이형제	실란계 커플링제 에스텔계 왁스
난연화성분	Br 화합물 Sb 화합물	브롬화 에폭시수지 Sb_3O_3, Sb_2O_4

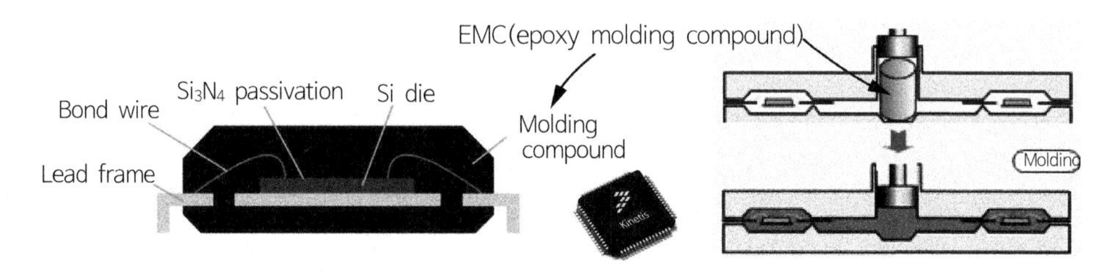

(a) 마이크로칩 구성도 (b) 마이크로칩 인캡슐레이션(encapsulation) 사출

그림 137 몰드 IC 단면구조

그림 137과 같은 구성을 갖는 몰드 IC에 대해 표 79에 나타낸 신뢰성이 요구된다. 고도의 요구를 만족하려면 배합원료 중의 불순물은 피해야 한다. 특히 Na^+, Cl^-는 IC칩 알루미늄배선의 부식 원인이 된다. 고내습도화, 저응력화, 고순도화의 검토가 있어야 한다.

표 79 요구 신뢰성 항목

신뢰성항목	내습성	내열스트레스성	전기적 안정성
시험방법	고온고습 보존시험 고온고습 바이어스 시험 프레셔 쿠커(PCT) 시험*	온도사이클 시험 열충격 시험 발전내열시험	동작수명시험 고온, 저온 보존시험

* 일반적으로는 121℃ 2atm100% RH에서 행해진다.

② 유리섬유기재(基材) 에폭시수지 동장적층판(銅張積層板)

이 종류의 인쇄회로판은 4종류로 나눈다. 내열용과 그렇지 않은 것, 난연과 난연이 아닌 것이 있다. 예를 들면 JIS는 다음과 같이 규정한다.

		단위	GE-1	GE-2	GE-3	GE-4
내연성	연소시간	hr	15 이하	-	15 이하	1
	연소거리	mm	25 이하	-	25 이하	-
가열시 굽힙강도 유지율			40 이상	40 이상	-	-
NEMA 규격			FR-5	G-11	FR-4	G-10

GE-4는 디글리시딜에테르 비스페놀A(DGEBA)의 고형수지와 디시안디아미드를 아세톤/N, N-디메틸포름아미드 혼합제에 용해한 바니시(Varnish, 와니스)를 사용해서 만든다. GE-3은 앞에 적은 내용에 있어서 취소화(臭素化) 에폭시 수지를 사용한다. GE-2, GE-1은 액체상태 에폭시 수지와 방향족 다이아민에 의한 것이 표준이다. 대표적 물성은 표 96에 나타낸다.

(3) 실리콘계

① 주입용 실리콘

전자부품이나 회로를 보호하는 데에 주입법이 있다. 주입법은 용기 안에 부품을 고정시키고 그 안에 실리콘을 주입하여 비교적 두꺼운 절연층을 만드는 방법으로 열방산(熱放散)도 좋아서 저항기나 트랜지스터 등에 많이 사용된다. 주입용 실리콘에는 액상실리콘 고무나 오일이나 오일 컴파운드가 있다.

② 함포용 실리콘

함포는 컬러TV의 세렌정류기와 같은 고전압의 부품 등을 실리콘 고무로 전부 감싸는 방법이다. 이 처리에 의해서 코로나나 아크의 발생을 사전에 방지한다. 이것들의 처리에 있어서는 난연성 가류가 빠른 가열가류타입의 LTV 고무 등이 많이 사용된다.

③ IC 몰딩용 재료

IC류는 컴퓨터, 통신기 등의 공업기기나 일반기기에 널리 쓰인다. 포장은 소자(素子)와 장치와의 접속체의 작용 외에도 반도체소자(파워-IC, 트랜지스터, 다이오드)를 실장공정(實裝工程) 및 환경으로부터 보호해야 하는 이러한 조건을 충족시키는 것이 열경화성의 성형재료이다(예를 들면, 실리콘 몰딩 컴파운드 · KMC 시리즈이다).

④ 코팅 · 접착제용

코팅은 각종 부품 기기의 성능을 향상하기 위해서 그 표면에 오일 · 바니시(varnish) 등을 칠해서 엷은 피막을 만드는 것이다. 코팅에 의해 누출 등을 막거나 표면절연성을 높이고 습기나 유동가스 등을 막고 발열체 등의 열방산성(熱放散性)을 높인다.

⑤ 함침용(含浸用) 실리콘

함침이란 실리콘 바니시에 코일을 침적해서 그 내부까지 바니시 절연층을 만들고 코일 등의 전기절연성능을 향상시키는 처리방법이다.

⑥ 성형용 실리콘

전자부품에 사용되는 전선 등은 다른 절연재료와 같이 우수한 성능을 필요로 한다. 이 점에선 실리콘 고무전선이나 각종 성형품은 -60℃~+250℃의 넓은 온도범위에서 우수한 기계적 성질이나 전기적 성질을 유지한다. 오존 및 코로나나 부식성 기술에 의한 영향은 거의 없다. 난연성의 실리콘 고무나 바니시는 안전성의 향상에 도움을 준다.

(4) 디아릴프탈레이트

① 성형재료

디아릴프탈레이트 성형재료의 특성은 명칭에 따라 약간의 차이는 있지만, 전기특성, 기계특성, 치수안정성, 내열성, 내습성, 내약품성이 우수하고 고온다습화에서도 전기특성 및 치수안정성이 특히 우수하다.

디아릴이소프탈레이트 성형재료의 일반적 특성은 디아릴프탈레이트 성형재료와 같지만 내열성 및 열변형온도가 30~50℃ 높은 내열용 성형재료이다. 후도화학(不動化學)의 성형재료 〈다플〉의 특성-온도의존성을 그림 138~141에, 내열성을 그림 142~144에 나타낸다. 특히 표 95, 96을 참조하기 바란다.

디아릴프탈레이트 성형재료의 일반특성은 디아릴프탈레이트 성형재료와 변하지 않지만 내열성 및 열변형온도가 30℃~50℃ 높다. 내열용 성형재료이다.

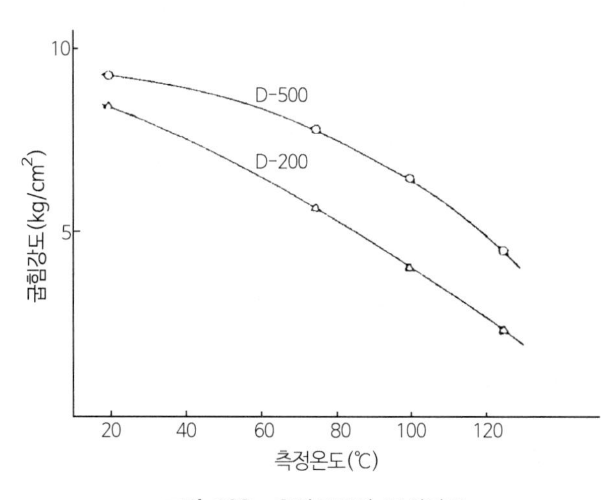

그림 138 측정온도와 굽힘강도

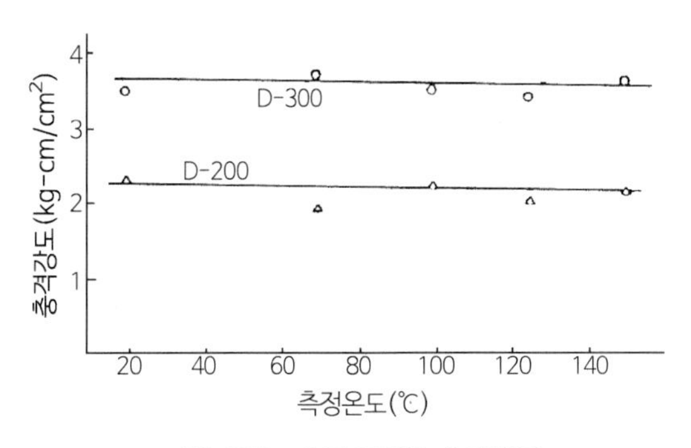

그림 139 측정온도와 충격강도

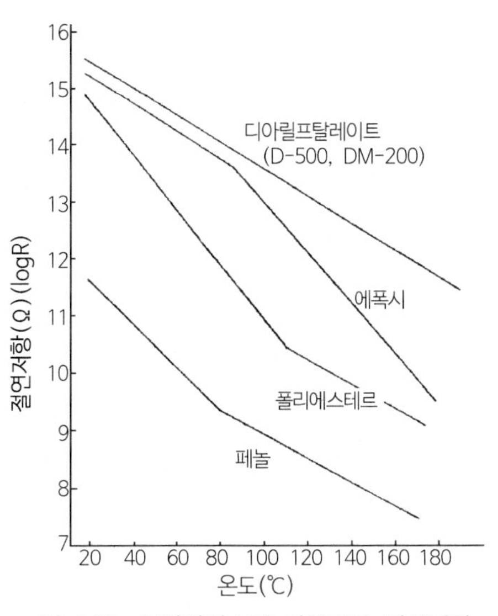

그림 140 열경화성수지 성형재료 절연저항 온도의 특성

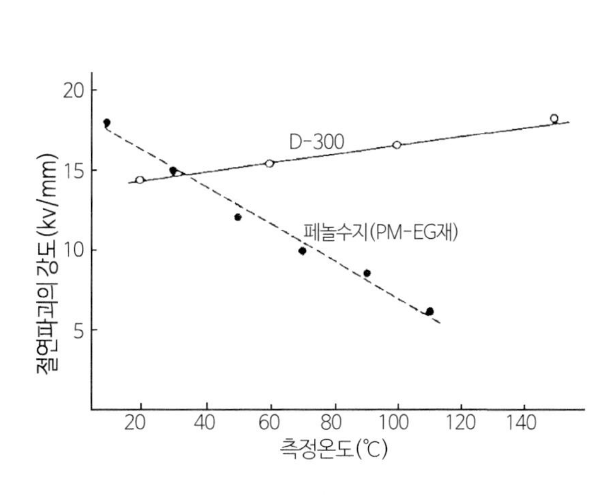

그림 141 측정온도와 충격강도

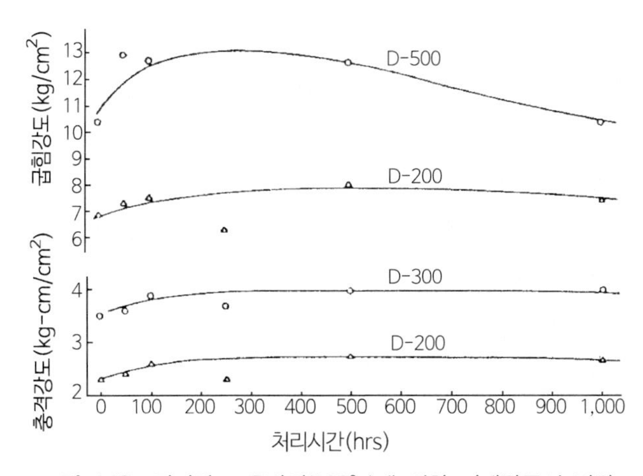

그림 142 장기간 고온방치(130℃)에 의한 기계강도의 변화

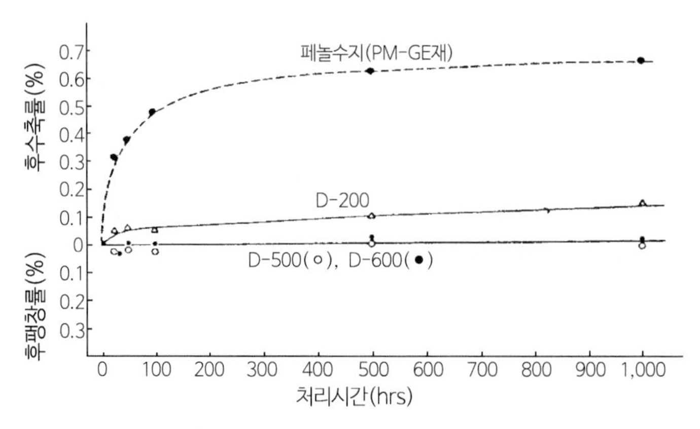

그림 143 장기간 고온방치(130℃)에 의한 치수변화

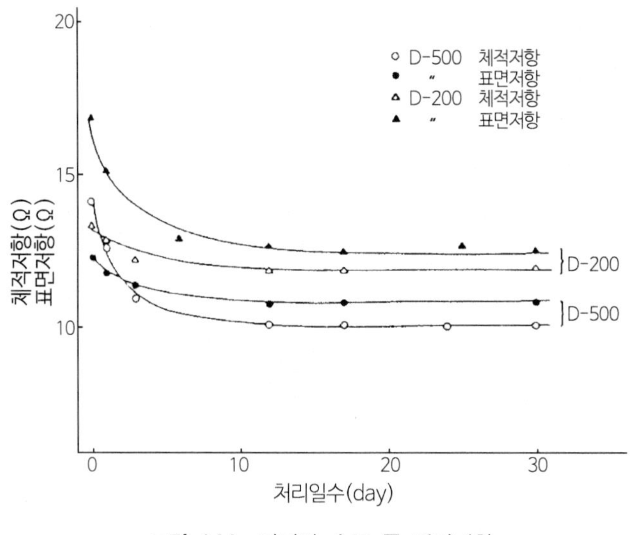

그림 144 장기간 습도 중 전기저항

② 다플렌의 성상(性狀)과 물성

오사카조달(大阪曹達)(주)에서는 최근에 아릴계에 특히 고도의 내열성(H종 해당)과 개량된 내충격성을 갖춘 열경화성 수지로서 〈다플렌®〉(DAP-REN) 및 이것을 사용한 성형재료화의 개발을 진행하였다. 성형품의 물성을 그림 145~147, 표 80에서 나타낸다. 다만, 성형재료의 배합은 다음과 같다.

- 다플렌 100중량부
- 유리단섬유 100중량부
- 중질탄소칼슘 40중량부
- 경화촉매 2중량부
- 이형제 2중량부

표 80 다플렌의 납땜내열성

시험편 시험조건	30×10×1mm의 압축성형품(160℃, 100kgf/cm²) 시험편을 소정온도의 납땜통에 소정시간 침지한 후, 외관의 변화를 관찰한다.
침지조건	**결 과**
260℃×10초	◎ (변화없음)
400℃×2초	○ (광택감소)
400℃×4초	× (브리스터 발생)
260℃×10초+400℃×1초	○
260℃×10초+400℃×2초	×

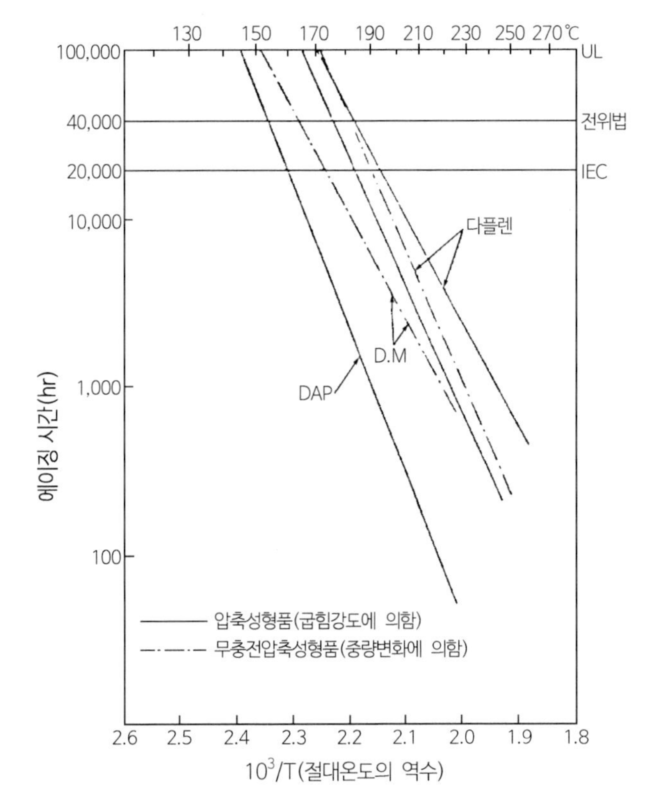

그림 145 내열성의 평가

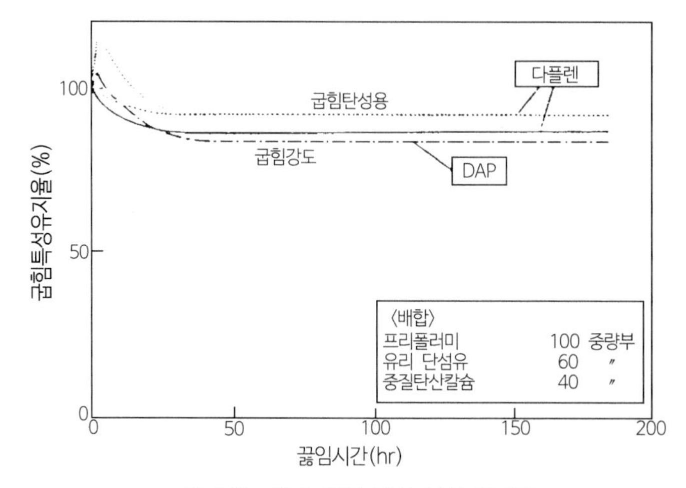

그림 146 끓인 후의 굽힌 특성 유지율

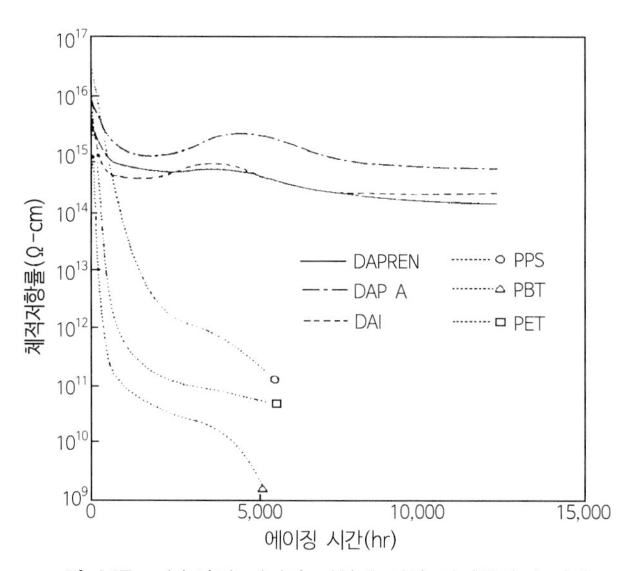

그림 147 가습하의 에이징 시험에 의한 전기특성의 변화

(5) 폴리이미드(Polyimide)

① 폴리아미노비스말레이미드

미쓰이석화(三正石化), 일본 폴리이미드가 시장개발을 진행하였다. 〈겔이미드〉는 폴리이미드 생수지(生樹脂)로, 프리프레그(prepreg)로부터 적층성형 및 성형용 컴파운드를 조제하기 위해 만든 것이다. 〈키넬〉은 〈겔이미드〉에 필러(filler)를 배합한 것으로 구조부재용, 섭동재용의 그레이드가 있다. 〈키넬〉 경화물의 내열성, 섭동특성을 그림 148~151에서 나타낸다. 또한 표 100, 101을 참고하기 바란다.

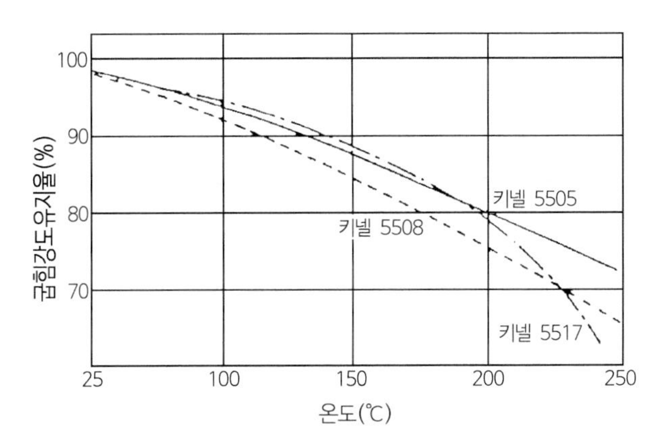

그림 148 성형품의 굽힘강도의 유지율과 온도와의 관계

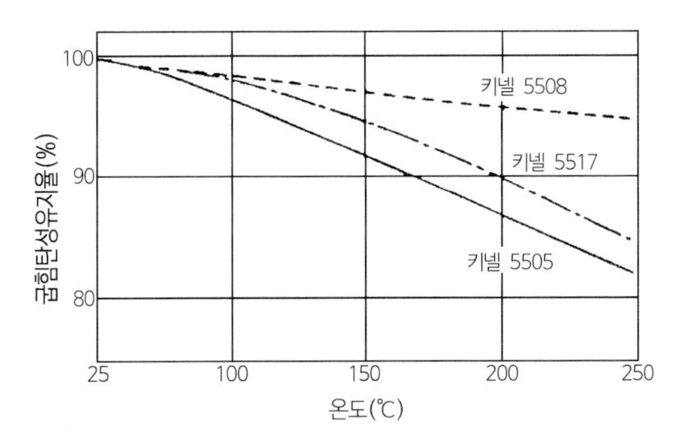

그림 149 성형품의 굽힘탄성률의 유지율과 온도와의 관계

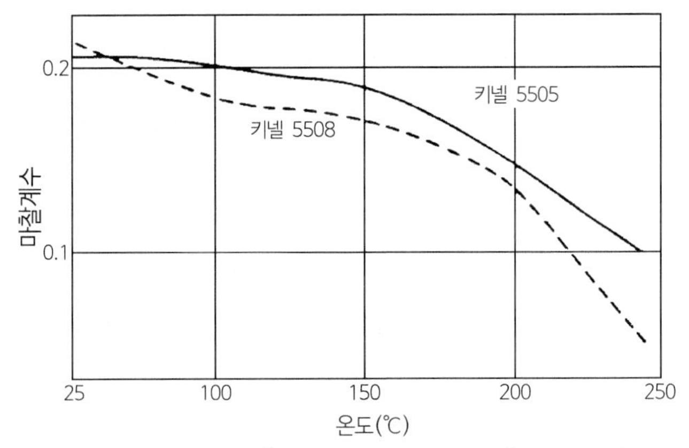

시험조건 : PV=3.5kgf/cm^2 · m/sec, P=140kgf/cm^2, V=0.25m/sec

그림 150 성형품의 마찰계수의 온도의존성

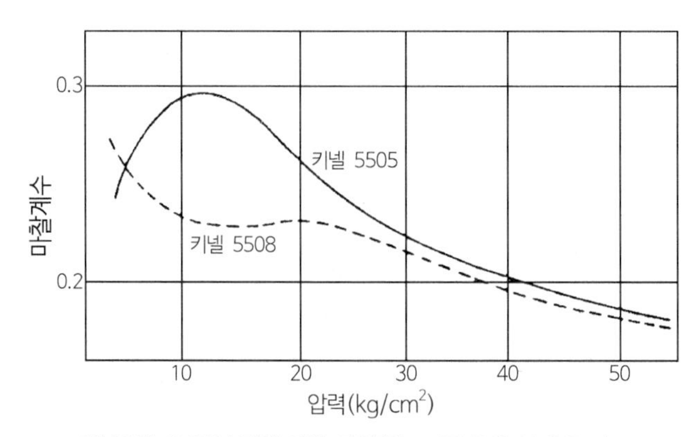

시험조건 : XC28스틸에 대한 마찰(경도 27HRC) V=0.5m/sec

그림 151 성형품의 마찰계수, 압력의존도

(6) BT 수지

BT 수지는 분자량의 증대와 더불어 고체→액체→고체로 변하기 때문에 고형, 분말체, 액체상태의 수지가 있다. 그리고 고형수지를 MEK용제에 용해시킨 기재함침, 도포용의 액체타입도 있다(표 81).

표 81 BT 수지의 중요한 종류

성 상	품 번	특 징	용 도
고형	BT 2170	중분자량, 내열	범용
	BT 2470	중분자량, 고내열	범용
	BT 2480	고분자량, 고내열	성형재료
	BT 2680	고분자량, 고내열	분체도료
반고형	BT 2160	저분자량, 내열	터키프리프레그용
용액	BT 2420	중분자량, 고내열	기재함침, 판
MEK	BT 2532F	저분자량, 고내열, 내열	구조재료, 터키프리프레그
액체	BT 3209	점도 2,000 CPS(℃)	주형광경화용 기본수지
	BT 3309	점도 10,000 CPS(40℃)	주형광경화용 기본수지
분체	BT 4480	고분자량, 고내열	지석(砥石), 성형용

BT 수지의 B성분(비스말레이미드)과 T성분(트리아진 모노머, 프레폴리머)의 비율을 변화시킨 것에 따른 F종에서 C종까지의 내열그레이드가 있고, 어떠한 경화물도 분자 내에 이미드기를 갖고 있는 폴리이미드 수지의 한 종류이다. BT 수지는 촉매나 경화제를 사용하지 않고 가열에 따라 경화하고, 내열성 수지가 된다.

T성분이 많은 그레이드는 증기가열 온도영역인 175℃에서 경화하여 약 240℃의 유리전이온도(Tg)를 나타내고, B성분이 많은 그레이드는 220~250℃의 전열가열에 의해 경화하여 250~300℃의 유리전이온도를 갖는 경화물을 얻게 된다.

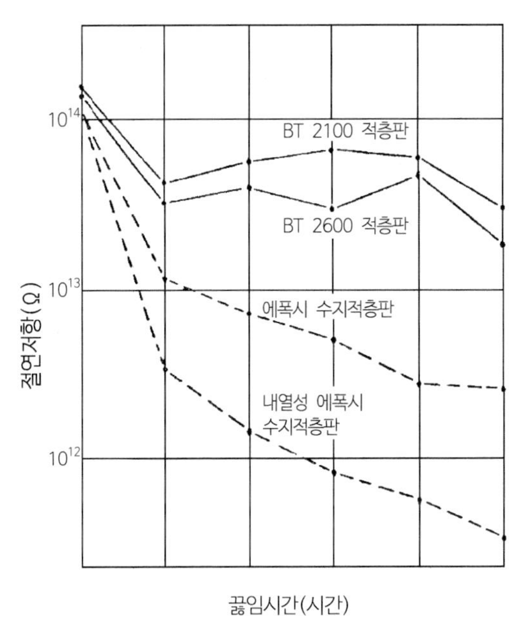

그림 152 BT 수지제 프린트회로기판의 연층절연저항의 열탕처리에 의한 열화특성

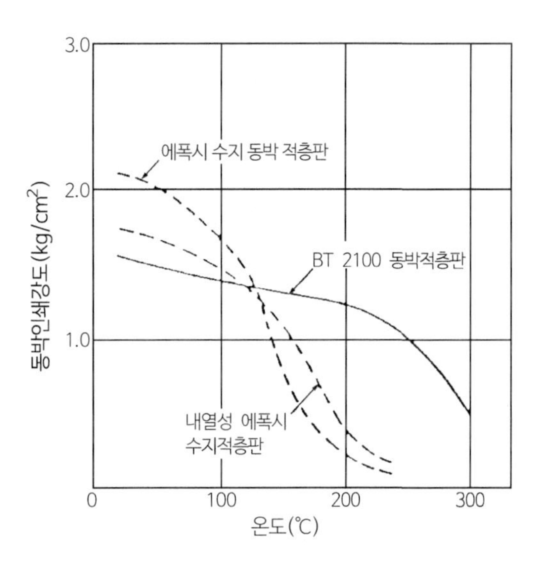

그림 153 BT 수지제 프린트회로기판의 동박(銅箔)접착력의 온도특성

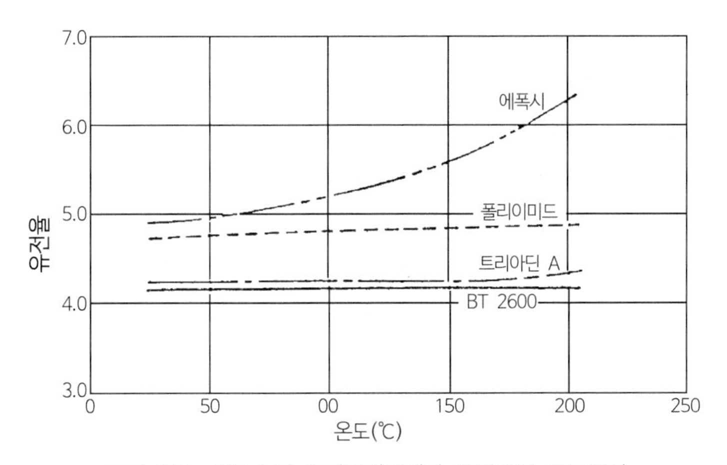

그림 154 BT 수지 프린트회로기판 유전율의 온도특성

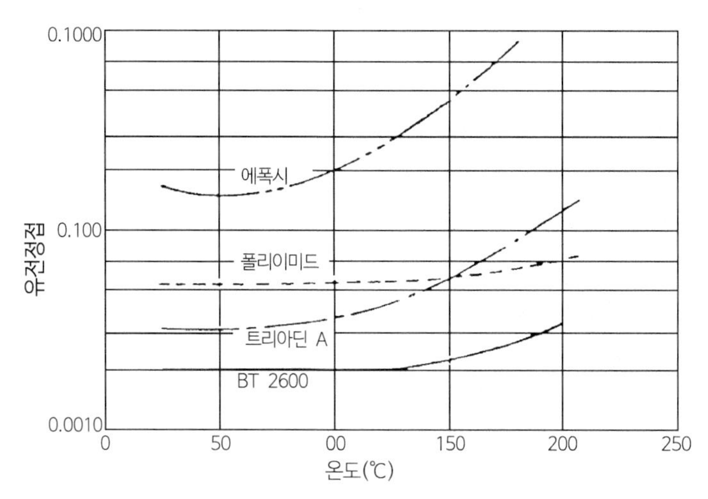

그림 155 BT 수지제 프린트회로기판 유전정접의 온도특성

경화제나 촉매로 다른 수지나 화합물을 혼합하는 것에 의해 보다 저온 단시간의 조건에서 경화할 수 있다. 유리섬유기재 BT 수지 프린트회로기판(PCB, Printed Circuit Board)의 물성을 그림 152~155에서 나타낸다.

(7) SMC, BMC

초프드(chopped), 스트랜드(strand), 매트(mat)에 불포화 폴리에스테르 수지를 함침시킨 시트 상태의 압축성형재료(SMC)의 일반성상과 성형품의 물성 예를 표 82, 83에 나타낸다.

표 82 폴리머루머트 603(식전약품)의 특징과 상태

항목	내용
특징과 용도	일반성형용이 적고 성형품의 수축, 변형이 적고 치수안정성이 요구되는 성형품에 적합하다.
시트의 두께	약 2 mm
시트의 폭	약 930 mm
1권의 무게	약 85 mm
30cm 각의 무게	약 270 mm
유리 함유율	약 30중량(wt) %
저장기간	약 3개월/25℃

표 83 폴리머루머트 603 성형품의 성질

시험항목	단위	시험치	측정방법
비중		1.72	JISK 6911에 준함
흡수율	%	0.208	JISK 6911에 준함
인장강도	kgf/mm^2	10.2	JISK 6911에 준함

시험항목	단위	시험치	측정방법
인장탄성률	kgf/mm^2	1,180	ASTM D 638-64T
인장신율	%	1.50	ASTM D 638-64T
굽힘강도	kgf/mm^2	23	JISK 6911에 준함
굽힘탄성률	kgf/mm^2	1,170	ASTM D 790-66
아이조드 충격치			
에치와이즈	$kgf \cdot cm/cm^2$	47	JISK 6911에 준함
프레트와이즈	$kgf \cdot cm/cm^2$	103	JISK 6911에 준함
전단강도	kgf/mm^2	7.4	FTM 406-1041
압축강도	kgf/mm^2	17	ASTM D695-63T
유전율(IMC)		4.6	JISK 6911에 준함
유전정접(IMC)		87×10^{-4}	JISK 6911에 준함
체적저항률	$\Omega \cdot cm$	2.8×10^{15}	JISK 6911에 준함
내 아크성	sec	160	JISK 6911에 준함
절연파괴의 강도	KV/mm	14~16	ASTM D 149-64(단시간법)

주) 시험편은 하기의 조건에서 성형한 평판에서 절단한 것.
성형온도 : 130℃, 성형압력 : 약 $100kgf/cm^2$, 경화시간 : 두께 3m시 3분
차이 면적 : 약 90%, 경화시간 : 두께 12.7mm시 20분

4) 특징

(1) 페놀

① 내열성이 있다.

② 탄성률을 보유하고 있는 온도범위가 넓다.

③ 내염성, 내아크성이 있다.

④ 약품 및 세제 등에 젖지 않는다.

⑤ 표면경도가 높다.

⑥ 전기특성이 좋다.

⑦ 저렴하다.

(2) 에폭시계

① 내열성이 우수하다.

② 기계적 강도가 우수하다.

③ 내습성이 우수하다.

④ 폭넓은 온도범위로 전기적 성질이 우수하다.

⑤ 성형 수축률이 작다.

⑥ 내약품성이 우수하다.

⑦ 경화제, 부자재의 선택으로 물성이 대폭적으로 변할 수 있다.

(3) 실리콘

① 내열, 내한성이 우수하다.

내열, 내한성은 실리콘 최대의 특징이고, -60℃~+250℃의 넓은 온도변화로 안정된 성능을 갖고 있다.

② 전기특성이 우수하다.

실리콘의 전기특성은 상온에서는 물론 고저온시에도 -60℃~+250℃의 사이에서 안정된 전기특성을 갖는다.

③ 내수, 내습성이 우수하다.

실리콘은 발수성이 우수하고 전자 · 전기기기의 고온다습하에서의 성능열화를 방지한다.

④ 난연성인 것도 있다.

실리콘 중에는 난연성인 것도 있다. 또한 난연시켜도 유독가스 등은 발생하지 않는다.

⑤ 내코로나 · 아크 · 오존에 대해 매우 우수한 성질을 갖고, 일반 유기계 수지에서 볼 수 있는 열화는 전혀 없다.

⑥ 내약품성이 우수하다.

실리콘은 내약품성이 우수하고 특히 산, 알칼리에 대해서도 우수한 저항력을 갖고 있다. 또 용제류에 대해서도 우수한 저항성을 갖고 특히 알코올류에 침식되지 않는다.

(4) 디아릴프탈레이트계

① 전기특성이 우수하다.

내아크성, 절연성, 유전특성, 내전압 등에 우수하고 특히 고온고습하에서도 열화가 적다.

② 치수안정성이 우수하다.

성형수축이 적고, 성형품의 치수변화가 극히 적다.

③ 내열성이 우수하다.

고온에 장기간 방치해도 기계강도는 거의 변하지 않는다.

④ 내약품성이 우수하다.

산, 알칼리, 유기용매에도 우수한 내성을 보인다.

⑤ 내후성이 좋다.

⑥ 비부식성이다.

금속인서트(insert)부를 부식하지 않는다.

(5) 폴리이미드

① 기계적 성질(인장강도, 굽힘강도, 충격강도)이 우수하다.

② 내열성이 우수하다.

250℃, 장시간의 내구성 시험에도 굽힘강도, 굽힘탄성률의 유지율이 높다.

③ 내약품성이 우수하다.

④ 치수안정성이 좋다.

⑤ 내방사선성이 우수하다.

⑥ 난연성이 우수하다.

⑦ 전기절연성이 우수하다.

⑧ 열절연성이 우수하다.

⑨ 내크리프성이 우수하다.

(6) BT 수지

① 경화물의 특징

㉮ 내열성이 우수하다(유리전이온도 230~330℃).

㉯ 장기 내열성이 우수하다(장기내열 온도 160~230℃).

㉰ 내열 충격성이 우수하다.

㉱ 유전율, 유전정접이 작고 전기절연재료로 적당하다.

㉲ 전기절연성이 우수하다.

㉳ 마이그레이션(migration, 가소제의 이행)이 발생되기 어렵다.

㉴ 기계적 특성이 우수하다.

㉵ 치수안정성이 우수하다.

㉶ 내약품성, 내프레온성이 우수하다.

㉷ 내방사선성이 우수하다.

㉸ 내마모성이 우수하다.

② 미경화물의 특징

㉮ 경화시에 경화수축이 적다.

㉯ 무기충전제와의 친화성이 우수하다.

㉰ 용융점도가 낮고 침수성도 좋다.

㉱ 실온에서 액상수지로부터 약 100℃의 융점을 갖는 고형(固形) 수지까지 많은 종류가 있어 여러 가공방법으로 성형품을 얻을 수 있다.

㉲ 일반의 용제로도 용해가 쉽기 때문에 바니시(varnish)로서의 사용이 용이하다.

㉳ 다른 화합물이나 수지와 반응하기 쉽기 때문에 변형이 가능하고 응용분야가 넓다.

㉴ 비교적 저온에서 경화할 수 있고, 여기서 얻어진 경화물의 내열성은 높다.

㉵ 종래의 반응기, 가공기로도 용이하게 제품을 얻을 수 있다.

㉶ 저독성, 저피부자극성, 저축적성이 있다.

(7) SMC

① 점착성이 없어서 취급이 용이하다.

② 성형시의 흐름이 좋고, 특히 균일하여 매우 복잡한 형상에서도 유리섬유가 일정하며 우수한

물리적 성질을 갖고 있는 성형품을 얻을 수 있다.

③ 종래의 FRP 성형법에 비해서 매우 생산성이 높기 때문에 대량생산 할 경우에는 경제적으로 유리하다.

④ 성형품은 표면이 매끄럽고 유리섬유의 노출이 적기 때문에 사상(仕上) 공정을 단축할 수 있다.

⑤ BMC에 비하면 혼련에 의한 유리섬유의 손상이 없기 때문에 강도 높은 성형품을 얻을 수 있다.

⑥ 성형품은 유리함량이 높기 때문에 프리폼(freeform) 매치드 다이(matched die) 성형품과 동등한 또는 그 이상의 강도를 얻는다.

5) 용도

(1) 페놀계

페놀계 수지성형 재료의 주된 재료는 표 84에 나타낸다.

표 84 페놀수지 성형재료의 주용도

재료구분	JIS구분	용 도
고급 절연재료	PM-EC~EE	단자판, 스위치류, 통신기부품, 커넥터, 이그니이션코일, 디스트리부터 캠, 코일톱, 릴레이 스위치
절연재료	PM-EG	마그넷 스위치 하우징, 브레이커 하우징, 튜브홀더
일반용 재료	PM-GG~GE	배선기구, 조명기구, 부엌기구(냄비류의 손잡이), 다리미손잡이, 가습기 하우징
내열재료	PM-HG~HH	가전부품, 커퓨데이터, 내열전기부품, 기계부품, 자동차부품, 디스플레이기, 피스톤, 타이밍기어, 모터 앤드벨 브러시홀더, 풀리, 브랜더모터 하우징
내충격재료	PM-ME~MII	배전기, 자동차부품, 트랜스미션 리액터, 트랜스미션 래스트, 워셔파워어시스트 블랙퍼스터, 카뷰레터 볼, 다이어프램
내열재료	PM-FG~FH	텔레비전스위치, 통신기부품

(2) 에폭시계

IC, LSI 등 반도체(半導體) 몰딩 · 스위치 · 콘센트 · 플러그 · 보빈 · 진공관 베이스 · 콘덴서 케이스 · 단자판 · 브러시 홀더 · 디스트리뷰터 캡 등

IC, LSI, Tr(트랜지스터, transistor), Diode(다이오드) 등 반도체 몰딩 · 콘덴서 몰딩 · 접착 · 리드단자보강 · 밀봉형 릴레이 · 저항기 몰딩 · LED 몰딩 등에 사용된다.

(3) 실리콘계

변압기 등의 절연오일, 반도체 몰딩 오일 컴파운드, IC 기타 전자부품의 수지 몰딩, 절연바니시, 반도체소자, 정크션(junction) 코팅 등

(4) 디아릴프탈레이트

① 트랜지스터나 정류자 등의 소형 케이스류, 스위치, 전기기기의 핸들, 소형 전기부품
② 플러그 캡, 트랜지스터, 커뮤테이터(정류자), 커넥터, 정밀부품, 보빈, 전자기기부품
③ 마그넷 코어, 계산기부품, 통신기부품, 항공기부품, 단자판, 소형모터 커넥터
④ 브레이커, 마그넷 코어, 계산기부품, 항공기용 패널, 캐비닛, 배터리 케이스
⑤ 펌프임펠러 냉각장치, 밸브, 용수처리기부품, 전기기기부품
⑥ 미니모터용 커뮤테이터(정류자), 대형 인서트 함유 전기기구, 의료 전기기구, 손잡이, 푸시버튼, 커넥터, 항공기용 부품, 고주파 이용기, 내열용기기
⑦ 자동차부품, 커버너, 가동스프링
⑧ 릴레이, 저항기, 스위치, 가스기구부품
⑨ 스냅스위치, 브레이커

(5) 폴리이미드

구조부품재료용 키넬의 주된 용도를 표 85에서 나타낸다. 더욱 섭동부품재용 키넬에는 다음과 같은 용도가 있다. 스러스트 베어링, 저널 베어링, 피스톤링, 슬리브, 스러스트 워셔, 가이드 밸브 시트

표 85 구조부품재료용 키넬 성형품의 분야별 용도

용도 분야	용도 예	
전자 · 전기기기	• 컴퓨터 등의 프린트회로기판(다층) • 스위치, 타이머 서모스탯 등의 절연판 • 변압기의 코일과 2차 코일의 연결재 • 전자레인지의 차단판 • 히터 기판 • IC 커넥터 • 혼성 IC기반	
자동차	• 각종 기어류 • 피스톤 스커트 • 드라이브 샤프트 • 엔진로드	• 시가라이터 소켓 • 브레이크 라이닝 • 호일
항공기	• 엔진부품(엔진후부의 리버스 쇼벨 : 롤스로이스 RB-211 등) • 로켓가열 부품(레더동, 노즐, 보조날개 등) • 합재용 소형 컴퓨터의 다층 프린트회로기판 • 스페이스 셔틀의 윙크덤 • 컴프레서 블레이드 • 브로커 도어	
원자력 관련기기	• 우란의 원심분리기	
일반기계	• 펌프, 컴프레서의 날개 • 자동판매기 부품	

(6) BT 수지

그림 156는 종류와 주된 용도를 나타낸다.

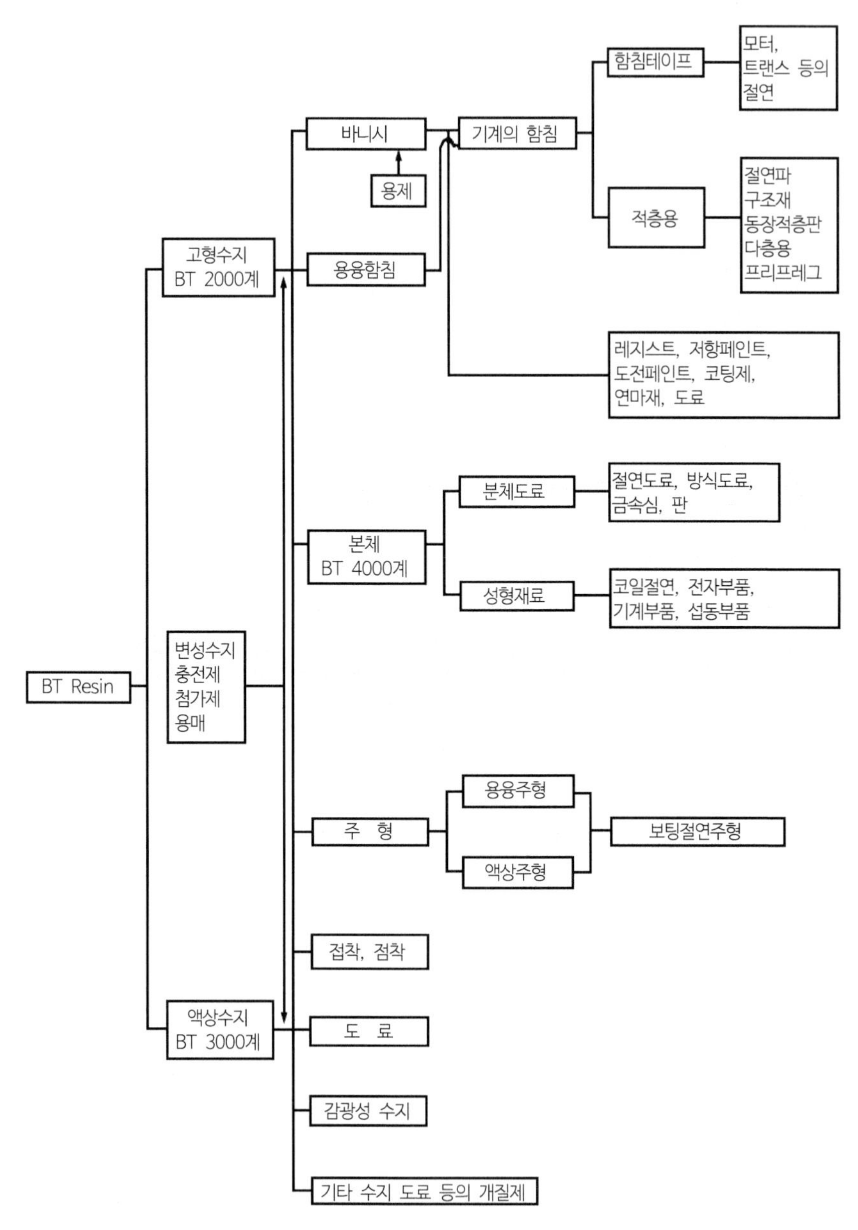

그림 156 BT Resin 수지의 주된 용도

(7) SMC · BMC

각종 하우징, 구조부재

6) 제조사(메이커)

① 페놀계

메이커	상품명	메이커	상품명
아사히유키자이공업 (旭有機材工業)	AV라이트 CP	후도화학공업 (不動化學工業)	후도라이트 F, FC
오터라이트 공업	오터라이트	마쓰시타전공 (松下電工)	내쇼날라이트 · 페놀미크
스미토모(住友) 베크라이트	스미콘 PM	산고쿠(三國) 라이트	니라이트
다이요수지공업 (太洋樹脂工業)	다이요라이트 P 다이요라이트 PS	미쓰비시가스화학 (三菱瓦斯化學)	에드라이트 RM, RMJ
도시바(東芝) 케미칼	도시바테코라이트	메이와화성 (明和化成)	메이콘
토오라이트화공	TY토오라이트	야마로쿠화성공업 (山六化成工業)	YP라이트
일본합성화공 (日本合成化工)	닉카라이트	미쓰이도아쓰화학 (三井東壓化學)	미렉스 XL
히타치화성공업 (日立化成工業)	스텐드라이트		

② 실리콘계

메이커	상품명	메이커	상품명
신에츠화학공업 (信越化學工業)		일본 유니카	
다우코닝(주)		헥스트 재팬	
도시바(東芝) 실리콘		일본 프란실	로드실
도레이(東レ) 실리콘			

③ 디아릴프탈레이트

메이커	상품명	메이커	상품명
아사히유키자이공업 (旭有機材工業)	AV라이트 DP	일본합성화공 (日本合成化工)	니찌다프
오터라이트 공업(주)	오터라이트 DG, DA	히타치화성공업 (日立化成工業)	히타치다프
오사카조달 (大阪曹達)	다이소다프	후도화학공업 (不動化學工業)	다플 D
스미토모(住友) 베크라이트	스미콘 AM		

④ BT수지

메이커	상품명
미쓰비시가스화학 (三菱瓦斯化學)	BT

⑤ 에폭시계

메이커	상품명	메이커	상품명
아사히화성공업 (旭化成工業)	AER	니혼쇼쿠바이화학공업 (日本觸媒化學工業)	옥시락
아사히덴카공업 (旭電化工業)	텀크레딘	일본 티바가이기	아릴다이트
스미토모(住友) 베크라이트	스미콘 EM, EME	닛토전기공업 (日東電氣工業)	니트론M
쇼와고분자 (昭和高分子)	리폭시 · 변성	바이엘 재팬(주)	렉썸
다이니혼(大日本) 잉크화학공업	에피크론	히타치화성공업 (日立化成工業)	히타치 에폭시
틱소(주)	짓소틱소녹스	미쓰이(三井)석유화학 에폭시	에폭스
도시바(東芝) 케미칼	도시바 에폭시	미쓰비시가스화학 (三菱瓦斯化學)	에드라이터 EM
토우토화성 (東都化成)	에포토오트	미쓰비시화성공업 (三菱化成工業)	에포섬
토오라이트 화공(주)	TE 토오라이트	油化 셀에폭시	에피코오트
일본합성화공 (日本合成化工)	아크메라이트		

⑥ 폴리이미드

메이커	상품명	메이커	상품명
스미토모(住友) 베크라이트	스미콘 IM	미쓰비시가스화학(三菱瓦斯化學)	PT수지
듀폰 재팬 리미리드	베스펠, 캡톤(필름)	로누・프란 재팬	로데프탈
도시바(東芝) 케미칼	이미다로이	우베흥산(宇部興產)	율렉스(필름)
도레이(東レ)	TI폴리머・폴리이미드계, 캡톤	히타치화성공업(日立化成工業)	파이프론(필름)
미쓰이석유화학공업(三井石油化學工業)	PABM		

⑦ 불포화 플리에스테르수지

메이커	상품명	메이커	상품명
쇼와고분자(昭和高分子)	리브랙	히타치화성공업(日立化成工業)	폴리세트
일본 유피카	유피카	다이니혼(大日本) 잉크화학공업	폴리라이트
니혼쇼쿠바이 화학공업(日本觸媒化學工業)	에폭락	다케다약품공업(武田藥品工業)	폴리말

7) 가격(일본 엔화 기준)

① 페놀계

성형재료(일반용) 400~500엔/kg

성형재료(고성능) 650~1,150엔/kg

② 에폭시계

성형재료 750~1,150엔/kg

주형재료 1,150~1,800엔/kg

③ 디아릴프탈레이트

생수지 900~1,600엔/kg

성형재료 900~1,600엔/kg

④ 폴리이미드
　성형용　10,000엔/kg
⑤ BT수지　3,200엔/kg
⑥ SMC　450~550엔/kg

8) 생산량, 출하량

① 페놀수지
표 86, 87에 나타낸다.

표 86 페놀수지재료의 생산추이 (단위 : ton, %)

재료 \ 연도		1985	1986	1987	1987/86
성형재료		60,028	57,170	55,500	97
적층품(積層品)	일반적층품	76,783	83,130	83,100	100
	화장판(化粧板) 코어	18,614	14,900	14,900	100
실몰드용		37,200	32,113	29,900	93
목재가공접착재		31,552	29.514	28,800	95
기타		101,252	96,725	93,800	97
합계		325,429	313,552	305,200	97

출처 : 합성수지공업협회

표 87 페놀성형재료의 용도별 구성추이 (단위 : %)

용도 \ 연도	1973	1975	1980	1983	'83/'73 (%)
통신 · 전자기기	7.2	9.1	7.0	7.1	98
TV · 음향기기	5.3	5.3	4.0	4.9	92
충전기기	18.9	15.0	21.7	19.8	105
배선기구	5.6	6.7	5.4	4.7	84
가전 · 민생용 기기	18.7	14.6	16.8	13.3	71
기계 · 계측기	3.3	3.9	3.2	3.9	118
자동차	16.7	17.3	21.3	23.4	140
주방 · 식기	19.2	25.1	14.3	17.8	93
수출 · 기타	5.1	3.0	5.1	5.1	100
합계	100.0	100.0	100.0	100.0	

출처 : 합성수지공업협회

② 에폭시수지

표 88, 89에 나타낸다.

표 88 에폭시수지 생산실적추이 (단위 : ton, %)

연도	생산량	전년비
1985	90,850	-
1986	101,753	112
1987	104,806	103

출처 : 화학공업통계

표 89 에폭시수지 용도별 수요추이 (단위 : ton, %)

용도	1985	1986	1987
도료	41,273	42,099	43,700
전기	35,164	44,307	46,400
토목 · 접착 기타	20,281	21,568	22,900
내수합계	96,718	107,974	113,000

용제함유의 웨이트 · 베이스
출처 : 에폭시수지공업회

③ 실리콘

실리콘은 응용범위가 넓고 용도는 모든 산업에 걸쳐 있지만, 분류하면 전기 · 전자 · 사무용기기 관련 35~40%, 건축관련 20~25%, 자동차관련 10~15%, 기타로 나눌 수 있다. 또 제품형태별로 보면 고무제품 50~55%, 오일관련제품 35~40%, 수지 기타 10% 정도로 생각된다.

최근에 FA(공장자동화), OA(사무자동화)의 호조로 볼 수 있듯이 전자관련 산업의 성장은 두드러졌다. 그 중에서 실리콘 제품은 높은 신뢰성으로 꾸준히 산업에 적용되어져 가고 있다. 반도체 · 전자부품의 코팅재, 포팅재, 실링재, 접착제, 또는 광섬유용 코팅재, 전자식 탁상계산기, 전기기기용 키보드 등이 있다(그림 157 참조).

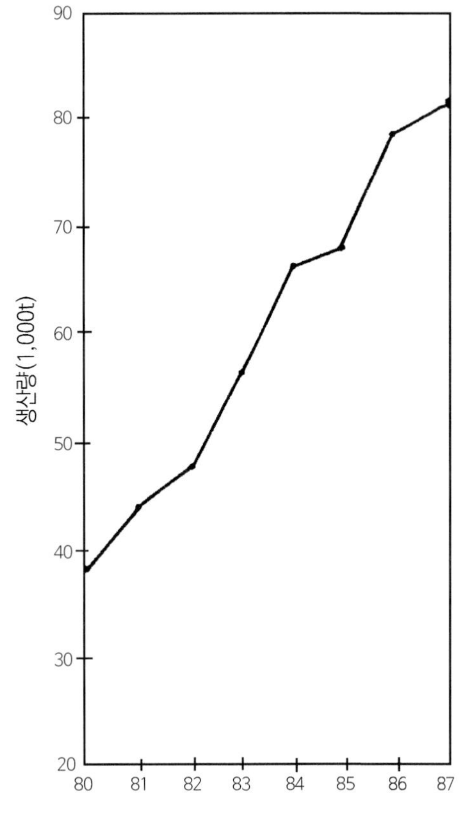

그림 157 거친 란생산량(통산산업성 화학공업 통계자료에 의함)

④ 디아릴프탈레이트 수지

표 90에 나타낸다. 원료의 프탈산의 종류에 의해 오소(ortho), 이소(iso), 텔레(tere)의 세 종류의 이성체가 존재한다. 현재 공업적으로 생산되고 있는 것은 오소, 이소의 두 종류이다. 최근에는 새로운 디알계의 〈다플렌〉을 판매하고 있다.

표 90 수지의 수요추이 (단위 : ton)

용도	1971	1973	1975	1977	1979	1981	1983
성형재료	300	950	700	1,000	1,250	1,050	1,100
화장판	600	850	700	900	1,000	1,000	1,050
기타(수출포함)	450	450	400	700	1,050	1,350	1,400
계	1,350	2,250	1,800	2,600	3,300	3,400	3,550

⑤ 폴리이미드(Polyimide)

이것은 흑연, PTFE 등을 충전한 섭동부재용 재료, 유리섬유나 탄소섬유에 강화시킨 고강성, 치수안정성을 요구하는 용도에 쓰이는 것을 말하며 듀폰(DuPont)의 〈베스펠〉, 도레이(Toray)의 〈TI폴리머〉 등이 있다. 그러나 수지의 성형가공이 매우 어려우므로 환봉, 판모양의 제품으로 판매하는 형태를 취하고 있다.

그 주된 용도로는 자동차의 엔진주변 부품, 베어링, 사출성형기의 드라이베어링, 건설기계용 트랜스미션 등의 실링류 및 스러스트 워셔류, PPC 베어링, 분리기, 용접 토치램프의 절연자 등이 있고 그 수요량은 연간 80 ton으로 추정된다.

⑥ 불포화 폴리에스테르수지

표 91에 나타낸다.

표 91 불포화 폴리에스테르수지의 생산실적

분류 \ 연도	1985년	1986년	1987년	1987/86
FPR용	150,649	147,602	-	-
기타	51,626	49,639	-	-
합계	202,275	197,241	201,000	102

출처 : 합성수지공업협회

9) 대표적 시판품의 물성자료

① 페놀계

표 92, 93, 94는 후도화학(不動化學) 〈후도라이트〉의 그레이드와 물성을 나타낸다.

② 에폭시계

표 95는 도시바(東芝)에폭시 성형재료의 명칭을 나타낸다. 표 96은 유리섬유 기재 동장적층판(銅張積層板)의 물성자료의 한 예를 나타냈다.

③ 실리콘

실리콘 수지는 광범위하기 때문에 여기서는 구조전자공업에 사용되는 그레이드를 표 97에 나타냈다[신에츠화학(信越化學)].

④ 디아릴프탈레이트 수지

표 98, 99는 후도화학(不動化學) 〈다플〉의 그레이드 물성을 나타낸다.

⑤ 폴리아미드

〈키넬〉 구조부품 재료용을 표 100에, 섭동부품재료를 표 101에 나타낸다.

⑥ BT수지

표 102는 유리섬유기재 BT수지 동장적층판(銅張積層板)의 물성을 다른 수지와 비교해서 나타낸다.

⑦ SMC

표 99는 다플의 종류와 그 특징 및 용도로, 다플 D의 특성은 각 제품의 번호에 따라 다소의 차이가 있지만 전기특성, 기계특성, 치수안정성, 내열성, 내습성, 내약품성이 우수하고 고온다습하에서도 전기특성 및 치수안정성이 매우 우수하다.

다플 DM의 일반적 특성은 다플 D와 같지만 내열성 및 열변형 온도가 30~50℃로 높은 내열용 성형재료이다.

표 92 후도라이트의 성능 및 특징

용도별 구분	JIS 해당 규격	품번	내전압 kV/mm	절연저항 MΩ		굽힘강도 kgf/mm^2	샤르비 충격강도 kgf · cm/cm^2	인장 강도 kgf/mm^2	가열후 외관 ℃-2hr	열변형 온도 18.5kgf $/cm^2$℃	성형 수축률 %	흡수율 %	비중 -
				상태	끓음후								
일반 절연용	PM-GE	F2110	9~12	10^3~10^4	10^1~10^2	8~12	3.0~4.0	6~8	170	145~155	1.25~1.60	0.20~0.30	1.35~1.39
		F2120	8~11	10^3~10^4	10^1~10^2	7~10	2.5~3.5	6~8	170	145~155	1.30~1.60	0.20~0.30	1.36~1.40
		F2300	8~12	10^3~10^4	10^1~10^2	9~12	3.0~4.0	5~7	170	150~160	1.00~1.40	0.10~0.30	1.37~1.41
		F2410	9~13	10^3~10^4	10^1~10^2	8~11	3.0~4.0	6~8	170	150~160	1.00~1.40	0.10~0.20	1.40~1.44
		F2500	10~14	10^4~10^5	10^2~10^3	9~12	3.0~4.0	5~7	180	150~165	1.00~1.30	0.10~0.30	1.39~1.43
전기 절연용	PM-EG	F370	13~16	10^5~10^6	10^3~10^5	7~9	3.5~4.5	6~8	170	150~160	0.65~0.70	0.05~0.15	1.33~1.36
		F3100	12~14	10^4~10^5	10^2~10^3	7~10	3.0~4.0	6~8	170	150~160	1.00~1.50	0.20~0.30	1.40~1.44
		F6300	10~14	10^4~10^5	10^2~10^3	9~12	3.0~4.5	5.5~7.5	190	160~175	0.90~1.20	0.10~0.25	1.40~1.44
		F900	10~13	10^5~10^6	10^3~10^4	11~14	3.5~5.0	6~8	190	170~180	0.70~1.00	0.30~0.50	1.40~1.44
고위 절연용	PM-EE	F200	12~15	10^5~10^6	10^4~10^5	7~10	3.0~3.5	6~8	170	140~150	0.90~1.20	0.10~0.20	1.30~1.32
고열 · 내열용	PM-HG	F5100F	9~13	10^3~10^4	10^2~10^3	9~11	3.0~3.5	6~8	>180	150~160	0.80~1.20	0.10~0.20	1.40~1.42
	PM-HH	F5700F	10~14	10^4~10^5	10^2~10^3	9~11	3.0~3.5	6~8	>180	160~180	0.80~1.20	0.10~0.20	1.40~1.42
		F3000F	7~10	10^4~10^5	10^2~10^3	7~9	3.0~4.0	3.5~5	200	180~190	0.40~0.80	0.10~0.20	1.70~1.74
		F5910F	10~13	10^5~10^6	10^3~10^4	10~12	3.5~4.5	6~8	>210	>190	1.00~1.20	0.15~0.25	1.39~1.43
		F5970F	9~11	10^5~10^6	10^4~10^5	9~11	4.0~5.0	4~6	>220	>220	0.70~0.90	0.05~0.15	1.60~1.64
		F5980F	9~11	10^5~10^6	10^4~10^5	7~9	2.5~3.5	4~6	>220	>210	0.55~0.75	0.05~0.15	1.71~1.75
		F6150	11~13	10^4~10^5	10^3~10^4	12~14	4.0~5.0	6~8	190	160~170	0.70~0.90	0.10~0.25	1.46~1.50

용도별 구분	JIS 해당 규격	품번	기타 특성	색	특 징	용도 예
일반 절연용	PM-GE	F2110	94HB 식품위생법 후생성고시 제434호에 합격	흑색	저비중 성형가공성 우량	일반전기부품 (배선기구, 단자 외) 주방기구부품 (조리기구 손잡이류 외) 열기구부품 (토스터오븐, 핫 플레이트) 가정용품 잡화
		F2120	94HB 식품위생법 후생성고시 제434호에 합격	흑색	성형가공성 · 충전성 양호	
		F2300		흑색	속경화타입 · 외관 우량	
		F2410	94HB		열안정성 · 충전성 우수	
		F2500	94HB		속경화타입, 전기특성 우량 치수안정성 우수	
전기 절연용	PM-EG	F370			전기적 성능 우량, 내금속크랙성 우량	중전(重電)기기부품 (브레이커, 메타커버) 전자개폐기 가전수전 스위치, 전기장치 부품, 밀폐형 기기 부품, 통신기 부품
		F3100	94HB		전기적 성능우수, 성형가공성 양호	
		F6300	94HB		속경화타입, 치수안정성 우수	
		F900	94HB 암모니아 발생 0.003 이하		암모니아프리, 금속부식 없음 치수안정성 우량	
고위 절연용	PM-EE	F200			고위갈색재료 열시내전압 양호	전자기기, 통신 · 신호기기 부품
고열 · 내열용	PM-HG	F5100F	94V-1(0.8mm)		UL인정재료, 성형가공성 우량 내열성, 내열성 우수, 전기특성 · 기계적 성능 양호	내열전기기기 부품 · 가전내열기구 부품
	PM-HH	F5700F	94V-0(0.008mm) 내아크성 121초 내트래킹성 130			
		F3000F	94V-0(0.5mm) 내아크성 184초 내트래킹성 210 암모니아발생량 0.003 이하		UL인정재료 암모니아프리 내열성 · 내열성 우수	전자기기 부품
		F5910F	94V-1(0.8mm) 내아크성 137초 암모니아발생량 0.003 이하		UL인정재료 암모니아프리 속경화(速硬化)타입 성형가공성으로 우수한 치수안정성 · 전기적 성능 우수 내열성 우수	릴레이 마이크로 스위치결전용 보빈 계측기부품 등 밀폐기부품
		F5970F	94V-0(0.5mm) 내아크성 183초 내트래킹성 210 암모니아발생량 0.003 이하			
		F5980F	94V-0(0.5mm) 내아크성 183초 내트래킹성 180 암모니아발생량 0.03 이하			
		F6150			내열성 치수안정성 우량 외관 양호	내충격부품, 전장부품

용도별 구분	JIS 해당 규격	품 번	내전압 kV/mm	절연저항 MΩ		굽힘강도 kgf/mm²	샤르피 충격강도 kgf·cm/cm²	인장강도 kgf/mm²	가열후 외관 ℃-2hr	열변형온도 18.5kgf/cm²℃	성형 수축률 %	흡수율 %	비중 -
				상태	끓음후								
전기·기계용	PM-ME	*FC1100	8~12	10^2~10^3	10^0~10^1	6~8	3.5~4.5	4~6	160	145~155	0.60~0.70	0.30~0.40	1.36~1.38
	PM-ME PM-MG	FC3450	11~14	10^4~10^5	10^2~10^3	6~8	4.0~6.0	5~7	170	150~160	0.80~1.10	0.30~0.40	1.35~1.40
	PM-ME PM-MG	FC4420	10~12	10^3~10^4	10^2~10^3	6~8	5.0~7.0	5~7	160	150~160	0.50~0.70	0.20~0.40	1.34~1.36
	PM-MI	*FC5590F	10~13	10^4~10^5	10^2~10^3	10~13	10.0~13.0	6~8	>210	210	0.10~0.20	0.05~0.10	1.90~1.92
	PM-MII	*FC6550	11~13	10^5~10^6	10^3~10^4	9~11	>15	5~6	200	200	0.20~0.30	0.05~0.10	1.68~1.70
	PM-HG	*FC9694F	3~5	10^3~10^4	10^2~10^3	9~11	8.0~11.0	6~8	200	200	0.20~0.40	0.10~0.15	1.75~1.77
식기용	PM-T	*F9250	-	-	-	6~8	3.0~3.5	6~8	170	-	0.60~0.90	0.30~0.40	1.35~1.38
		F9800	-	-	-	8~12	3.0~3.6	8~12	180	-	0.60~0.80	0.30~0.50	1.40~1.44
특수용	PM-GE PM-T	F2020GW	8~12	10^3~10^4	10^1~10^2	7~8	3.0~3.5	6~8	170	150~160	1.20~1.60	0.25~0.35	1.40~1.44
	PM-GM	F530	10~14	10^3~10^4	10^1~10^2	6~8	2.7~3.2	6~8	170	145~155	0.65~0.90	0.25~0.35	1.36~1.42

㈜ * 표시 : 압축 · 트랜스퍼(성형용재료)
* 표시없음 ; 무인(無印) : 압축 · 트랜스퍼(사출성형용재료)로 사출성형용재료는 품번에 기재

용도별 구분	JIS 해당 규격	품번	기타 특성	색	특 징	용도 예
전기·기계용	PM-ME	*FC1100		원색	펄프칩, 성형재료 성형가공성 우량	전기기구부품 · 섭동기기부품
	PM-ME PM-MG	FC3450		원색·흑색	헝겊칩 성형재료 전기적 성능 양호, 사출성형성 우수	전기기계구조부품 방직기(紡織機)부품
	PM-ME PM-MG	FC4420		원색	헝겊칩 성형재료 내충격성 · 전기적 성능 양호	
	PM-MI	*FC5590F	94V-0(1.0mm) 내아크성 191초 운수성 차재연시에 극난연성 평가	갈색	UL인정재료 유리장섬유 칩성형재료 내열성 · 고위충격성 우수	내연전기기구부품 · 차량기기 부품
	PM-MII	*FC6550		원색	유리장섬유 칩 성형재료 내충격성 · 치수안정성 우수	고강도 기계부품
	PM-HG	*FC9694F	94V-0(0.5mm)	갈색	UL인정재료 유리 · 무기질 칩 성형재료 열시치수안정성 우수	회전기기부품 중전(重電) 차량기기부품
식기용	PM-T	*F9250	식품위생법 후생성고시 434호에 합격	흑색	일반식기용재, 외관 양호, 도장성 내자비성(耐煮沸性) 우수	기소타용(器素他用)
		F9800	식품위생법 후생성고시 434호에 합격		고급식기용재 외관 · 광택 우수	고급식기용, 증기세조용 식기
특수용	PM-GE PM-T	F2020GW		황 · 적	사출성형에서 나무결 모양이 나온다.	주방 · 가전열기구부품, 가구조도부품
	PM-GM	F530	94HB	적 · 차 연지등	일반 전기성능 양호, 외관 양호	배전기구 주방기구부품

표 93 사출성형품 불량과 대책

불량의 종류	원인과 수정법	
	성형재료	성형가공금형
부풀림	ⓐ 유동이 매우 부드럽다. ⓑ 경화속도가 매우 느리다. ⓒ 재료의 흡습	ⓐ 경화시간이 짧다. ⓑ 실린더온도가 매우 낮다. ⓒ 금형온도가 매우 낮다. ⓓ 금형온도의 불균일
탄화	ⓐ 유동이 나쁘다.	ⓐ 실린더온도가 매우 높다. ⓑ 사출압력이 매우 높다. ⓒ 사출속도가 빠르다. ⓓ 게이트가 매우 좋다.
충전부족	ⓐ 유동이 나쁘다. ⓑ 경화속도가 매우 빠르다.	ⓐ 실린더온도가 너무 낮든지 너무 높다. ⓑ 사출압력이 너무 낮든지 2차압이 너무 낮다. ⓒ 평량(坪量) 부족 ⓓ 금형온도의 부적정 ⓔ 게이트가 작거나 위치부족 ⓕ 스프루(sprue)가 너무 길고 좁다. ⓖ 유동거리와 제품두께비가 너무 크다. ⓗ 스크류의 마모
싱크마크 (수축자국)	ⓐ 유동이 매우 부드럽다.	ⓐ 실린더 온도가 너무 낮다. ⓑ 사출압력이 너무 높다. ⓒ 사출스피드가 너무 빠르다. ⓓ 게이트가 너무 좁든가 스프루가 너무 길다. ⓔ 벤트가 작다.
플로우얼룩	ⓐ 유동이 매우 부드럽다. ⓑ 재료의 흡습 ⓒ 용융층이 불균일	ⓐ 실린더온도가 너무 낮다. ⓑ 가스배출의 부적정 ⓒ 사출압력이 너무 높다. ⓓ 플래시 홈을 넓혀 유동저항을 내린다.
리브마크 싱크마크	ⓐ 유동이 매우 부드럽다.	ⓐ 사출압력이 너무 낮거나 유지시간이 짧다. ⓑ 경화시간이 너무 짧다. ⓒ 실린더온도가 낮다. ⓓ 제품두께, 리브높이, 리브폭의 부적정

불량의 종류	원인과 수정법	
	성형재료	성형가공금형
광택불량	ⓐ 유동이 매우 부드럽다. ⓑ 재료의 흡습	ⓐ 경화시간이 매우 짧다. ⓑ 금형온도가 너무 낮다. ⓒ 금형의 표면이 얼룩진다.
웰드라인	ⓐ 유동이 나쁘다. ⓑ 경화속도가 매우 빠르다.	ⓐ 사출속도가 느리다. ⓑ 사출스피드가 느리다. ⓒ 금형온도가 높다. ⓓ 게이트의 형식, 위치가 부적당
휨	ⓐ 성형수축률이 크다. ⓑ 유동이 매우 부드럽다. ⓒ 재료수분이 많다. ⓓ 배향성이 강하다.	ⓐ 금형의 온도가 크다. ⓑ 두께차에 의한 경화의 불균일 ⓒ 사출압력, 유압시간 부족
크랙	ⓐ 성형수축률이 크다.	ⓐ 성형온도가 높다. ⓑ 경화시간이 부적정 ⓒ 금형인서트의 온도가 낮다. ⓓ 금형의 빼기구배 및 돌출방법이 부적당함

표 94 FUCP의 그레이드, 성질, 특징적인 장점 일람표

	항 목		단 위	품명 / 시험방법	5001	5002G	5002N
1	탄소섬유형태		-		단섬유	장섬유	장섬유
2	비중		-	JIS K 6911	1.45~1.48	1.45~1.48	1.45~1.48
3	비등흡수율		%	JIS K 6911	0.10~0.20	0.10~0.20	0.10~0.20
4	성형수축률		%	JIS K 6911	0.10~0.30	0.10~0.30	0.10~0.30
	[열 특 성]						
5*	하중휨온도		℃	JIS K 6911	300+	300+	300+
6	열전도율		10^{-3}cal/cm sec℃		>2.2	>2.2	>2.2
7	선팽창계수		10^{-5}/℃	ASTM D 696	1.3~1.5	1.3~1.5	1.3~1.5
8	내열성		-	UL 94	V-0 상당	V-0 상당	V-0 상당
	[전 기 특 성]						
9	체적저항률		Ω-cm	JIS K 6911	1~5×10	1~5×10	1~5×10
10	표면저항률		Ω	JIS K 6911	5~10	5~10	5~10
	[기 계 특 성]						
11	인장강도		kgf/mm^2	JIS K 6911	6~8	4~6	6~8
12	굴곡강도		kgf/mm^2	JIS K 6911	11~13	6~9	11~13
13	굴곡탄성률		kgf/mm^2	JIS K 6911	1,300~1,600	1,300~1,600	1,300~1,600
14	압축강도		kgf/mm^2	JIS K 6911	25~32	25~32	25~32
15	샤르피충격강도		kgf · cm/cm^2	JIS K 6911	3~5	5~7	10~12
16	경도		HR_M	JIS K 6911	105~115	105~115	105~115
	[마 찰 마 모 특 성]						
17	스러스트 시험	한계PV치	kgf/cm^2 · m/sin	V=35.7m/sec P=70kgf/cm^2	3,000	5,300	4,600
18		마찰계수			0.098	0.118	0.110
19		마모계수	cm/kgf/cm^2 · m/sin · H		2.3×10^{-7}	2.8×10^{-6}	2.4×10^{-6}
20	수중 스러스트 시험	한계PV치	kgf/cm^2 · m/sin		3,500	4,100	4,100
21		마찰계수			0.087	0.094	0.125
22		마모계수	cm/kgf/cm^2 · m/sin · H		1.3×10^{-8}	1.9×10^{-8}	3.2×10^{-8}
23	베어링	한계PV치	kgf/cm^2 · m/sin	V=94.2m/sec P=11.7kgf/cm^2	4,000	3,400	-
24		마찰계수			0.293	0.111	-
25		마모계수	cm/kgf/cm^2 · m/sin · H		1.5×10^{-9}	6.9×10^{-9}	-
	특 징				비교적 강도가 크고 물윤활성 양호	사출성형 가능한 장섬유제품	기계적 강도 큼, 대형 섭동체에 제일 적당

주) 5* : 최고측정온도 300℃

5006	5007	5012T	5112	6113	5021	5002ERG
장섬유	장섬유	단섬유	단섬유	단섬유	직포	단섬유
1.68~1.71	1.63~1.66	1.47~1.50	1.62~1.65	1.50~1.60	1.38~1.43	1.64~1.68
0.15~0.30	0.08~0.10	0.07~0.10	0.08~0.12	0.10~0.20	0.10~0.30	0.08~0.18
010~0.30	0.10~0.30	0.10~0.30	0.10~0.30	0.15~0.36	-	0.07~0.10
180	180	300+	300+	180	300+	300+
>2.2	>2.2	>2.2	>2.2	>2.2	>2.2	>2.2
1.0~1.3	1.1~1.3	1.2~1.4	1.0~1.2	1.0~1.5	H*1~3, V*3~9	0.9~1.2
V-0 상당	V-0 상당	V-0 상당	V-0 상당	V-0 상당	V-0 상당	V-0 상당
1~5	1~5	1~5×10	1~5	1~5	1~5×10	1~2×10
1~5	1~2	5~10	5~10	1~5	1~5	1~6×10^{-1}
5~7	5~7	3~5	3~5	4~6	-	3~7
10~12	10~12	7~9	7~9	6~9	H*, V*14~20	6~8
1,700~2,000	1,700~2,000	1,200~1,400	1,500~1,800	1,100~1,400	900~1,200	1,500~1,700
25~32	23~27	13~17	13~17	12~16	V*31~38	9~12
10~12	10~12	2~4	2~4	2~4	V*16~20	2~3
95~105	100~110	93~103	100~110	100~110	105~120	95~110
-	3,000	3,500	-	4,900	**2,900	-
-	0.078	0.1	-	0.08	**0.047	-
-	5×10^{-6}	4.7×10^{-6}	-	2.3×10^{-6}	**1.5×10^{-7}	-
1,700	4,600	3,000	5,800	4,600	-	-
0.113	0.103	0.064	0.116	0.105	-	-
3×10^{-8}	1.9×10^{-7}	2.9×10^{-8}	2.5×10^{-8}	3.9×10^{-8}	-	-
2,500	1,200	2,100	1,800	3,100	-	-
0.172	0.173	0.190	0.139	0.314	-	-
1.3×10^{-8}	8.5×10^{-9}	2.1×10^{-8}	1.1×10^{-8}	3.5×10^{-8}	-	-
강도 비교적 크고, 열팽창계수 작음, 치수안정성 양호	흡수성 작고 물윤활성 양호	테플론 합입, 도료오염성 작음	흡수성 작음, 물윤활성 양호	사출성형 양호, 양산품에 적합	탄소섬유 크므로 적층품에서 기계적 강도 큼, 기름윤활용	성형 후 태워서 탄소제품으로 이용

H* 층에 평행 ** 유중
V* 층에 수직

표 95 도시바(東芝) 에폭시 성형재료의 품목과 물성

표준적인 트랜스퍼 성형조건

항 목	단 위	KE-500 시리즈	KE-600 시리즈	KE-700 시리즈
재료자열온도	℃	80~90	80~90	80~90
성형압력	kgf/cm^2	40~120	40~120	40~120
금형온도	℃	160~180	160~180	160~180
경화시간	sec	60~150	60~150	60~150
아터기어	-	175℃×4H	175℃×8H	175℃×4H

일반특성

항 목	시험방법	단 위	KE-500	KE-600	KE-700	KE-710
스파이럴 플로	EMMI-I-66	cm	80±5	80±5	85±5	85±5
겔타임	도시바(東芝) 케미칼법 (열판법)	sec	28±3	28±3	28±3	25±3
비중	JISK-6911	-	1.8	1.9	2.0	2.0
굽힘강도	JISK-6911	kgf/mm^2	12	12	13	13
굽힘탄성률	JISK-6911	kgf/mm^2	1,300	1,300	1,400	1,400
샤르피충격강도	JISK-6911	$kgf\text{-}cm/cm^2$	2.5	2.5	2.5	2.5
끓음흡수율	JISK-6911 (열비등 25H)	%	0.34	0.40	0.45	0.50
선팽창계수	도시바(東芝) 케미칼법	1/℃	$a_1 : 1.9\times10^5$ $a_2 : 6.2\times10^5$	$a_1 : 2.6\times10^{-5}$ $a_2 : 7.8\times10^5$	$a_1 : 2.9\times10^5$ $a_2 : 7.4\times10^3$	$a_1 : 2.9\times10^5$ $a_2 : 8.1\times10^5$
유리전이점	도시바(東芝) 케미칼법	℃	168	175	167	170
열전도율	비정상법	cal/cm · s · ℃	16×10^{-4}	25×10^{-4}	45×10^{-4}	45×10^{-4}
내연성	UL94	-	94V-0 (0.8mm) 두께	94V-0 (0.8mm) 두께	94V-0 (0.8mm) 두께	94V-0 (0.8mm) 두께

항 목	시험방법	단 위	KE-500	KE-600	KE-700	KE-710
체적저항률 (상태)	JISK-6911	Ω · cm	>10^{16}	>10^{16}	>10^{16}	>10^{16}
체적저항률 (150℃)	JISK-6911	Ω · cm	5.5×10^{14}	6.0×10^{13}	3.3×10^{14}	1.5×10^{13}
유전율	JISK-6911	-	4.1	4.3	4.5	4.3
유전정접	JISK-6911	%	1.6	1.2	1.5	1.2

※ 실제의 성형품에 있어서의 특성치는 성형방법, 성형조건 등에 따라 변동된다.

그림 158은 스파이럴 플로(spiral flow)의 온도의존성을 나타낸다.

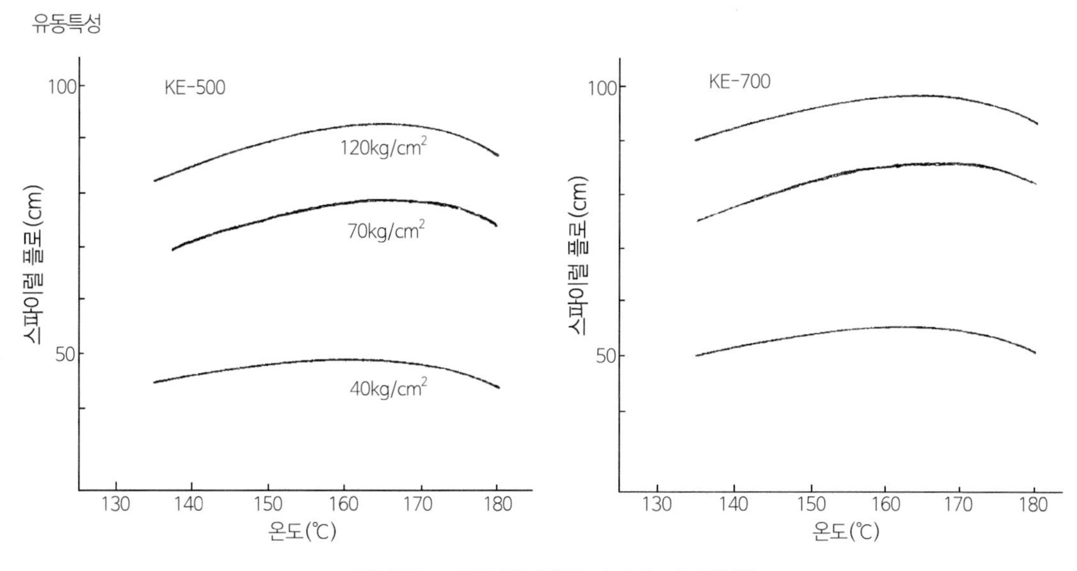

그림 158 스파이럴 플로(spiral flow) 의존성

표 96 유리에폭시 동장적층판(JIS GE-4)의 일반특성

시험규격 : JIS-C-6481
해당규격 : JIS-C-6484

※규격치가 보증성능, ※시험편의 두께는 1.6mm

시험항목		단위	처리조건	표준치		규격치
				TLC-551	MEL-4-4	
체적저항률	상태	Ω-cm	C-96/20/65	5.0×10^{14}~10^{15}	5.0×10^{14}~10^{15}	1×10^{13} 이상
	흡습처리후		C-96/20/65 +C-96/40/90	5.0×10^{13}~10^{14}	5.0×10^{13}~10^{14}	5×10^{13} 이상
표면저항 (접착제면)	상태	Ω	C-96/20/65	5.0×10^{12}~10^{13}	5.0×10^{12}~10^{13}	1×10^{12} 이상
	흡습처리후		C-96/20/65 +C-96/40/90	1.0×10^{12}~10^{13}	1.0×10^{12}~10^{13}	1×10^{11} 이상
표면저항 (적층판면)	상태	Ω	C-96/20/65	5.0×10^{12}~10^{13}	5.0×10^{12}~10^{13}	1×10^{12} 이상
	흡습처리후		C-96/20/65 +C-96/40/90	1.0×10^{12}~10^{13}	1.0×10^{12}~10^{13}	1×10^{11} 이상
절연저항	상태	Ω	C-96/20/65	5.0×10^{12}~10^{13}	5.0×10^{12}~10^{13}	5×10^{11} 이상
	자비(煮沸)후		C-96/20/65 +D-2/90	1.0×10^{11}~10^{12}	1.0×10^{11}~10^{12}	1×10^{9} 이상
유전(誘電)율 (1MHz)	상태	-	C-96/20/65	4.6~5.0	4.6~5.0	5.5 이하
	흡습처리후		C-96/20/65 +D-48/50	4.8~5.2	4.8~5.2	5.8 이하
유전정접 (1MHz)	상태	-	C-96/20/65	0.020~0.028	0.020~0.028	0.035 이하
	흡습처리후		C-96/20/65 +D-48/50	0.022~0.032	0.022~0.032	0.045 이하
납땜내열성 260℃	상태	sec	A	90~	90~	20 이상
	자비(煮沸)후		D-1/100	90~	90~	20 이상
내열성		-		140℃, 120분 이상 없음	140℃, 120분 이상 없음	140℃, 60분간의 가열처리 후, 부풀거나 벗겨지지 않을 것
굽힘강도	세로	kgf/mm^2	A	50~55	50~55	32 이상
	가로		A	40~45	40~45	32 이상

시험항목			단위	처리조건	표준치		규격치
					TLC-551	MEL-4-4	
내약품성		내크리크랜성	-	자비(煮沸) 크리크랜 침지(浸漬)	5분 이상 없음	5분 이상없음	5분간 담금 후, 부풀거나 벗겨지지 않고, 외관상으로 현저한 변화가 없을 것
		내KCN성	%	A	10 이하	10 이하	접착강도의 저하율은 30% 이내일 것.
접착강도	동박 0.035mm	상태	kgf/cm	A	1.80~2.20	1.80~2.20	1.60 이상
		납땜처리후		S4(20초/260℃)	1.80~2.20	1.80~220	1.60 이상
		가열시		E-1/125	1.40~1.70	1.40~1.70	1.00 이상
	동박 0.018mm	상태	kgf/cm	A	1.40~1.80	1.40~1.80	1.40 이상
		납땜처리후		S4(20초/260℃)	1.40~1.80	1.40~1.80	1.40 이상
		가열시		E-1/125	1.00~1.30	1.00~1.30	0.90 이상
흡수율 1.6t			%	E-24/50 +D-24/23	0.08~0.12	0.10~0.15	0.25 이하
내연성		JIS법	sec	A	0~2	-	15 이하
		UL법		A E-168/70	평균 3 이하 최대 6 이하 94V-0	-	평균 5 이하 최대 10 이하 94V-0

※ 처리조건은 JIS C 648에 따라 다음과 같다.

(1) 알파벳은 시험편의 처리의 종류를 나타낸다.
- A : 수리한 상태이므로 처리를 하지 않는다.
- C : 항온항습의 공기중에서 처리를 한다.
- D : 항온의 수중에서 침적처리를 한다.
- E : 항온의 공기중에서 처리를 한다.
- S4 : 온도 260℃의 용해된 납 위에 20초 간격을 띄우는 처리를 한다.

(2) 최초의 숫자는 처리를 나타낸다.

(3) 2번째의 숫자는 처리의 온도를 표시한다.

(4) 3번째의 숫자는 처리의 상대습도를 나타낸다.

(5) 알파벳과 숫자는 가로선(횡선)이므로, 숫자의 숫자는 차선으로 둔다.

(6) 2종류 이상의 처리를 할 때는 플러스로 연결하고, 그 순서로 행한다.

예 : C-96/25/65+D-2/100

온도 20℃, 습도 65%의 항온항습의 공기중에서 96시간의 처리를 하고, 다음에 100℃의 자비(煮沸)수중에 2시간 담그는 것을 나타낸다.

표 97 전자공업용으로써 사용되는 실리콘 제품[신에츠화학(信越化學)]

분 류	품 명	그레이드	특 징
주입용 실리콘 및 하포용 실리콘	오일	KF 96	일반용
		KF 54	내열성
		KF 965	초내열성
	투명 RTV 고무	KE 102, 103RTV	일반용
		KE 104GEL	겔 상태로 경화
		KE 106LTV	고강도
	그리스·오일컴파운드	KS 64	절연용, 윤활용
		HIVAC-G, G-2	고진공용
	RTV·LTV 고무	KE 1091RTV 시리즈	일반용
		KE 16RTV	일반용
		KE 1201LTV	난연성
		KE 1202LTV	난연성
		KE 1204(A·B)LTV	난연성, 100℃·5분으로 가류(加硫)
반도체용 실리콘	몰딩 컴파운드	KMC 8, 9	재색입상
		KMC 10, 12, 13	유리섬유함유
코팅 접착용 실리콘	일액형(一液型) RTV 고무	KE 44, KE 45, KE 45S-RTV	탈 옥심타입
		KE 47, KE 471, KE 48RTV	탈 알코올타입
	바니시 (Varnish, 와니스)	KR 251, KR 253	상온건조
		KR 114	상온건조, 피막이 왁스
	정크션 코팅레진	KJR 601, KJR 602, KJR 603	리지드타입
		KJR 9020, KJR 9030	플렉시블타입
	그리스·오일컴파운드	KS 62F, 62M, 64, 64F	절연·윤활제
		KS 609	방열용 그리스
함침용 실리콘	오일	KF 96	
	바니시 (Varnish, 와니스)	KR 282, 285	H종 코일 함침용
		KR 291	H종 저온도금 코일 함침용
		KR 255	방습, 발수용

분 류	품 명	그레이드	특 징
성형용 실리콘	고무	KE 133R-U	고무, 유리, 클로스테이프용
		KE 151-U	튜브 압출, 성형용
		KE 550	전선피복, 성형용
		KE 555-U, 575-U	압출용, 고인열(高引裂)
		KE 600-U, 601-U, 702-U, 800-U, 901-U 시리즈	성형용
		KE 5600-U 시리즈	난연성
		ST 열수축고무칩	가열에 의해 1/2로 수축
	바니시 (Varnish, 와니스)	KR 272	H종 유리크로스, 슬리브, 테이프용
		KR 275, 278	H종 유리크로스, 슬리브, 테이프용 저온도금
		KR 260	H종 마이커 접착용
		KR 266	H종 고압적층용
		KR 267	H종 저압적층용
		KR 2706	H종 유리크로스, 슬리브용
	몰딩 컴파운드	KMC-300, 400 시리즈	섬유상, 난연성, 강도 크다
		KMC-2000 시리즈	프리프레그, 난연성, 강도 크다
기타 첨가제	카본 펑크셔널시란	KBM 시리즈	유리섬유 강화용
	탈포제	KS 603	합성수지의 탈포제

표 98 다플 성능표

품 명		단 위	D-200	D-300	D-500	D-600
JIS 종류			DM-ME			DM-IGE
JIS 허가				DM-GE	DM-GE	
수지(樹脂)			디아릴프탈레이트			
입형(粒形)			파우더, 그래뉼			플레이크
카사바리계수		-	2.0~2.5	2.5~3.0	3.0~3.5	6.0~8.0
비중		-	1.78~1.82	1.65~1.68	1.65~1.68	1.65~1.68
성형수축률		%	0.55~0.75	0.4~0.65	0.4~0.65	0.25~0.4
고온치수변화율		%	0.08~0.20	0.15	0.15	0.05
흡수율		%	0.07~0.12	0.07~0.12	0.07~0.12	0.07~0.12
자비(煮沸)흡수율		%	0.1~0.2	0.1~0.2	0.1~0.2	0.1~0.2
열변형온도		℃	150~160	160~170	160~180	230
내열성(2hr)		℃	180	180	180	210
절연파단 강도 (단계법)	상태	kV/mm	12~15	12~16	12~16	12~16
	침적후	kV/mm	10~13	12~16	12~16	12~16
파괴전압	상태	kV	40~45	45~50	45~50	45~50
	침적후	kV	35~40	40~45	40~45	40~45
절연저항	상태	Ω	10^{14}~10^{16}	10^{15}~10^{16}	10^{15}~10^{16}	10^{15}~10^{16}
	자비(煮沸)후	Ω	10^{12}~10^{13}	10^{13}~10^{14}	10^{11}~10^{11}	10^{11}~10^{14}
장기습(濕) 중 전기저항	체적(體積)	Ω	10^{9}~10^{11}	10^{9}~10^{10}	10^{9}~10^{10}	5×10^{9}~10^{10}
	표면	Ω	10^{8}~10^{10}	10^{8}~10^{10}	10^{8}~10^{10}	5×10^{9}~10^{10}
유전(誘電)율	상태	-	5.5~6	4.4~4.6	4.4~4.6	4.4~4.6
	침적후	-	5.5~6	4.5~4.7	4.5~4.7	4.5~4.7
유전정접	상태	-	0.02~0.03	0.013~0.015	0.012~0.015	0.012~0.018
	침적후	-	0.02~0.035	0.015~0.017	0.012~0.015	0.012~0.019
내아크성		sec	120~130	120~130	120~130	120~130
굽힘강도		kgf/mm^2	5~8	6~9	6.5~10	7~11
샤르피충격강도(직교)		$kgf\text{-}cm/cm^2$	2~3	3~5	3.5~6	15
인장강도		kgf/mm^2	3~5	3.5~6	4~6	3.5~6
압축강도		kgf/mm^2	13~15	13~6	13~16	14.5~17

D-800	D-900	D-1500	D-500J	DM-200	DM-300	D-200F
DM-2SG		DM-GE		DIM-ME	DIM-GE	
	DM-GE		DM-GE			
디아릴프탈레이트				디아릴이소프탈레이트		디아릴프탈레이트
펠릿	파우더, 그래뉼	그래뉼	펠릿	파우더, 그래뉼		파우더, 그래뉼
3.5~4.0	2.1~2.6	3.0~3.5	3.0~3.5	2.5~3.0	3.0~3.5	2~3
1.31~1.34	1.50~1.55	1.65~1.68	1.65~1.68	1.82~1.85	1.65~1.68	1.9~2.0
1.0~1.3	0.55~0.75	0.4~0.6	0.7~1.0	0.3~0.5	0.4~0.65	0.4~0.6
0.1~0.2	0.25~0.50	0.10	*0.15	0.05	0.05	0.15
0.10~0.15	0.40~0.50	0.04~0.08	0.07~0.12	0.07~0.12	0.07~0.12	0.07~0.12
0.15~0.25	0.40~0.60	0.15~0.25	0.1~0.25	0.1~0.2	0.1~0.2	0.1~0.2
120~140	130~150	170~180	*160~180	230	250	150~160
170	170	230	180	230	240	180
12~16	12~16	12~16	12~16	12~16	13~18	11~16
12~16	2~6	12~16	12~16	12~16	13~18	11~16
45~50	2~6	45~50	*45~50	40~45	45~50	40~45
40~45	2~6	40~45	*40~45	35~40	40~45	35~40
10^{13}~10^{16}	10^{12}~10^{14}	10^{14}~10^{16}	10^{14}~10^{16}	10^{14}~10^{16}	10^{15}~10^{18}	10^{14}~10^{16}
10^{13}~10^{14}	10^{10}~10^{11}	10^{12}~10^{14}	10^{12}~10^{14}	10^{12}~10^{14}	10^{11}~10^{14}	10^{12}~10^{14}
10^{10}~10^{11}	-	10^{9}~10^{10}	*10^{9}~10^{10}	10^{9}~10^{11}	10^{10}~10^{14}	10^{8}~10^{10}
10^{10}~10^{11}	-	10^{8}~10^{10}	*10^{8}~10^{10}	10^{8}~10^{10}	5×10^{9}~10^{10}	10^{7}~10^{10}
3.6~3.8	5.3~5.5	4.4~4.6	4.4~4.6	4.5~5.3	4.4~4.6	5~5.5
3.7~3.9	-	4.5~4.7	4.5~4.7	4.6~5.4	4.5~4.7	5~5.5
0.012~0.020	0.030~0.045	0.013~0.015	0.012~0.015	0.01~0.02	0.01~0.015	0.01~0.02
0.012~0.023	-	0.015~0.017	0.012~0.015	0.01~0.025	0.01~0.017	0.01~0.02
115~125	120~130	120~130	120~130	180~200	120~130	180~185
5~7	6~8	6~10	9~12	5~7	6~9	5~7
12~14	2~4.5	3~5	3~5	2.5~4	3.5~5	2~4
2.5~4.5	3~5	4~6	*4~6	3~5	3.5~6	-
12~15	11~14	13~16	*13~16	13~15	13~16	-

* 은 압축성형에 의함

표 99 다플종류와 특성 및 용도

품번	기재	JIS종류	MIL 대응	타입	특징	용도
D-200	무기질	DM-ME	MIL-M-14F의 MDG	압축	저가격으로 전기특성, 내열성, 치수안정성이 양호	트랜지스터와 정류자 등의 소형케이스류, 전기기구, 핸들, 소형 전기부품
D-300	유리단섬유	JIS D-6918 허가 DM-GE	MIL-M-14F의 SDG	압축 트랜스퍼	다플의 표준품, 전기특성, 내열성, 치수안정성이 우수, 성형성이 양호하고 고위전기용	소형전기부품, 플러그 캡 트랜지스터, 커뮤데이터 커넥터, 정밀부품, 보빈, 전기기구부품
D-500	유리단섬유	JIS K-6918 허가 DM-GE	MIL-M-14F의 SDG	압축 트랜스퍼	다플표준품, 특히 고온다습하의 전기특성, 치수안정성으로 우수한 고위전기용	마그넷 코어, 계산기부품, 통신기부품, 항공기부품, 커뮤데이터, 단자판, 소형모터 커넥터
D-600	유리장섬유	DM-IGE	MIL-P-19833 일 GDI-30	압축 트랜스퍼	고위의 내마모성을 갖고 고온다습하의 전기특성, 치수안정성이 우수	브레이커, 마그넷 코어, 계산기부품, 항공기용 패널 캐비넷, 배터리케이스
D-800	폴리에스테르섬유	DM-2SG	MIL-M-14F의 SDI-30		저비중으로 고위의 내마모성, 내습성, 전기특성이 우수	펌프, 익차(翼車), 분각(汾却)장치, 밸브, 용수처리기부품, 전기기구부품
D-900	펄프	JIS D-6918 허가 DM-PG			저비중으로 외관 색조양호 유색재료로서, 고도의 특성을 필요로 하는 장식구조부품에 최적	미니모터용 커뮤데이터, 대형 인서트 포함, 전기기구, 의료전기기구, 손잡이, 푸시버튼
D-1500	유리단섬유	DM-GE	MIL-M-14F의 SDG		D-300과 동등성능을 갖고 높은 내열성(230℃), 성형성이 양호, 외관(광택)이 우수	커넥터, 항공기부품, 고주파 이용기구, 내열용 기구
D-500 J_1	유리단섬유	JIS D-6918 허가 DM-GE	MIL-M-14F의 SDG	사출	D-500의 특징, 성능을 가진 사출용 성형재료	커넥터, 자동차부품, 소형모터용 커뮤데이터, 단자판, 통기기부품, 항공기부품, 커비나, 가동바네, 전자기구부품
D-500 J_5	유리단섬유	JIS D-6918 허가 DM-GE	MIL-M-14F의 SDG	사출	D-500의 특징, 성능을 가진 연경화타입의 사출용 성형재료	
DM-200	무기질	DIM-ME	MIL-M-14F의 MDG	압축	고위의 내열성과 내아크성을 갖고, 전기특성, 치수안정성이 양호	릴레이, 저항기, 커넥터 스위치, 가스기구부품
DM-300	유리단섬유	DIM-GE	MIL-M-14F의 SDG	압축 트랜스퍼	고내열용 표준품, 특히 고온다습하의 전기특성, 치수안정성이 우수	커넥터, 저항기부품, 통신기부품, 제어기계류 내기구부품
D-2000 F	무기질 유리단섬유	UL 규격설정 SE-O UL	재료 File No-46770		고위 내아크성, 자기 소화성	스냅스위치, 단자판, 릴레이 커넥터, 브레이커

표 100 구조부품 재료용 키넬성형품의 대표적 물성

물성항목		단위	시험방법	시험조건	5504	5514	5515	3515	4515
비중			ASTM D 792		1.9	1.7	1.6	1.6	1.6
기계적 성질	인장강도	kgf/mm^2	ASTM D 638	25℃	16	4.5	5	5	10
				250℃	12	4	4.5	4.5	9
	굽힘강도	kgf/mm^2	ASTM D 790	25℃	35	15	9	9	13
				250℃	25	12.5	8	8	12
	굽힘탄성률	kgf/mm^2	ASTM D 790	25℃	2,100	1,400	750	750	850
				250℃	1,700	1,050	500	550	630
	아이조드 충격강도	kgf · cm/cm	ASTM D 256	노치있음 25℃	80	30	8	8	7
	로크웰경도	M 스케일	ASTM D 785		120	118	115	115	115
	압축강도	kgf/mm^2	ASTM D 695	25℃	23	24	18	18	18
				250℃	13	14	10	10	
열적 성질	열변형온도	℃	ASTM D 648	18.5kgf/cm^2	330	330	320	320	320
	팽창계수	cm/cm/℃	ASTM D 696	0~300℃	14×10^{-6}	13×10^{-6}	$15\sim30\times10^{-6}$	$15\sim30\times10^{-6}$	40×10^{-6}
	열전도율	Kcal/m · hr · ℃	ASTM D 621		0.43	0.31	0.28	0.28	0.30
	하중변형	%	ASTM D 621	281kgf/cm^2 25℃	0.1		0.1	0.1	
				281kgf/cm^2 50℃		0.1			
				281kgf/cm^2 150℃	0.2				
	연소성		AIR 0978 A		불연	불연	불연	불연	불연
성형수축률		%	ASTM D 955		0.1 이하	0.1	0.2	0.2	0.3
전기적 성질	체적 고유저항	Ω · cm	ASTM D 257		5×10^{15}	1×10^{16}	3×10^{16}	3×10^{16}	3×10^{15}
	절연 파괴전압	KV/m	ASTM D 149		20	18	10	10	14
	유전율		ASTM D 150	1MHz	4.7	4.5	3.5	3.5	4.1
	유전정접		ASTM D 150	1MHz	7×10^{-3}	1.7×10^{-2}	9×10^{-3}	9×10^{-3}	1.5×10^{-2}
수분흡수		%	ASTM D 570	25℃ 24시간	0.5	0.5	0.6	0.6	0.6

표 101 섭동부품 재료용 키넬성형품의 대표적 물성

물성항목		단위	시험방법	시험조건	5505	5508	5511	5517 6517	5518 6518
비중			ASTM D 792		1.5	1.6	1.6~1.7	1.5	1.4
기계적 성질	인장강도	kgf/mm^2	ASTM D 638	25℃	4	3.3	3.2	4.0	3.5
				250℃	2.5	2.2	2.3	3.0	2.5
	굽힘강도	kgf/mm^2	ASTM D 790	25℃	9	8	10	9	5
				250℃	6.5	5.5	7.5	5.5	4
	굽힘탄성률	kgf/mm^2	ASTM D 790	25℃	630	740	1,000	530	275
				250℃	530	700	900	450	225
	아이조드 충격강도	kgf · cm/cm	ASTM D 256	노치있음	1.4	2.2	3~4	1.4	1.2
	로크웰 경도	M스케일	ASTM D 785		110	100	110	110	115
	압축강도	kgf/mm^2	ASTM D 695	25℃	14.0	11.0	11.0	15.5	14.0
				250℃	10.7	7.8	7.0	10.3	7.8
마모특성	한계 PV식	kgf/cm^2 · m/초			1.7~2.3	1.8~2.2	1.2~1.4	2.7~3	6~7
	충격계수			PV=2.4kgf/cm^2 · m/초	0.10~0.25	0.10~0.20	0.10~0.30	0.10~0.25	0.10~0.20
	마모율	inch/1,000hr		PV=1.5kgf/cm^2 · m/초	0.002	0.005	-	0.011~0.02	0.04
				PV=3.3kgf/cm^2 · m/초	0.03	0.047	-	0.05	0.004~0.008
열적 성질	열변형온도	℃	ASTM D 648	18.5kgf/cm^2	>290	>290	>290	>290	>290
	팽창계수	cm/cm/℃	ASTM D 696	0~300℃	19×10^{-6}	15×10^{-6}	14×10^{-6}	18×10^{-6}	66×10^{-6}
	열전도율	Kcal/m · hr · ℃	ASTM D 621		1.0	1.5	1.3	1.4	0.22
성형수축률		%	ASTM D 955		0.5	0.5	0.2	0.5	0.8~1.0
수분흡수		%	ASTM D 570	25℃ 24시간	0.6	0.6	-	0.3	0.3

표 102 BT수지와 각종 수지의 적층판 특성 비교표

항 목	단위	에폭시	자이록	트리아딘 A	BT 2670	폴리이미드
유리전이온도	℃	110	225	255	310	290
내열성	-	Fair	Very Good	Excellent	Very Excellent	Very Excellent
납땜내열성	-	-	-	350℃/20sec	400℃/20sec	-
내산화성	-	Fair	Excellent	Very Good	Very Excellent	Very Excellent
내연성(UL법)	-	94HB 상당	94HB 상당	94HB 상당	94V-1 상당	94V-0 상당
내약품성	-	Good	Excellent	Excellent	Excellent	Excellent
굽힘강도	kgf/mm^2	60	45	60	60	50
접착강도	kgf/cm	1.7~1.9	1.2~1.3	1.7~1.9	1.5~1.7	1.2~1.4
접착강도(150℃)	kgf/cm	0.7~0.8	0.8~0.9	1.6~1.8	1.4~1.6	0.9~1.1
유전율(1MHz)	-	4.8	4.5	4.23	4.15	4.5
유전정접(1MHz)	-	0.0200	0.0150	0.0026	0.0020	0.0100
Q특성(1MHz)	-	85	110	150	-	120
Q특성(100MHz)	-	95	95	300	-	130
표면저항	Ω	1×10^{13}	1×10^{14}	5×10^{14}	1×10^{14}	1×10^{14}
체적저항률	Ω · cm	1×10^{14}	1×10^{15}	1×10^{15}	1×10^{15}	1×10^{15}
체적저항률 (흡습10일)	Ω · cm	1×10^{12}	1×10^{12}	5×10^{14}	5×10^{14}	5×10^{14}
유리포처리	-	에폭시시란	에폭시시란	스티렌시란	스티렌시란	아미노시란
프리프레그 함침성	-	Good	Good	Very Good	Very Good	Fair
프리프레그 수지분	%	60	52	50	55	60
프리프레그 겔타임 (168℃)	sec	100	255	70	100	-
프리프레그 겔타임 유동성	%	30	25	20	25	35
프리프레그 겔타임 중간 접착성	-	Good	Good	Good	Good	Fair
프리프레그 겔타임 점성	-	Fluid	Viscous	Very Fluid	Very Fluid	Very Viscous
구멍뚫기 가공성	-	Good	Good	Excellent	Very Excellent	Excellent

1. 이국환, “4차 산업혁명의 핵심소재, 플라스틱 미래산업에 답하다”, 기전연구사, 2019.
2. 이국환, “최신 제품설계(Advanced Product Design)”, 기전연구사, 2017.
3. 이국환, “제품설계 · 개발공학(Product Design and Development Engineering)”, 기전연구사, 2008.
4. 홍명웅 편저, “엔지니어링 플라스틱 편람”, 기전연구사, 2007.
5. 황한섭, “사출성형공정과 금형”, 기전연구사, 2014.
6. 이진희, “섬유 강화 플라스틱”, 기전연구사, 2009.
7. 플라스틱재료연구회 역, “플라스틱재료 독본”, 기전연구사, 1999.
8. 桑嶋 幹, 久保敬次 공저, “기능성 플라스틱의 기본”, SoftBank Creative, 2011.
9. 이국환, “설계사례 중심의 기구설계(개정증보판)”, 기전연구사, 2021.
10. 이국환, “교육 · 강연 · 세미나 · 기술컨설팅 자료 등”, 2016.
11. 이국환, “연구개발 및 기술이전 자료, 논문 등”, 2017.
12. 이국환, “전자제품 기구설계 강의자료 등”, 2016.

찾아보기

【한글】

【영문】

저자 소개

이국환(李國煥)

한양대학교 정밀기계공학과와 동대학원을 졸업한 후 한국산업기술대학교에서 기계시스템응용설계 관련 박사학위를 받았다. 30년 이상 대우자동차 연구소, LG전자 중앙연구소, 대학교에서 기계·시스템 및 부품·소재, 전자·정보통신, 환경·에너지, 의료기기 산업 등에서 아주 다양한 융·복합기술 분야의 첨단 R&D, 제품개발 및 프로젝트를 수행하였다.

주요 내역은 다음과 같다.

- LG전자 특허발명왕 2년(1992년~1993년) 연속 수상(회사 최초)
- LG그룹 연구개발 우수상 수상(1996년) – 국내 최초 및 세계 최소형·최경량 PDA(개인휴대정보단말기) 개발로 1996년 한국전자전시회 국무총리상 수상
- 문화관광부선정 기술과학분야 우수학술도서 저술상 3회 수상(1998년, 2001년, 2014년) – 국내 최다
- 2021년 제39회 한국과학기술도서상 출판대상 수상(과학기술정보통신부장관상) – "이국환 교수와 함께하는 스마트폰 개발과 설계기술" 시리즈 총 3권
- "중소기업을 위한 지식재산관리 매뉴얼" 자문 및 감수위원(특허청, 대한변리사회)
- LG전자, 삼성전자, 에이스안테나, 만도 등 다수 기업(BM발굴, 개발 및 현업문제해결 컨설팅, 특강)과 현대·기아 차세대 자동차 연구소(창의적 문제해결 방법론 교육)
- 삼성전기에서 제품개발 및 설계 직무교육
- 정부출연연구기관, 한국산업단지공단, 중소기업진흥공단, 지자체, 대학교 등에서 창의적 제품개발, 신사업발굴, R&D 전략 및 기술사업화(R&BD), 창의적 문제해결방법론 등 교육 및 강의
- 첨단 제품 및 시스템 관련 미국특허(2건), 중국특허(2건) 및 국내특허 20여개 보유

현재 한국산업기술대학교에서 기계시스템응용설계, 창의적 공학설계, ICT 제품설계·개발 등과 더불어 대학원에서 기술사업화 및 R&D전략, 특허기반의 제품·시스템개발 및 기술사업화(IP-R&D, R&BD), 기술경영(MOT) 등을 가르치고 있으며, 정부 R&D 개발사업화 과제 선정 및 평가위원장 등 다수 역할을 수행하고 있다.

또한, 다양한 융·복합기술 분야에서 창의적이며 혁신적인 특허·지식재산권(PM : Personal Mobility, 전동개인이동수단 관련 다수의 국내 및 미국특허등록, 중국특허등록, 해외특허 PCT 출원)을 보유하고 있으며 이를 활용한 글로벌 혁신적, 창의적이며 차별화된 첨단 제품과 시스템 개발에도 열정을 쏟고 있다. 다음과 같은 전문 분야에서도 활발한 활동을 하고 있다.

- 창의적 문제해결의 방법론 및 창의적 개념설계안의 도출·구체화
- 특허기술의 사업화(Open innovation), 특허분석 및 회피설계
- 제품개발과 기술사업화 전략, 사업아이템 발굴 및 BM(비즈니스 모델) 전략수립
- 제품·시스템설계 및 개발공학, 동시공학적 개발(CAD/CAE/CAM), 원가절감(VE) 및 생산성(Q.C.D) 향상
- 기술예측, R&D 평가 등

저서로는 〈설계사례 중심의 기구설계(개정증보판)〉, 〈스마트폰 부품목록과 설계도면〉, 〈스마트폰 개발전략(Development Strategy of Smart Phone)〉, 〈스마트폰 개발과 설계기술〉, 〈최신 제품설계(Advanced Product Design)-ICT 및 융·복합 제품개발을 위한〉, 〈4차 산업혁명의 핵심소재, 플라스틱 미래산업에 답하다〉, 〈최신 기계도면 보는 법〉, 〈메커니즘 사전〉, 〈제품설계·개발공학〉, 〈제품개발과 기술사업화 전략〉, 〈동시공학기술(Concurrent Engineering & Technology)〉, 〈설계사례 중심의 기구설계〉, 〈2차원 CAD AutoCAD 2020, 2019, 2018, 2017, 2016, 2015, 2014 등〉, 〈3차원 CAD SolidWorks 2015, 2013, 2011 등〉, 〈SolidWorks를 활용한 해석·CAE〉, 〈3차원 CAD Pro-ENGINEER Wildfire 2.0 등〉, 〈기계도면의 이해 Ⅰ·Ⅱ〉, 〈2D 드로잉 및 3D 모델링 도면 사례집〉, 〈미래창조를 위한 창의성〉, 〈알파고 시대, 신인류 인재 육성 프로젝트〉 등 제품설계 및 개발, R&D, 기술사업화, CAD/CAE, 특허, 창의성, 창의적인 혁신제품의 개발전략 분야 등 상품기획, 제품설계 및 생산에 이르는 전분야·전주기에 걸친 총 62권의 관련 저서가 출간되어 있다.